智能制造类产教融合人才培养系列教材

数字孪生与虚拟调试技术应用

主　编　席鑫宁　徐金鹏
副主编　张大维
参　编　丁海涛　阮惠卿

机械工业出版社

本书基于华航唯实自主研发的 PQFactory 软件，以数字孪生与虚拟调试技术的发展为背景，围绕数字孪生与虚拟调试技术应用，组织资深企业工程师、职业院校的专业带头人、行业专家共同编写而成。本书内容包含初识数字孪生与虚拟调试技术、搭建智能虚拟场景、推料气缸及典型执行机构的虚拟调试、虚拟调试综合应用，将数字孪生与虚拟调试技术相关知识、PQFactory 软件操作融入项目中，任务编排由浅入深，帮助读者更好地掌握数字孪生与虚拟调试技术。

　　本书适用于高等职业教育装备制造大类相关专业课程的教学，同时也适用于相关企业的员工培训。

　　为方便教学，本书配有电子课件、习题参考答案、模拟试卷及其参考答案等，凡选用本书作为授课教材的教师，均可登录机械工业出版社教育服务网（www.cmpedu.com），注册免费下载。咨询电话：010-88379308。

图书在版编目（CIP）数据

数字孪生与虚拟调试技术应用 / 席鑫宁，徐金鹏主编 . -- 北京：机械工业出版社，2025.5. --（智能制造类产教融合人才培养系列教材）. -- ISBN 978-7-111-77860-8

Ⅰ . TH-39

中国国家版本馆 CIP 数据核字第 2025XP7846 号

机械工业出版社（北京市百万庄大街 22 号　邮政编码 100037）
策划编辑：高亚云　　　　　　责任编辑：高亚云　周海越
责任校对：梁　园　王　延　　封面设计：王　旭
责任印制：常天培
北京宝隆世纪印刷有限公司印刷
2025 年 5 月第 1 版第 1 次印刷
184mm×260mm・12 印张・289 千字
标准书号：ISBN 978-7-111-77860-8
定价：49.00 元

电话服务　　　　　　　　　网络服务
客服电话：010-88361066　　机　工　官　网：www.cmpbook.com
　　　　　010-88379833　　机　工　官　博：weibo.com/cmp1952
　　　　　010-68326294　　金　书　网：www.golden-book.com
封底无防伪标均为盗版　　　机工教育服务网：www.cmpedu.com

前言

21世纪以来，随着云计算、大数据、人工智能、机器学习等技术的快速发展，制造业不断创新，成为新一轮工业革命的重要驱动力。世界各国都积极响应，并出台制造业转型战略。我国致力于实现制造大国向制造强国的转变，2021年12月，八部门联合印发了《"十四五"智能制造发展规划》，持续推进制造业数字化转型、网络化协同、智能化变革。新一代信息技术引领的新一轮产业变革蓬勃发展，数字化转型成为大势所趋，数字生产力日益彰显出强大的增长动力，为制造业的高质量发展提供新的空间。

本书围绕数字孪生与虚拟调试技术进行全方位阐述。本书以北京华航唯实机器人科技股份有限公司的智能控制数字孪生应用平台以及智能制造单元系统集成应用平台为实训载体，设计了4个项目，内容包含初识数字孪生与虚拟调试技术、搭建智能虚拟场景、推料气缸及典型执行机构的虚拟调试、虚拟调试综合应用。书中除应掌握的核心技能（仿真系统搭建、事件管理器应用、数字信号地址匹配与测试、数据采集系统设备添加与创建、虚拟调试准备与实施）外，还加入了必要的拓展知识，如零件类型、零件加工工艺、传感器类型及原理、状态机工作原理等。本书最后一个项目基于"职业院校技能大赛高职组机器人系统集成应用技术大赛"，完成对智能制造单元系统集成应用平台的虚拟调试。全书各项目下设有若干任务，每个任务后均设置对应内容的评价标准。

本书强调知识技能与任务操作之间的匹配性。本书提供丰富的配套资源，对书中的核心知识点和技能点进行深度剖析和详细讲解，降低读者的学习难度，有效提高学习兴趣和学习效率。

本书由集美工业学校席鑫宁、徐金鹏担任主编，北京华航唯实机器人科技股份有限公司张大维担任副主编，集美工业学校丁海涛、阮惠卿参与本书编写。其中席鑫宁、徐金鹏编写项目2、项目3，丁海涛、阮惠卿编写项目4，张大维编写项目1并完成全书统稿。全书的案例设计编写及配套资源的制作得到了北京华航唯实机器人科技股份有限公司柯志胜、顾凯、董笪权、朱伟和张磊几位工程师的协助，在此表示感谢。

由于编者水平有限，对于书中的不足之处，希望广大读者提出宝贵意见。

编　者

目 录

前言

项目 1 初识数字孪生与虚拟调试技术 ⋯⋯⋯⋯⋯⋯⋯⋯⋯⋯⋯⋯⋯⋯⋯⋯⋯⋯⋯⋯⋯ 1
    任务 1 认识数字孪生与虚拟调试技术 ⋯⋯⋯⋯⋯⋯⋯⋯⋯⋯⋯⋯⋯⋯⋯⋯⋯⋯⋯⋯⋯ 2
    任务 2 了解数字孪生与虚拟调试技术的发展与应用 ⋯⋯⋯⋯⋯⋯⋯⋯⋯⋯⋯⋯⋯⋯⋯ 11

项目 2 搭建智能虚拟场景 ⋯⋯⋯⋯⋯⋯⋯⋯⋯⋯⋯⋯⋯⋯⋯⋯⋯⋯⋯⋯⋯⋯⋯⋯⋯⋯ 19
    任务 1 PQFactory 虚拟调试软件的基本操作 ⋯⋯⋯⋯⋯⋯⋯⋯⋯⋯⋯⋯⋯⋯⋯⋯⋯⋯ 20
    任务 2 万向球的基本操作 ⋯⋯⋯⋯⋯⋯⋯⋯⋯⋯⋯⋯⋯⋯⋯⋯⋯⋯⋯⋯⋯⋯⋯⋯⋯⋯ 26
    任务 3 定义数字设备 ⋯⋯⋯⋯⋯⋯⋯⋯⋯⋯⋯⋯⋯⋯⋯⋯⋯⋯⋯⋯⋯⋯⋯⋯⋯⋯⋯⋯ 35
    任务 4 典型执行机构的数字化定义 ⋯⋯⋯⋯⋯⋯⋯⋯⋯⋯⋯⋯⋯⋯⋯⋯⋯⋯⋯⋯⋯⋯ 61

项目 3 推料气缸及典型执行机构的虚拟调试 ⋯⋯⋯⋯⋯⋯⋯⋯⋯⋯⋯⋯⋯⋯⋯⋯⋯ 74
    任务 1 推料气缸的 PLC 编程控制 ⋯⋯⋯⋯⋯⋯⋯⋯⋯⋯⋯⋯⋯⋯⋯⋯⋯⋯⋯⋯⋯⋯⋯ 75
    任务 2 推料气缸的事件管理 ⋯⋯⋯⋯⋯⋯⋯⋯⋯⋯⋯⋯⋯⋯⋯⋯⋯⋯⋯⋯⋯⋯⋯⋯⋯ 87
    任务 3 设备通信设置 ⋯⋯⋯⋯⋯⋯⋯⋯⋯⋯⋯⋯⋯⋯⋯⋯⋯⋯⋯⋯⋯⋯⋯⋯⋯⋯⋯⋯ 93
    任务 4 推料气缸的紧急停止机制与安全编程 ⋯⋯⋯⋯⋯⋯⋯⋯⋯⋯⋯⋯⋯⋯⋯⋯⋯⋯ 113
    任务 5 典型执行机构的虚拟调试 ⋯⋯⋯⋯⋯⋯⋯⋯⋯⋯⋯⋯⋯⋯⋯⋯⋯⋯⋯⋯⋯⋯⋯ 127

项目 4 虚拟调试综合应用 ⋯⋯⋯⋯⋯⋯⋯⋯⋯⋯⋯⋯⋯⋯⋯⋯⋯⋯⋯⋯⋯⋯⋯⋯⋯⋯ 136
    任务 智能制造单元系统集成应用平台的虚拟调试 ⋯⋯⋯⋯⋯⋯⋯⋯⋯⋯⋯⋯⋯⋯⋯⋯ 137

参考文献 ⋯⋯⋯⋯⋯⋯⋯⋯⋯⋯⋯⋯⋯⋯⋯⋯⋯⋯⋯⋯⋯⋯⋯⋯⋯⋯⋯⋯⋯⋯⋯⋯⋯⋯⋯ 188

项目 1

初识数字孪生与虚拟调试技术

【项目导言】

　　21世纪以来，科学技术高速发展，催生了众多高新技术，例如云计算、大数据、人工智能及机器学习等，这些技术被广泛应用于工业生产中，逐渐成为新一轮工业革命的重要驱动力。各国政府积极响应新一轮工业革命，并出台相关政策：中国提出"中国制造2025"，美国提出"先进制造业国家战略计划"，德国提出"工业4.0战略计划"，都将智能制造作为本国构建制造业竞争优势的关键举措。数字孪生（Digital Twin）正在成为智能制造新趋势。数字孪生相较于传统的仿真，充分使用物理模型、传感器更新、运行历史等数据，集成多学科、多物理量、多尺度、多概率的仿真过程，在虚拟空间中完成映射，从而反映对应的实体装备的全生命周期过程。虚拟调试技术与数字孪生结合使调试结果更加准确和可信。虚拟调试技术允许在现场改造前期直接在虚拟环境下进行机械设计工艺仿真，和电气调试进行整合，让设备在未安装之前就完成所有调试工作。

　　本项目旨在帮助读者认识数字孪生与虚拟调试技术的发展与应用，了解虚拟调试技术与现场调试技术之间的差别，明确虚拟调试技术的意义与价值，为后续深入学习数字孪生、虚拟调试技术打下基础。

任务1 认识数字孪生与虚拟调试技术

▶ 任务描述

由于数字孪生与虚拟调试技术相较于传统现场调试技术,在安全、效率、成本等方面有着巨大的优势,因此被广大企业采用。本任务旨在通过介绍数字孪生与虚拟调试技术的相关概念术语,让读者对其有更深入的了解。

▶ 任务目标

知识目标
- 了解数字孪生相关术语。
- 了解系统、模型、性能、功能、应用相关术语。

能力目标
- 能介绍数字孪生相关术语。
- 能介绍虚拟调试相关术语。

素养目标
- 积极参与团队任务,分工明确,团队协作高效。
- 责任心强,勇于承担责任,不推卸问题和责任,对执行结果负责。
- 任务完成后主动按照6S要求对现场进行管理。

▶ 任务设施

工厂虚拟调试仿真软件PQFactory,PLC实训箱。

▶ 参考学时

建议2学时,其中知识学习建议1学时,读者练习建议1学时。

▶ 知识储备

1. 数字孪生的概念

数字孪生技术指通过充分使用物理模型、传感器更新、运行历史等数据,集成多学科、多物理量、多尺度、多概率的仿真过程,在虚拟空间中完成映射,从而反映相对应的实体装备的全生命周期过程,如图1-1所示。

2. 数字孪生的典型特征

(1)可扩展性 数字孪生具备集成、添加和替换数字模型的能力,能够针对多尺度、多物理、多层级的模型内容进行扩展,如图1-2所示。

项目1 初识数字孪生与虚拟调试技术

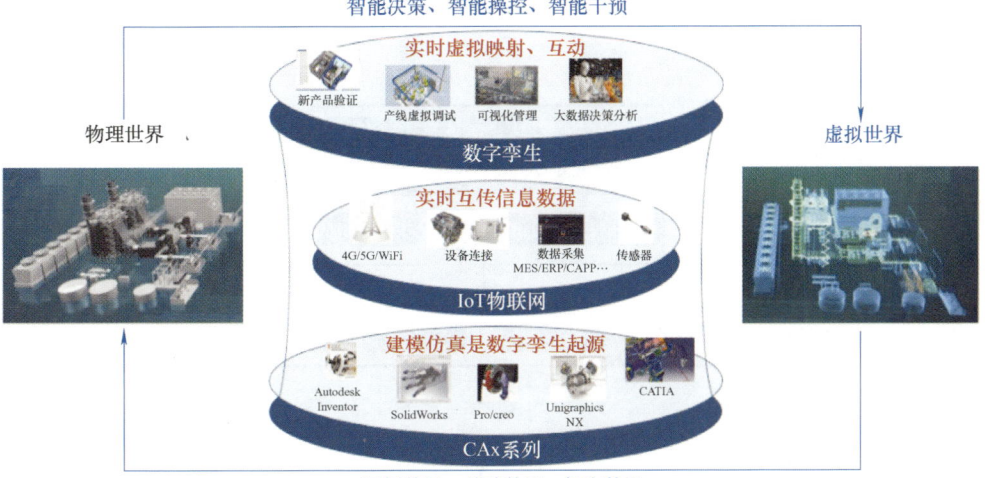

图1-1 数字孪生概念

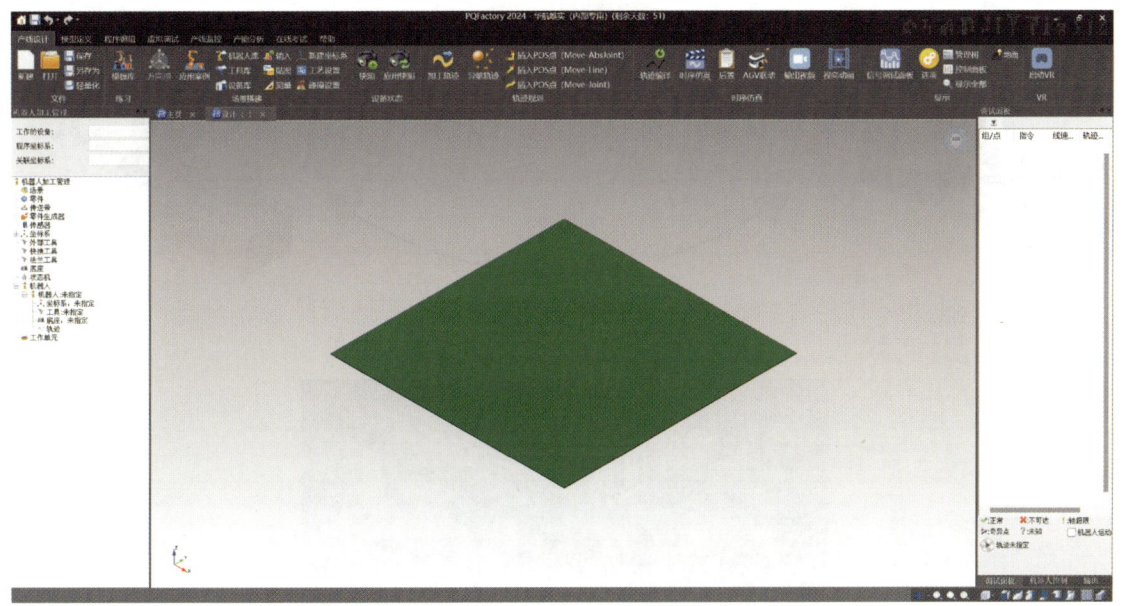

图1-2 可扩展性

（2）实时性 数字孪生要求数字化，即以一种计算机可识别和处理的方式管理数据，以对随时间轴变化的物理实体进行表征。表征的对象包括外观、状态、属性、内在机理，形成物理实体实时状态的数字虚体映射，如图1-3所示。

（3）保真性 数字孪生是对具有数据连接的特定物理实体或过程的数字化表达。这种数据连接确保物理状态和虚拟状态之间同步收敛，并提供对物理实体或过程整个生命周期的集成视图，有助于优化整体性能，如图1-4所示。

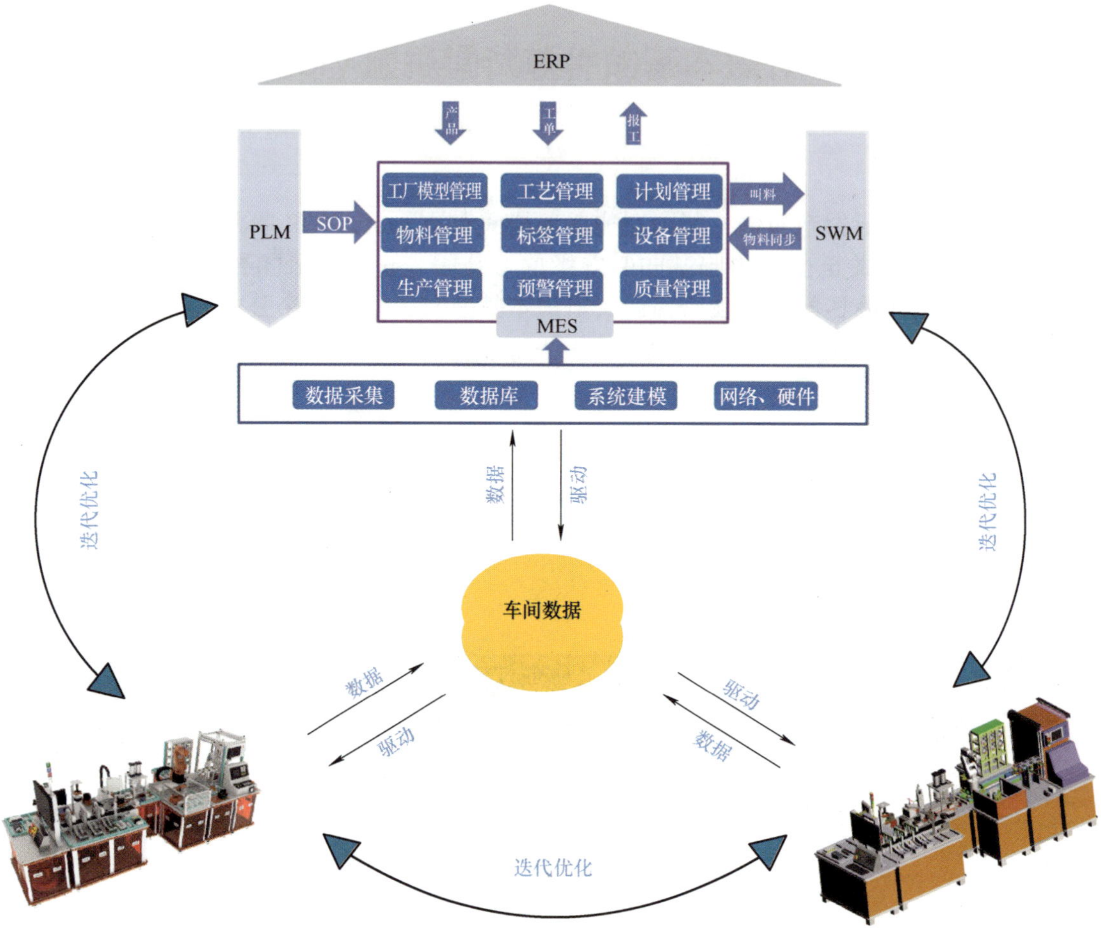

图 1-3 实时性

图 1-4 保真性

（4）闭环性　数字孪生中的数字虚体用于描述物理实体的可视化模型和内在机理，以便对物理实体的状态数据进行监视、分析推理，优化工艺参数和运行参数，实现决策功能，即赋予数字虚体和物理实体一个大脑，因此数字孪生具有闭环性，如图 1-5 所示。

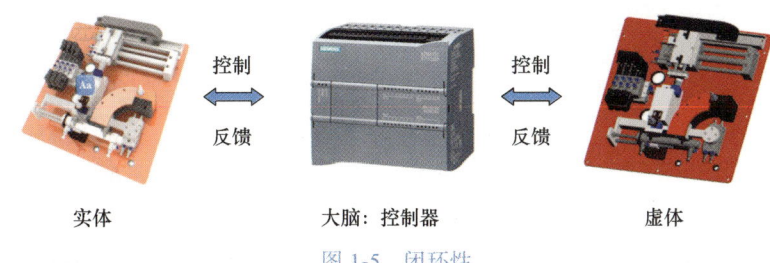

图 1-5 闭环性

3. 数字孪生相关专业术语

（1）数字孪生　数字孪生是具有数据连接的特定物理实体或过程的数字化表达，该数据连接可以保证物理状态和虚拟状态之间的同速率收敛，并提供物理实体或流程过程的整个生命周期的集成视图，有助于优化整体性能。

（2）数字孪生体（Digital Twins）　"体"在中文中的含义包括事物本身（物体、实体）或事物的格局或规矩（体制、体系）。加上"体"字后，数字孪生体就是一个名词。

因此，数字孪生体中的"体"不仅指与物理实体或过程相对的数字化模型的实例，也指数字孪生背后的技术体系或学科，还指数字孪生在系统级和体系级场景下的应用。

（3）实体对象（Entity）　实体对象是存在、曾经存在或可能存在的一切具体或抽象的事物，包括这些事物之间的关联，如人员、对象、事件、想法、过程等。

（4）物理实体（Physical Entity）　物理实体是现实物理世界中离散的、可识别和可观察的事物，如城市、工厂、农场、建筑物、电网中的电流、制造工艺等。

（5）虚拟实体（Virtual Entity）　虚拟实体是与物理实体对应的表示信息或数据的事物。

（6）物理域 [物理空间（Physical Domain）]　物理域是由物理实体组成的实体集合，包含人员、设备、材料等。

（7）虚拟域 [虚拟/数字空间（Analog/Digital Space）]　虚拟域是由虚拟实体组成的实体集合，包含模型、算法、数据等。

（8）数字化表达（Analytic Expression）　数字化表达是物理实体的信息集合，用以支持与它相关的某些决策。

（9）数字化建模（Analytic Model）　数字化建模是将信息数据分配给物理世界中待完成计算机识别的对象的过程。

4. 系统相关专业术语

（1）物联网　物联网（Internet of Thing，IoT）是互联的实体、人员、系统和信息资源的基础架构，对物理和虚拟世界中的信息进行处理和响应。

（2）基于模型的设计　基于模型的设计（Model Based Definition，MBD）是基于算法建模进行软件设计的过程。

（3）基于模型的企业（Model Based Enterprise，MBE）

1）在基于三维产品定义的完全集成和协作环境中，实现工程数据在整个企业的详细共享，确保数据传递快速、无缝且经济实惠。

2）采用建模与仿真技术对全部业务流程进行优化、无缝集成及战略管理，包括但不限于设计、制造、产品支持等方面。

3）使用产品和过程模型定义、执行、控制和管理企业的全过程。

4）通过采用科学的模拟与分析工具，在产品生命周期的每个阶段做出最佳决策，从而在根本上减少产品创新、开发、制造和支持的时间和成本。

5. 模型相关专业术语

（1）工程模型（Engineering Model） 工程模型由几何、材料、部件、行为和操作数据构成。

（2）元模型（Meta Model） 元模型是关于模型的模型。这是特定领域的模型，定义概念并提供用于创建该领域中的模型的构建元素。

6. 性能相关专业术语

（1）一致性（Consistency） 一致性是指虚拟实体与其对应的物理实体相匹配。

（2）统计模型（Statistical Model） 统计模型是基于概率理论的模型，通过数学统计方法建立。

（3）一致性评价（Consistency Evaluation） 一致性评价用于评估虚拟实体与其对应的物理实体相匹配程度。

（4）可靠性（Reliability） 可靠性是指在给定的条件下、给定的时间间隔内，完成规定功能的能力。

（5）验证（Verification） 验证是指验证虚拟实体与其对应的物理实体是否匹配。

（6）确认（Confirmation） 确认是评估系统或组件以确保符合功能、性能和接口要求的过程。

（7）保真度（Fidelity） 保真度是指虚拟实体准确地描述其对应物理实体细节的程度。

（8）可重构性（Reconfigurability） 可重构性是指物理实体及其虚拟实体可分解和重新组合的能力。

（9）鲁棒性（Robustness） 鲁棒性是指在存在无效输入或压力的环境条件下，系统或组件能够正常工作的程度。

（10）可追溯性（Traceability） 可追溯性是指一种测量结果或标准值的性质，它可以通过一系列不间断的比较与规定的参考文献相联系，所有比较都有规定的不确定度。

（11）同步性（Synchronism） 同步性是指用数字孪生表示的虚拟实体的状态与可观察到的物理实体状态的同步程度。

7. 功能相关专业术语

（1）分析（Analysis） 分析是指通过模型、数据、算法对物理实体进行描述、评估及预测的行为。

（2）互操作性（Interoperability） 互操作性是指两个或多个数字孪生体在实现互联互通的基础上能够进行信息交换、信息同步、业务协同等的能力。

8. 应用相关专业术语

（1）可视化（Visualization） 可视化是指使用计算机图形和图像处理来呈现过程或对

象的模型或特征,以支持人类的理解。

（2）优化（Optimization） 优化是指设计和操作一个系统或过程,使其在某种意义上尽可能地实现更好的还原业务流程。

（3）预测（Prediction） 预测是指用于获得某个物理量的预测值的计算过程。

（4）仿真（Simulation） 仿真是指基于实验或训练的目的,将原本的系统、事物或流程建立一个模型以表征其关键特性或者行为/功能的方法。

（5）监控（Monitor） 监控是指一种自动监督性能和过程状态的方法。

（6）增强现实（Augmented Reality） 增强现实是指真实环境的交互体验,其中驻留在真实环境中的对象通过计算机生成的感知信息进行增强。

（7）虚拟现实（Virtual Reality） 虚拟现实是一种可以创建和体验虚拟世界的计算机仿真系统,它使用计算机生成一种模拟环境,使用户沉浸到该环境中。

9. 数字孪生生态系统

数字孪生生态系统由基础支撑层、数据互动层、模型构建与仿真分析层、共性应用层和行业应用层组成,数字孪生生态系统如图1-6所示。

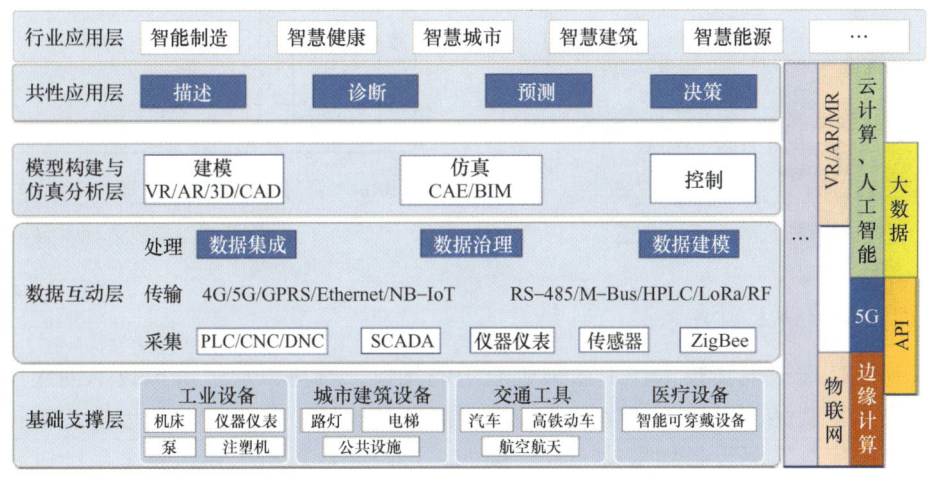

图1-6 数字孪生生态系统

各个层级的作用如下:

1）基础支撑层由具体的设备组成,包括工业设备、城市建筑设备、交通工具、医疗设备等。

2）数据互动层包括数据采集、数据传输和数据处理等内容。

3）模型构建与仿真分析层包括数据建模、数据仿真和控制。

4）共性应用层包括描述、诊断、预测、决策4个方面。

5）行业应用层包括智能制造、智慧城市在内的多方面应用。

（1）数字孪生生命周期过程 数字孪生中虚拟实体的生命周期包括起始、设计和开发、验证与确认、部署、操作与监控、重新评估和退役;物理实体的生命周期包括验证与确认、部署、操作与监控、重新评估和回收利用。数字孪生生命周期过程如图1-7所示。

1）虚拟实体在全生命周期过程中与物理实体的相互作用是持续的,在虚拟实体与物理实体共存的阶段,两者应保持相互关联并相互作用。

2)虚拟实体区别于物理实体的生命周期过程,存在迭代的过程。虚拟实体在验证与确认、部署、操作与监控、重新评估等环节发生的变化可以迭代反馈至设计和开发环节。

(2)数字孪生功能视角　从数字孪生功能视角,可以看到数字孪生应用需要在基础设施的支撑下实现。物理世界中产品、服务或过程数据会同步至虚拟世界中,虚拟世界中的模型和数据会和过程应用进行交互。

向过程应用输入激励和物理世界信息,可以得到优化、预测、仿真、监控、分析等功能的输出,具体交互如图1-8所示。

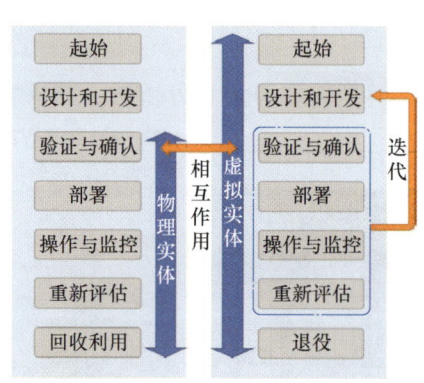

图1-7　数字孪生生命周期过程

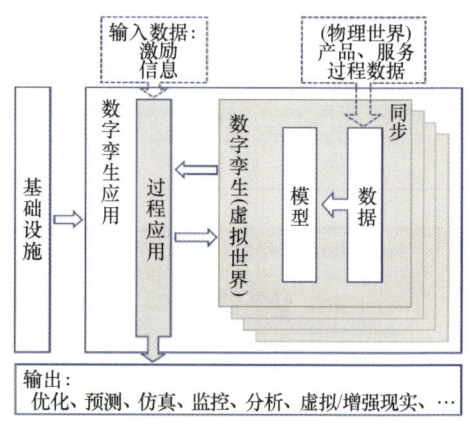

图1-8　数字孪生功能视角具体交互

10. 虚拟调试技术的概念

虚拟调试是虚拟现实技术在工业领域应用的具象,其可以通过虚拟技术创建出物理制造环境的数字复制品,即数字孪生设备,用于测试和验证产品设计的合理性。虚拟调试的物料流与数据流与实际设备均保持一致。例如,可以在计算机上模拟整个生产过程,包括工业机器人、自动化设备、PLC、变频器、电机等单元。表1-1所示为模型数字化。

表1-1　模型数字化

物理环境	数字环境
HMI	虚拟 HMI

（续）

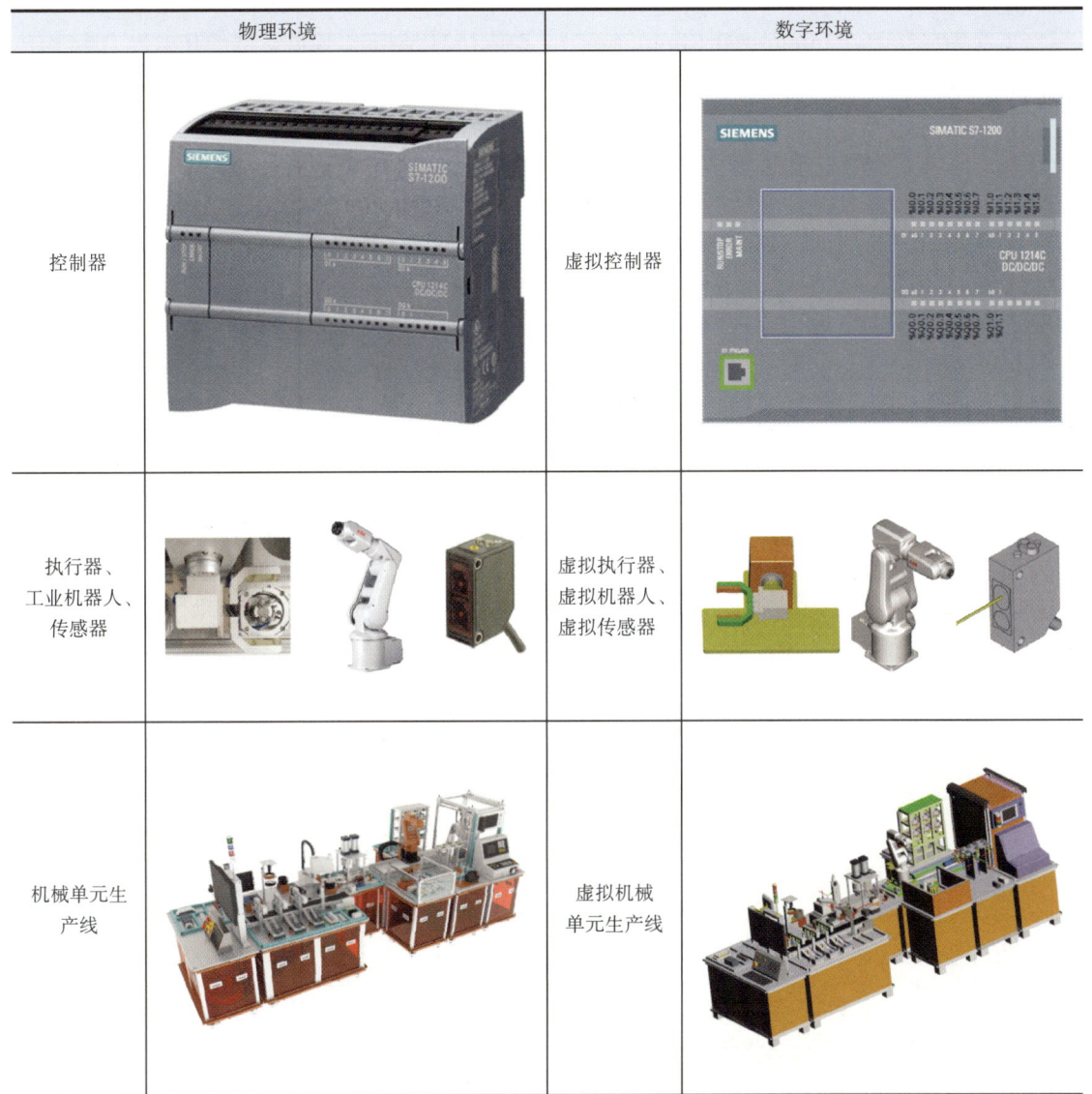

11. 虚拟调试技术相关术语

（1）虚拟环境（Virtual Environment） 虚拟环境是指在制造产品之前，使用计算机模型来创建产品的虚拟原型，以进行测试和验证。

（2）仿真（Simulation） 在虚拟调试中，仿真是指用计算机模型来模拟系统的实际行为。仿真可以包括硬件仿真、软件仿真或两者的结合。

（3）仿真软件（Simulation Software） 仿真软件是专门用于模拟制造过程或设备操作的软件。它可以包括物理仿真、流程仿真等。

（4）工艺规划（Process Planning） 使用虚拟调试技术进行工艺规划，以优化制造过程并减少物理试错。

（5）动化测试（Automated Testing） 在虚拟环境中自动运行测试程序，以验证制造过程或产品设计的正确性。

（6）集成仿真（Integrated Simulation） 集成仿真是指将不同类型的仿真（如结构仿真、流体仿真）整合在一起，以全面评估产品设计和制造过程。

（7）运动仿真（Motion Simulation） 运动仿真是指针对机械设备和机器人的运动进行仿真，以测试和优化它们的运动路径和操作。

（8）耐久性和可靠性分析（Durability and Reliability Analysis） 使用仿真技术评估产品在长期使用中的耐久性和可靠性。

（9）生命周期评估（Life Cycle Assessment） 生命周期评估用于评估产品从设计到废弃全过程中的环境影响和成本效益。

（10）实时监控和调整（Real-Time Monitoring and Adjustment） 使用数字孪生实时监控制造过程，并根据需要进行调整。

▶ 任务实施

经过本任务的学习，同学们可以向其他专业的同学、朋友介绍数字孪生与虚拟调试技术的相关概念及专业术语，包括但不限于以下内容：

1）数字孪生技术的概念。
2）数字孪生技术的相关专业术语，如什么是数字孪生，什么是物理实体。
3）虚拟调试技术的概念。
4）虚拟调试技术的相关专业术语，如什么是虚拟环境，什么是集成仿真。

▶ 任务评价

评价项目	配分	序号	评分标准	自评	教师评价
知识掌握	30	①	了解数字孪生相关术语（15分）		
		②	了解虚拟调试相关术语（15分）		
技能掌握	60	③	能向同学、同事、老师等介绍数字孪生相关术语（30分）		
		④	能向同学、同事、老师等介绍虚拟调试相关术语（30分）		
职业素养	10	⑤	积极参与团队任务，分工明确，团队协作高效（3分）		
		⑥	责任心强，勇于承担责任，不推卸问题和责任，对执行结果负责（5分）		
		⑦	任务完成后主动按照6S要求对现场进行管理（2分）		
合计					

任务 2　了解数字孪生与虚拟调试技术的发展与应用

任务描述

数字孪生与虚拟调试技术是近年来数字化转型和技术发展的重要方向之一,由于其相较于传统虚拟仿真技术、现场调试技术在安全、效率、成本等方面有着巨大的优势,因此被企业广泛采用。本任务旨在通过介绍数字孪生与虚拟调试技术的发展与应用,让学生对其发展与应用有深入了解。同时,通过学习虚拟调试技术和现场调试技术之间的区别,理解虚拟调试技术的意义与价值。

任务目标

知识目标
- 了解数字孪生与虚拟调试技术的发展与应用。
- 了解虚拟生产线与实体生产线之间的区别。
- 了解虚拟生产线的意义与价值。

能力目标
- 能介绍数字孪生技术的发展与应用。
- 能介绍虚拟调试技术的发展与应用。

素养目标
- 积极参与团队任务,分工明确,团队协作高效。
- 责任心强,勇于承担责任,不推卸问题和责任,对执行结果负责。
- 任务完成后主动按照 6S 要求对现场进行管理。

任务设施

工厂虚拟调试仿真软件 PQFactory,PLC 实训箱。

参考学时

建议 2 学时,其中知识学习建议 1 学时,读者练习建议 1 学时。

知识储备

1. 认识数字孪生与虚拟调试技术的发展与应用

(1) 数字孪生的发展与应用

1) 数字孪生的发展背景。"孪生"的概念起源于美国国家航空航天局(National Aeronatutics and Space Administratio,NASA)的"阿波罗计划",如图 1-9 所示,即构建两个相同的航天飞行器,其中一个发射到太空执行任务,另一个留在地球上反映太空中航天器在任务期间的工作状态,从而辅助工程师分析处理太空中出现的紧急事件。当然,这里的两个航天器都是真实存在的物理实体。

图 1-9　阿波罗计划

2）数字孪生的发展。2003 年前后，关于数字孪生的设想首次出现于 Grieves 教授在美国密歇根大学的产品全生命周期管理课程上。但是，当时 Digital Twin 一词还没有被正式提出。Grieves 将这一设想称为 Conceptual Ideal for PLM（Product Life Cycle Management），在该设想中数字孪生的基本思想已经有所体现，即在虚拟空间构建的数字模型与物理实体交互映射，如图 1-10 所示，忠实地描述物理实体全生命周期。

2010 年，Digital Twin 一词在 NASA 的技术报告中被正式提出，并被定义为"集成了多物理量、多尺度、多概率的系统或飞行器仿真过程"。2011 年，美国空军探索数字孪生在飞行器健康管理中的应用，并详细探讨有关实施数字孪生的技术挑战。2012 年，美国 NASA 与美国空军联合发表关于数字孪生的论文，指出数字孪生是驱动未来飞行器发展的关键技术之一。在接下来的几年中，越来越多的研究将数字孪生应用于航空航天领域，包括机身设计与维修、飞行器能力评估、飞行器故障预测等。许多著名企业（如空客、西门子、华航唯实等）与组织（如 Gartner、德勤、中国科协智能制造协会）对数字孪生给予高度重视，并且开始探索基于数字孪生的智能生产新模式。

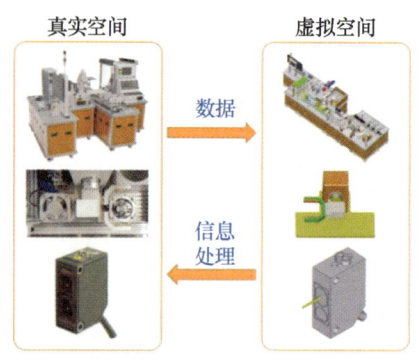

图 1-10　数字孪生信息交互

3）数字孪生的行业应用。近年来，得益于物联网、大数据、云计算、人工智能等新一代信息技术的发展，数字孪生的应用日益广泛。如图 1-11 所示，现阶段，除了航空航天领域，数字孪生还被应用于电力、船舶、城市管理、农业、建筑、制造业、石油天然气、健康医疗、环境保护等领域。

项目 2

搭建智能虚拟场景

【项目导言】

随着工厂数字化转型的不断深入,企业面临越来越多的机遇和挑战。许多企业在生产过程中遇到诸多瓶颈和生产效率低下的问题,这使得传统的生产经营模式已难以满足日益复杂和快速变化的市场需求。因此,企业需要寻找具有差异化和创新性的方法来保持竞争力。数字孪生作为一种集成多学科、多物理量、多尺度、多概率的仿真技术,相较于传统生产方法,通过数据驱动决策、实时监控和精确模拟生产过程,能够准确解决企业痛点,提升企业效率和竞争力。

虚拟场景搭建包括场景布局设计和模型的详细数字化过程。在这些技术中,数字孪生建模技术尤为关键。它是数字孪生概念的核心,涉及使用先进的数字工具将现实世界中的物体或系统转换为虚拟环境中的精确数字副本。通过这种技术,用户可以在数字空间内模拟、监控和分析物理实体的行为、性能和状态。这不仅有助于优化运营流程和改进产品设计,还能显著提升效率和效果,为决策者提供有力的支持。

本项目旨在帮助读者掌握工厂虚拟调试仿真软件的基本操作,使用智能控制数字孪生应用平台及工厂虚拟调试仿真软件PQFactory完成相关数字孪生设备的定义,为后续虚拟调试提供高质量的数字孪生设备。

任务 1 PQFactory 虚拟调试软件的基本操作

▶ 任务描述

工厂虚拟仿真软件 PQFactory 支持无误差的虚拟调试,验证产线设计并排除潜在的设计缺陷,避免不必要的设备投资。因此,熟悉软件的基础操作是至关重要的,如软件安装、模型导入等。本任务旨在学习这些基本操作,为后续的深入学习和软件使用打下坚实的基础。

▶ 任务目标

知识目标
◇ 熟悉 PQFactory 软件界面。
◇ 了解 PQFactory 基础功能。

能力目标
◇ 能安装 PQFactory 软件。
◇ 能使用导入功能向软件中导入模型。

素养目标
◇ 积极参与团队任务,分工明确,团队协作高效。
◇ 责任心强,勇于承担责任,不推卸问题和责任,对执行结果负责。
◇ 任务完成后主动按照 6S 要求对现场进行管理。

▶ 任务设施

工厂虚拟调试仿真软件 PQFactory。

▶ 参考学时

建议 2 学时,其中知识学习建议 1 学时,读者练习建议 1 学时。

▶ 知识储备

1. 软件下载及安装

工厂虚拟仿真软件 PQFactory 允许用户自定义各种产线设备,如机器人、气缸和传感器等,实现全方位的虚拟仿真。该软件在无须购买实际设备的情况下,通过 PLC 编程调试模拟设备动作和信号传递,从而节省时间和成本。

工厂虚拟仿真软件 PQFactory 可以至官网下载,具体下载及安装操作在任务实施阶段有详细步骤。

2. 软件界面认知

完成软件下载、安装后,双击桌面图标进入软件主界面,在主界面选择"新建",如

图 2-1 所示，即可进入场景设计界面。

图 2-1 打开软件、新建场景

如图 2-2 所示，场景设计界面主要分为 10 个部分：标题栏、功能面板、绘图区、标签页、机器人加工管理面板、机器人控制面板、调试面板、输出面板、信号调试面板和状态栏。

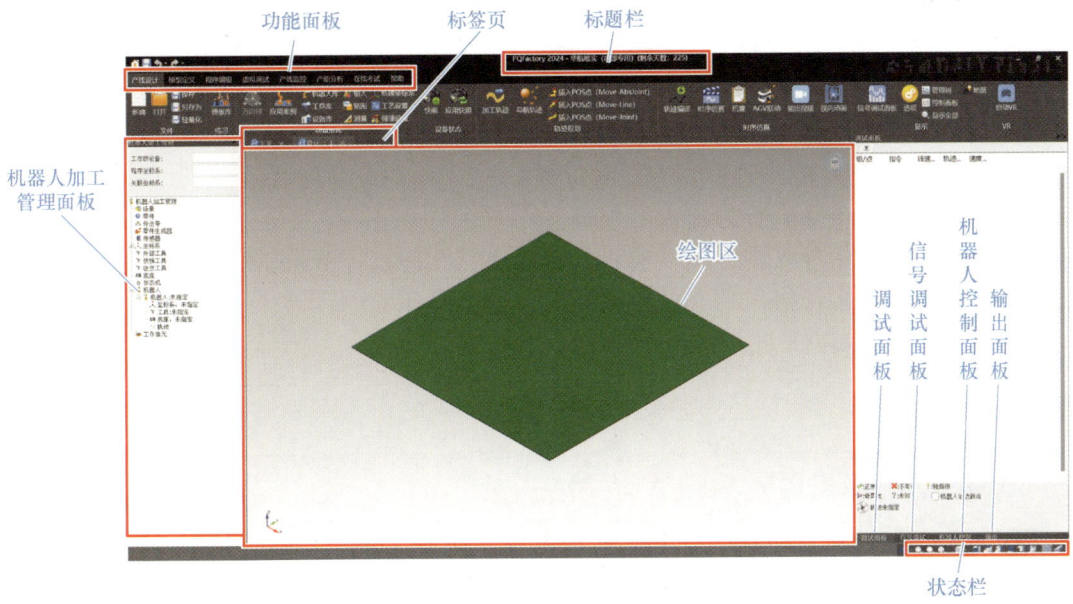

图 2-2 场景设计界面

1) 标题栏：显示软件的名称、账号权限、剩余时间等。

2) 功能面板：涵盖了 PQFactory 的基本功能，如场景搭建、基础编程、自定义等，是最常用的功能栏。

3) 绘图区：用于场景搭建、轨迹的添加和编辑等。

4) 标签页：支持多标签页，标签页的名称就是打开文件的名称。

5) 机器人加工管理面板：由六大元素节点组成，包括场景、零件、工件坐标系、外部工具、快换工具以及机器人等，通过面板中的树形结构可以轻松查看并管理机器人、工具和零件等对象的各种操作。

6) 机器人控制面板：控制机器人关节的运动，调整其姿态，显示坐标信息，读取机器人的关节值，使机器人回到机械零点等。

7）调试面板：方便查看并调整机器人姿态、编辑轨迹点特征。

8）输出面板：显示机器人执行的动作、指令、事件和轨迹点的状态。

9）信号调试面板：显示虚拟环境中各种虚拟设备设定的 I/O 信号。

10）状态栏：包括功能提示、模型绘制样式、渲染方式、视向等功能。

3. 导入模型

完成一个完整的加工工艺需要向软件环境中导入机器人、工具、零件、底座以及输入各种格式的模型等。选择"产线设计"→"场景搭建"的对应命令，即可导入模型，如图 2-3 所示。

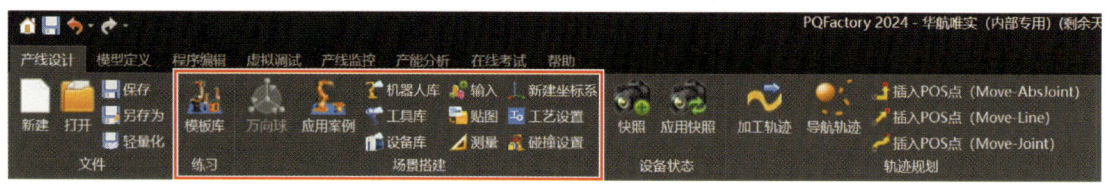

图 2-3 "场景搭建"

1）模板库：内含标准工作站，可直接导入到场景中。

2）应用案例：已经完成的一些案例可导入到场景中。

3）机器人库：用于导入官方提供的机器人。

4）工具库：用于导入官方提供的工具。

5）设备库：用于导入官方提供的零件、底座、状态机（State Machine）等。

6）输入：支持多种格式的文件导入到 PQFactory 环境中。

具体的导入操作在任务实施中有详细步骤。

任务实施

1. PQFactory 安装部署

PQFactory 软件安装部署具体步骤见表 2-1。

表 2-1　PQFactory 软件安装部署具体步骤

操作步骤	图示
1）打开浏览器，输入网址：https://factory.pq1959.com。单击右上角"下载"字样进入下载界面	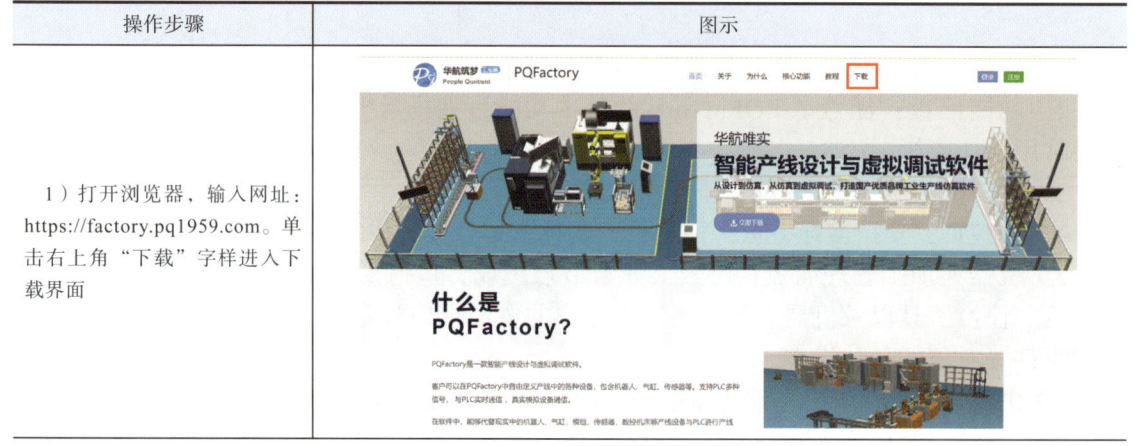

项目 2　搭建智能虚拟场景

（续）

操作步骤	图示
2）在下载界面，单击"软件下载"后进行安装	
3）双击安装包，进入安装界面，如图 a 所示（安装路径根据实际情况进行选择）。安装完成，单击"完成安装"，如图 b 所示	a) b)
4）双击 PQFactory 图标，进行登录，如可选择"微信登录"，扫描二维码，绑定手机号，即可使用软件	a) b)

2. 导入模型

模型导入的操作步骤见表 2-2。

表 2-2　模型导入的操作步骤

操作步骤	图示
1）打开 PQFactory 软件后，单击"新建"，进入新的场景	 a） 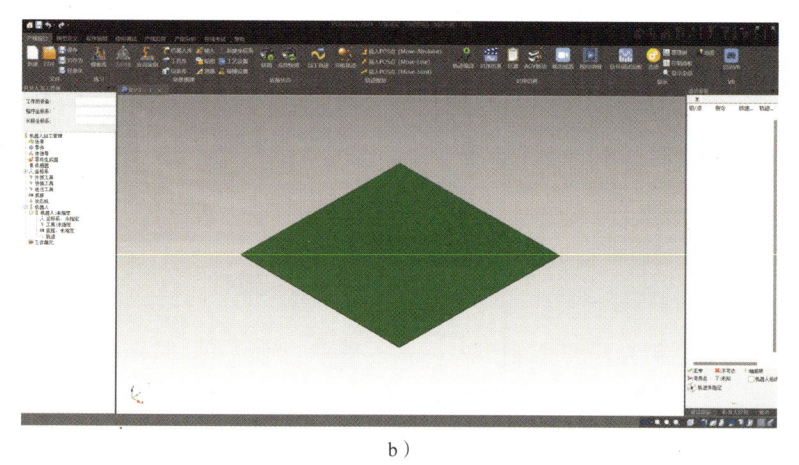 b）
2）单击"机器人库"，在弹出界面中选择需要的机器人，单击"插入"即可，如图 a～c 所示。导入工具、设备与导入机器人操作类似	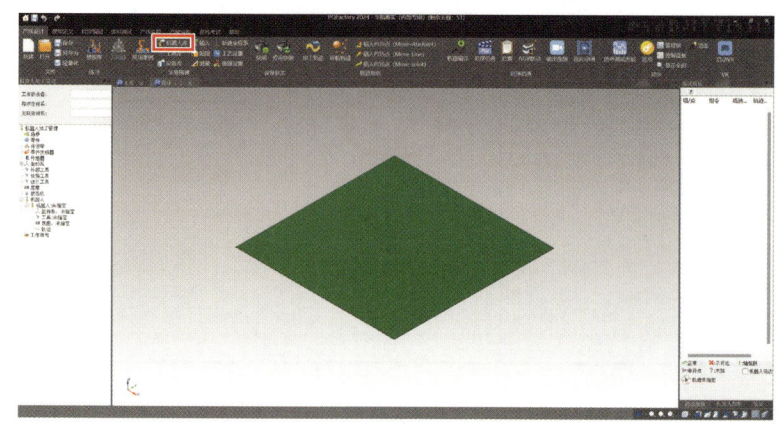 a）

（续）

操作步骤	图示
2）单击"机器人库"，在弹出界面中选择需要的机器人，单击"插入"即可，如图 a～c 所示。导入工具、设备与导入机器人操作类似	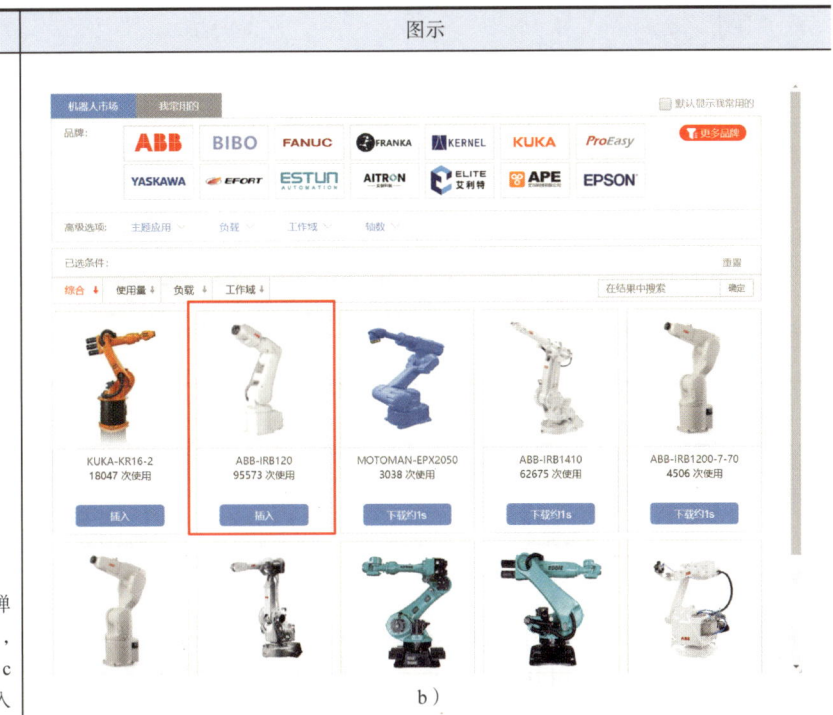 b) 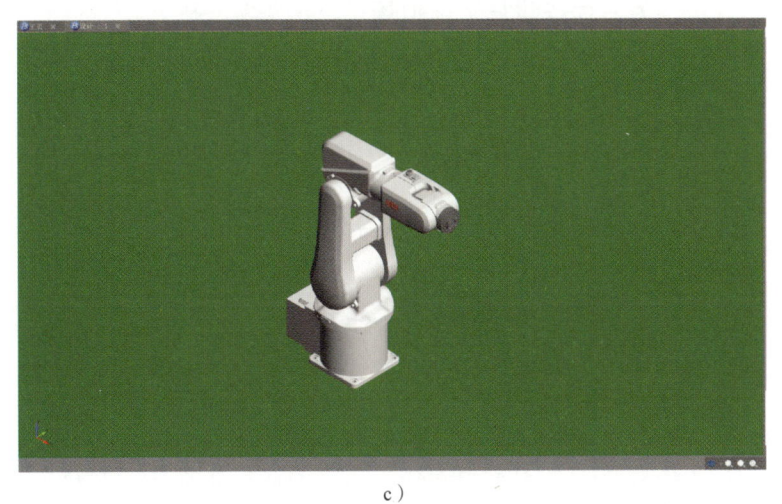 c)

任务评价

评价项目	配分	序号	评分标准	自评	教师评价
知识掌握	30	①	了解工厂虚拟仿真软件 PQFactory 的基本功能位置（15分）		
		②	了解各类模型导入的方法（15分）		

(续)

评价项目	配分	序号	评分标准	自评	教师评价
技能掌握	60	③	能在 PQFactory 中新建场景（30分）		
		④	能在 PQFactory 中导入各种模型（30分）		
职业素养	10	⑤	积极参与团队任务，分工明确，团队协作高效（3分）		
		⑥	责任心强，勇于承担责任，不推卸问题和责任，对执行结果负责（5分）		
		⑦	任务完成后主动按照6S要求对现场进行管理（2分）		
合计					

任务 2　万向球的基本操作

任务描述

在工厂虚拟仿真软件 PQFactory 中，万向球是一个强大而灵活的三维空间定位工具。它能通过平移、旋转和其他复杂的三维空间变换精确地移动任何三维物体，从而快速地搭建虚拟场景。本任务通过介绍和示例演示万向球的操作，帮助读者深刻理解并快速掌握其使用方法，为后续搭建复杂虚拟场景奠定坚实基础。

任务目标

知识目标
◇ 熟悉万向球的相关作用。
◇ 掌握各种情况下万向球的操作方法。

能力目标
◇ 能熟练使用万向球的各种定位方法。
◇ 能使用万向球搭建场景。

素养目标
◇ 积极参与团队任务，分工明确，团队协作高效。
◇ 责任心强，勇于承担责任，不推卸问题和责任，对执行结果负责。
◇ 任务完成后主动按照6S要求对现场进行管理。

任务设施

工厂虚拟调试仿真软件 PQFactory。

参考学时

建议2学时，其中知识学习建议1学时，读者练习建议1学时。

知识储备

1. 万向球功能位置及激活方式

万向球功能在软件中的位置如图 2-4 所示，使用万向球时必须先选中三维模型，将万向球激活。默认的万向球图标是灰色的。

图 2-4　万向球功能在软件中的位置

2. 万向球的结构

万向球默认状态下的形状如图 2-5 所示，由一个中心点、三个平移轴和三个旋转轴组成，各组成部分作用如下：

1）中心点：主要用于点到点的移动。
2）平移轴：使对象沿轴线向另一个位置进行平移。
3）旋转轴：选中旋转轴后，围绕某一轴进行旋转。

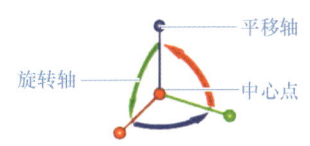

图 2-5　万向球默认状态下的形状

3. 万向球的属性

万向球有 3 种颜色：默认颜色（X、Y、Z 3 个轴对应的颜色分别是红、绿、蓝）、白色和黄色。

1）默认颜色：万向球与物体关联。万向球动，物体会跟着万向球一起移动。
2）白色：万向球与物体互不关联。万向球动，物体不动。
3）黄色：表示该轴已被固定（约束），三维物体只能在该轴方向上进行定位。

万向球与附着元素的关联关系通过键盘空格键来转换。万向球为默认颜色时，按下空格键，则万向球会变白。变白后，移动万向球至目标位置，附着元素不动。

4. 万向球操作

（1）万向球的平移和旋转

1）平移：将零件在指定的轴线方向上移动一定的距离，可在空白数值框内输入平移的距离（mm），操作步骤如图 2-6 所示。
2）旋转：将零件图素在指定的角度范围内旋转一定的角度（°），操作步骤如图 2-7 所示。

图 2-6　万向球的平移　　　　　　　　图 2-7　万向球的旋转

（2）中心点的定位　万向球的中心点可进行点定位。选中万向球中心点，单击鼠标右键，弹出菜单包含"编辑位置""到点""到中心点""点到点""到边的中点""Z向垂直到点""到面中点"命令，如图2-8所示。

1）编辑位置：选择此命令可弹出位置输入框，用于输入相对父节点锚点的 X、Y、Z 3个方向的坐标值，如图2-9所示。

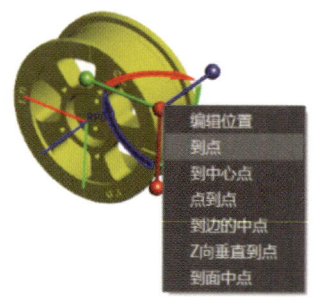
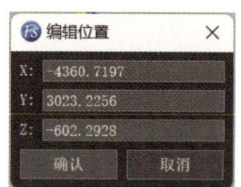

图 2-8　万向球中心点右键菜单　　　　图 2-9　编辑万向球位置

2）到点：选择此命令可使万向球附着的元素移动到第二个操作对象上的选定点，如图2-10所示。

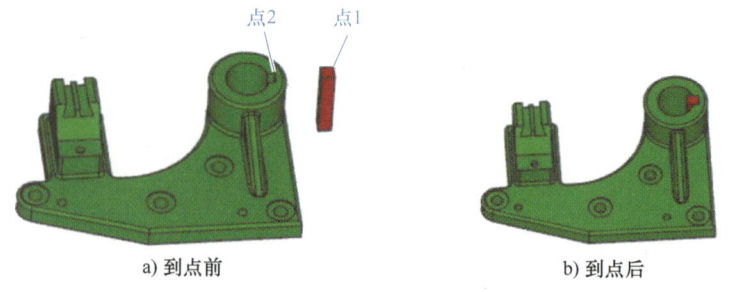

图 2-10　万向球到点功能

3）到中心点：选择此命令可使万向球附着的元素移动至回转体的中心位置，如图2-11所示。

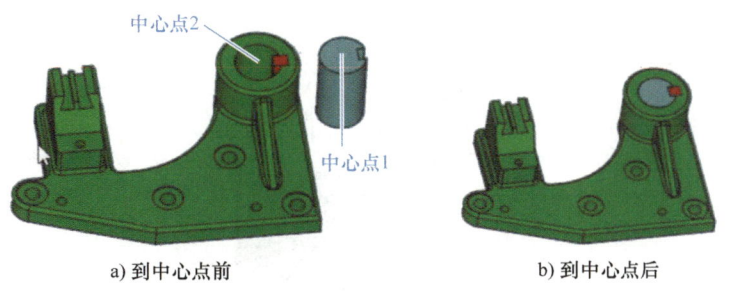

a) 到中心点前　　　　　　　　b) 到中心点后

图 2-11　万向球到中心点功能

4）点到点：选择此命令可使万向球附着的元素移动到第二个操作对象上两点之间的中点，初始状态以及使用"点到点"功能移动后的状态如图 2-12、图 2-13 所示。注意：在第二个操作对象上指定的是两个点。

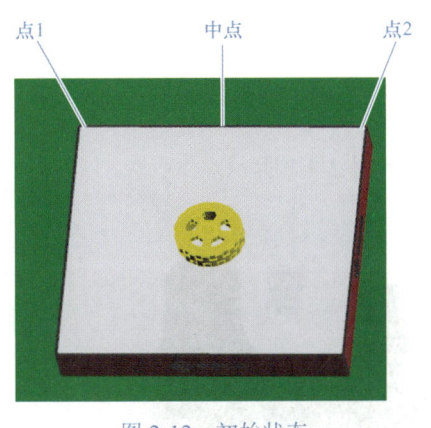

图 2-12　初始状态

图 2-13　点到点功能

5）到边的中点：选择此命令可使万向球附着的元素移动到第二个操作对象上某一条边的中点，初始状态以及使用"到边的中点"功能后的状态如图 2-14、图 2-15 所示。

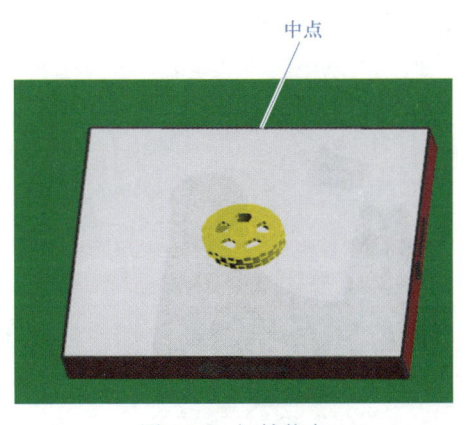

图 2-14　初始状态

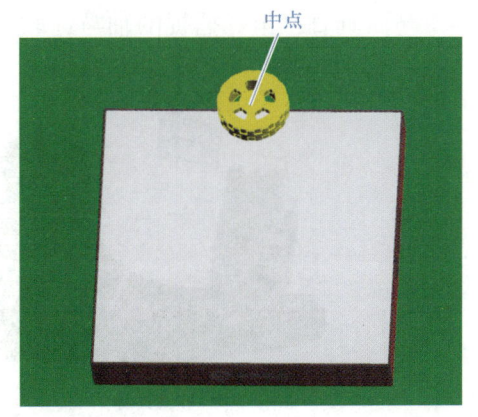

图 2-15　到边的中点功能

（3）平移轴和旋转轴操作　万向球的平移轴和旋转轴可进行方向上的定位。图 2-16 所示为选中万向球平移轴或旋转轴后单击鼠标右键弹出的菜单命令。

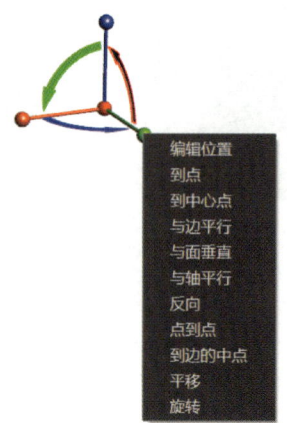

图 2-16 万向球平移轴或旋转轴的右键菜单命令

1）到点：鼠标捕捉的轴指向规定点。
2）到中心点：鼠标捕捉的轴指向规定圆心点。
3）与边平行：鼠标捕捉的轴与选取的边平行，如图 2-17 所示。

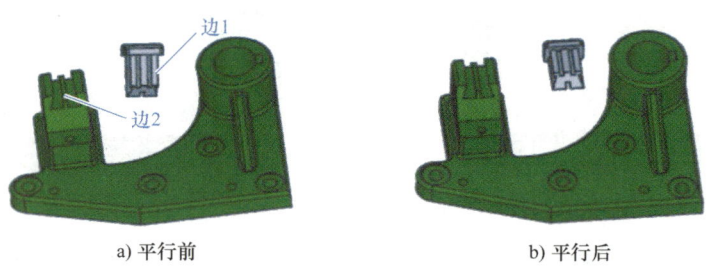

a) 平行前　　　　　　　　　　　b) 平行后

图 2-17 与边平行

4）与面垂直：鼠标捕捉的轴与选取的面垂直，如图 2-18 所示。

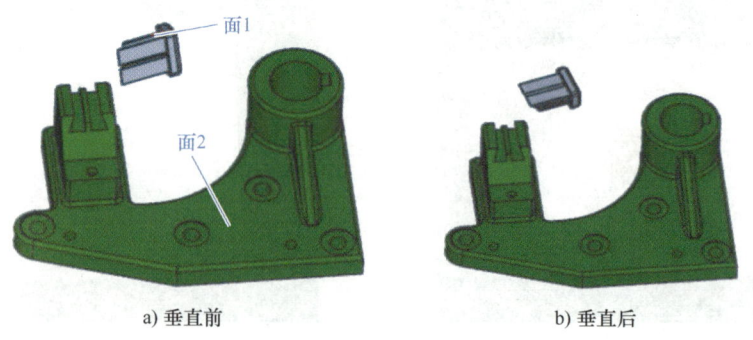

a) 垂直前　　　　　　　　　　　b) 垂直后

图 2-18 与面垂直

5）与轴平行：鼠标捕捉的轴与柱面轴线平行，如图 2-19 所示。

a) 平行前　　　　　　　　　b) 平行后

图 2-19　与轴平行

6）反向：万向球带动元素在选中的轴方向上转动 180°，如图 2-20 所示。

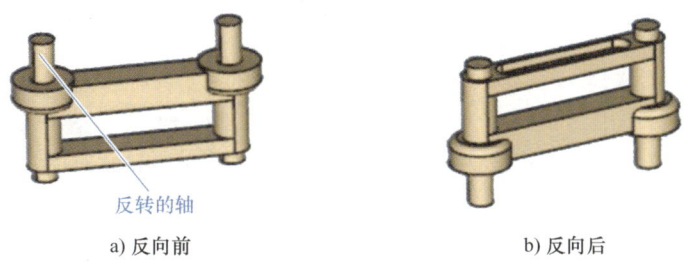

a) 反向前　　　　　　　　　b) 反向后

图 2-20　图轴的反向

7）点到点：使万向球附着的元素移动到第二个操作对象上两点之间的中点。

8）到边的中点：使万向球附着的元素移动到第二个操作对象上某一条边的中点。

9）轴的固定（约束）：单击某个平移轴/旋转轴后，该轴颜色变为黄色，可用于对轴线进行暂时约束，使三维物体只能进行沿此轴线上的线性平移，或绕此轴线进行旋转。

任务实施

本任务以智能制造生产线场景的搭建为例，学习如何使用万向球搭建智能制造生产线，掌握 PQFactory 的基本操作，包括但不限于导入模型、使用万向球等。如图 2-21 所示，该场景由执行单元、分拣单元、仓储单元、数控加工单元、打磨单元、视觉检测单元、总控单元、工具单元组成。表 2-3 所示为在 PQFactory 中使用万向球完成虚拟场景搭建的操作步骤。

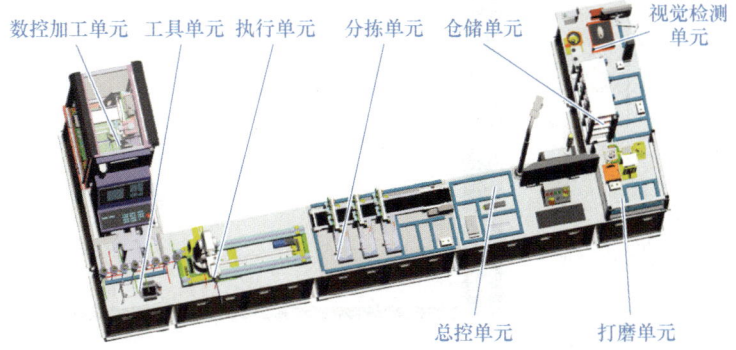

图 2-21　智能制造生产线场景

表 2-3　虚拟场景搭建的操作步骤

操作步骤	图示
1）单击"新建"，进入新的场景中	 a) 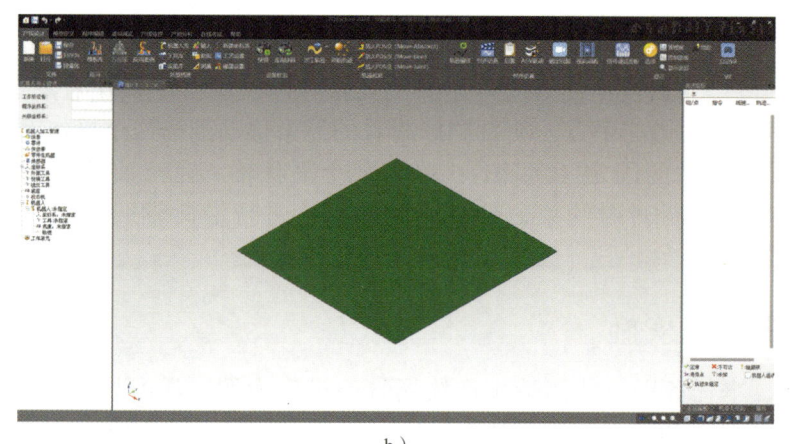 b)
2）单击"模板库"，在弹出对话框的搜索框中输入 CHL-DS-18，选中搜索结果的场景，单击"插入"按钮	 a)

项目 2　搭建智能虚拟场景

（续）

操作步骤	图示
2）单击"模板库"，在弹出对话框的搜索框中输入 CHL-DS-18，选中搜索结果的场景，单击"插入"按钮	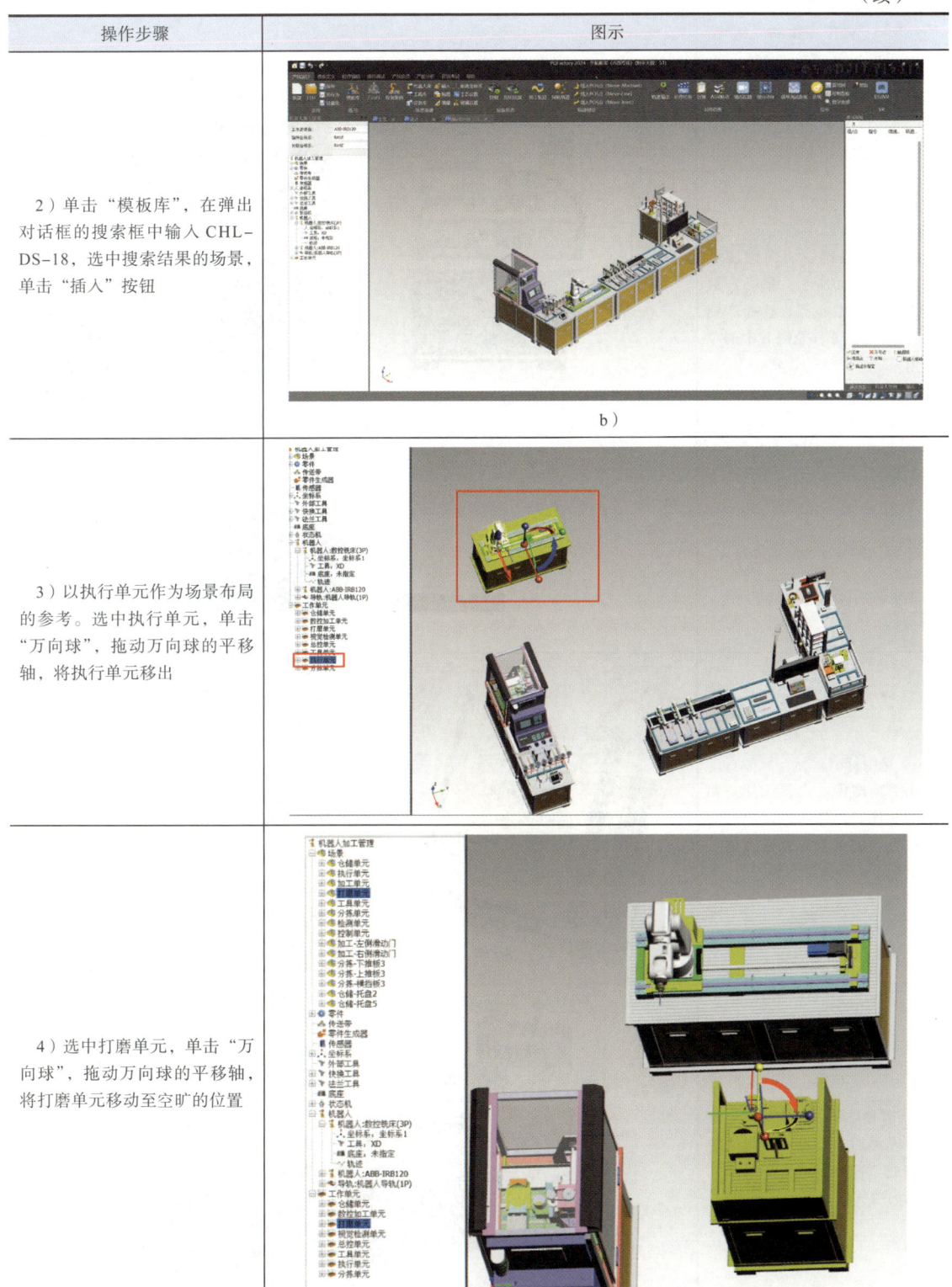b）
3）以执行单元作为场景布局的参考。选中执行单元，单击"万向球"，拖动万向球的平移轴，将执行单元移出	
4）选中打磨单元，单击"万向球"，拖动万向球的平移轴，将打磨单元移动至空旷的位置	

（续）

操作步骤	图示
5）按空格键，万向球颜色变白，如图 a 所示。鼠标右键单击万向球中心点，选择"到点"，将万向球移至图 b 中的左上角。 注：若选不中目标点，则需将状态栏中的绘图模式选为"默认模式"，如图 c 所示	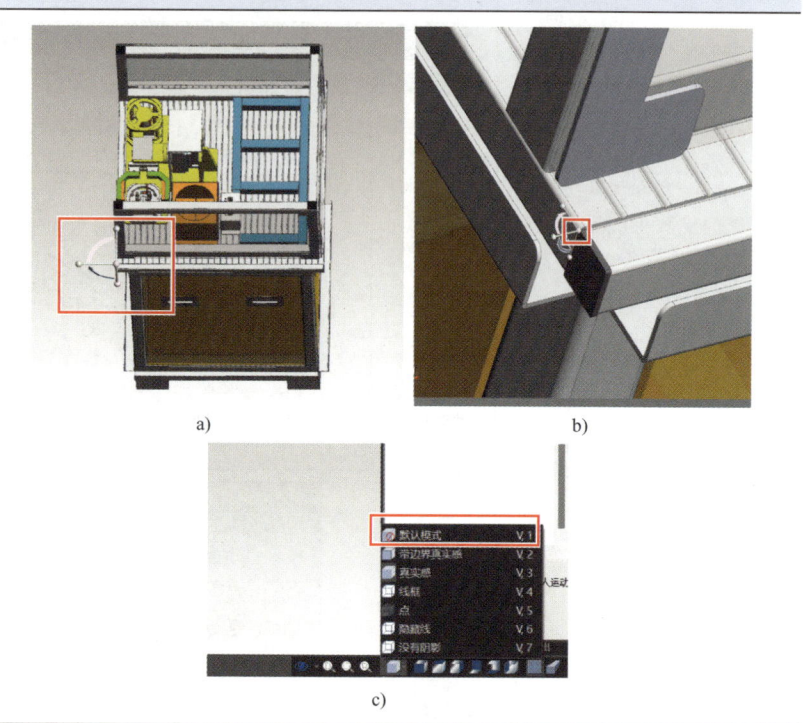
6）选中打磨单元，鼠标右键单击万向球中心点，选择"到点"功能，再选中执行单元上即将重合的点来布置打磨单元与执行单元的相对位置	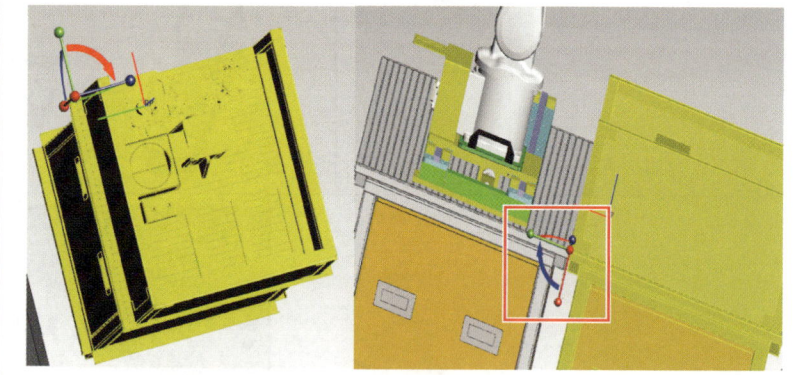
7）其他单元的操作与调整打磨单元类似，读者可以尝试独立完成。智能制造生产线最终布局如图所示	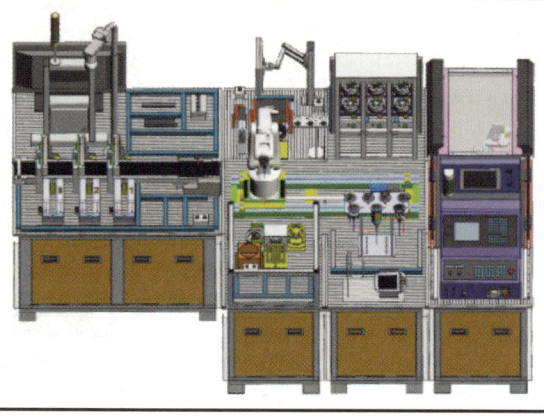

任务评价

评价项目	配分	序号	评分标准	自评	教师评价
知识掌握	30	①	了解万向球的作用（15分）		
		②	了解万向球的基本使用方法（15分）		
技能掌握	60	③	能使用万向球完成相关操作（30分）		
		④	能在虚拟环境中完成虚拟场景搭建（30分）		
职业素养	10	⑤	积极参与团队任务，分工明确，团队协作高效（3分）		
		⑥	责任心强，勇于承担责任，不推卸问题和责任，对执行结果负责（5分）		
		⑦	任务完成后主动按照6S要求对现场进行管理（2分）		
合计					

任务3 定义数字设备

任务描述

智能制造场景中通常包含零件、传感器、零件生成器和状态机等核心元素。零件是基础物理实体，可由多种材料制成，根据特定需求设计。传感器采集数据，如温度或压力信号，并转化为电信号，对自动化控制和过程优化至关重要。零件生成器利用计算机辅助设计自动化创建高度定制的零件设计，显著提升设计效率和生产灵活性。状态机监控制造过程中的不同阶段，确保流程顺畅和系统稳定。这些元素的整合使智能制造能够实现高度自动化，优化生产效率和产品质量，降低成本，是工业4.0革命的关键组成部分。在数字孪生场景中，理解和掌握定义数字孪生设备（数字设备）是非常重要的。本任务通过具体案例，在PQFactory中定义基本数字设备，旨在帮助读者掌握数字设备的定义方法。

任务目标

知识目标
◇ 了解零件、传感器、零件生成器、状态机的相关知识。
◇ 了解零件、传感器、零件生成器、状态机的常见类型。

能力目标
◇ 能熟练使用PQFactory软件定义零件类型数字设备。
◇ 能熟练使用PQFactory软件定义传感器类型数字设备。
◇ 能熟练使用PQFactory软件定义零件生成器数字设备。
◇ 能熟练使用PQFactory软件定义状态机数字设备。

素养目标

◇ 积极参与团队任务，分工明确，团队协作高效。
◇ 责任心强，勇于承担责任，不推卸问题和责任，对执行结果负责。
◇ 任务完成后主动按照 6S 要求对现场进行管理。

任务设施

工厂虚拟调试仿真软件 PQFactory。

参考学时

建议 4 学时，其中知识学习建议 2 学时，读者练习建议 2 学时。

知识储备

1. 零件

（1）定义与功能　零件是机械或装置中的基本组成单元。它们通常通过一定的制造工艺制成，如铸造、锻造、切削等，并用于实现特定的机械功能，如连接、传动、转换运动方式等。图 2-22 所示为各种类型零件。

图 2-22　各种类型零件

（2）常见类型

1）固定零件：如螺钉、螺母、销、键等，用于固定或连接机械的其他部分，部分固定零件如图 2-23～图 2-25 所示。

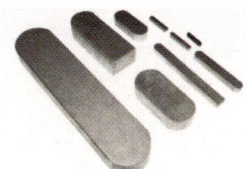

图 2-23　螺母　　　　　图 2-24　圆柱销　　　　　图 2-25　楔键

2）运动零件：如轴、轮、齿轮、曲轴等，在机械中负责运动和力的传递，部分运动零件如图 2-26～图 2-28 所示。

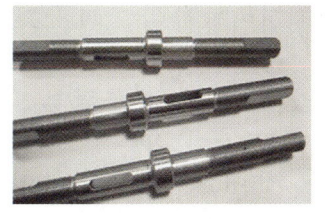  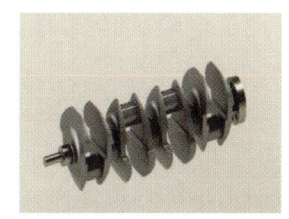

图 2-26　轴　　　　　　图 2-27　斜齿轮　　　　　图 2-28　曲轴

3）控制零件：如阀门、开关、控制杆等，用于控制机械的运动，部分控制零件如图 2-29～图 2-31 所示。

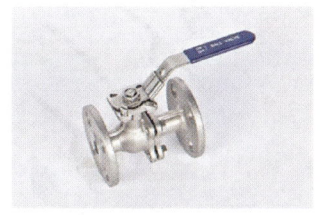  

图 2-29　阀门　　　　　图 2-30　开关　　　　　图 2-31　控制杆

2. 传感器

（1）传感器定义　传感器是指这类元件：它能够感受诸如力、温度、光、声、化学成分等物理量，并能把这些物理量按照一定的规律转换为便于传送和处理的另一个物理量（通常是电压、电流等电学量），或转换为电路的通断，可以方便地进行测量、传输、处理和控制等。传感器的应用场景非常广泛，如自动门、烟雾报警器等，如图 2-32、图 2-33 所示。

图 2-32　自动门　　　　　　　　　　图 2-33　烟雾报警器

（2）类型及工作原理　传感器广泛应用于各行各业，尤其是数字化工厂，在自动化生产过程中，通常采用各种传感器监视和控制生产过程中的各项参数，使生产运行保持高效、可靠。传感器按照工作原理主要分为以下几类：

1）光电传感器：利用光的变化来产生电信号，如光敏电阻、光电二极管，如图 2-34 所示。

2）电阻式传感器：利用电阻变化来感知物理量的变化，如热敏电阻，如图 2-35 所示。

3）电容式传感器：利用电容变化来感知物理量的变化，如电容式湿度传感器，如图 2-36 所示。

4）霍尔式传感器：利用磁场对电流的影响来检测磁场强度，如图 2-37 所示。

5）超声波传感器：利用超声波在空气中的传播速度来测量距离，如图 2-38 所示。

6）微机电系统（Micro-Electromechanical System，MEMS）传感器：利用微机电系统技术制造的传感器，如加速度传感器、陀螺仪，如图 2-39 所示。

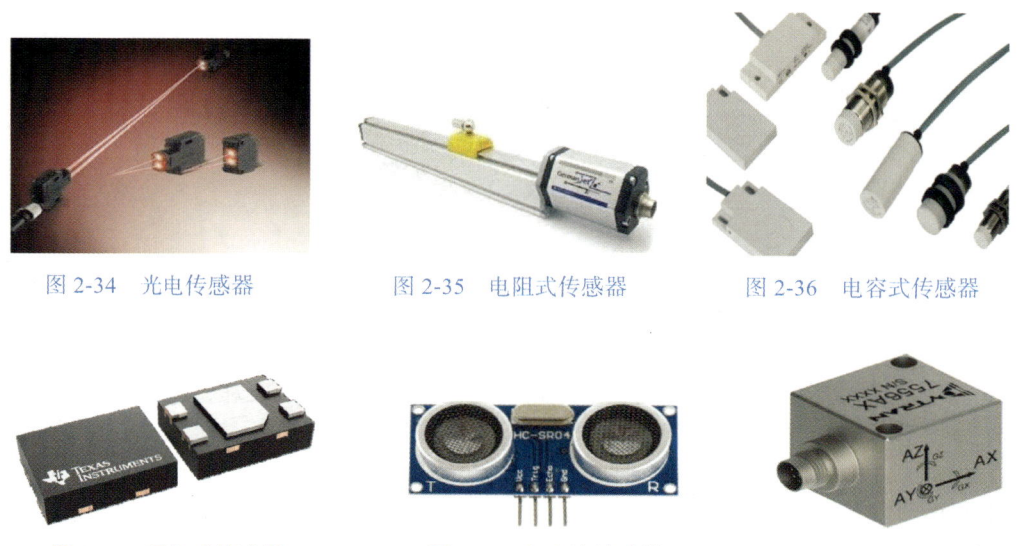

图 2-34　光电传感器　　　图 2-35　电阻式传感器　　　图 2-36　电容式传感器

图 2-37　霍尔式传感器　　　图 2-38　超声波传感器　　　图 2-39　MEMS 传感器

3.零件生成器

（1）零件生成器定义　零件生成器是一种工具，能根据预设的规格和参数自动生成机械零件的数字模型。零件生成器旨在通过自动化流程简化创建过程，提高生产效率和减少人为错误。

（2）零件生成器功能说明　图 2-40 所示为零件生成器，常被应用于虚拟调试，模拟源源不断地产生零件，可以通过信号或者时间来循环生成同样的零件。其定义需要在定义零件之后。

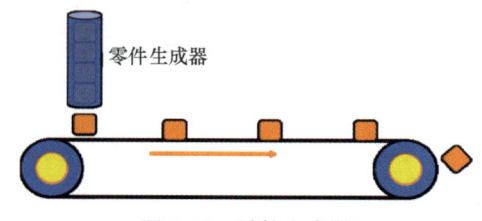

图 2-40　零件生成器

零件生成与消失模式：

1）时间模式：每经过一个固定的时间段，就会生成一个指定的零件，如

图 2-41 所示。

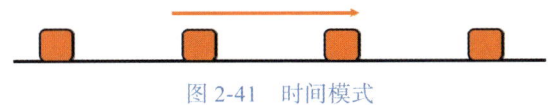

图 2-41　时间模式

2）信号模式：当触发零件生成信号时，就会生成一个零件，如图 2-42 所示。

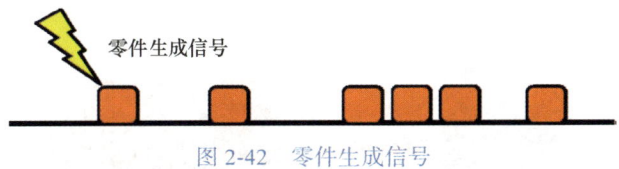

图 2-42　零件生成信号

无论哪种生成模式，当触发零件消失信号时，便会按照零件生成的先后顺序依次消失，如图 2-43 所示。

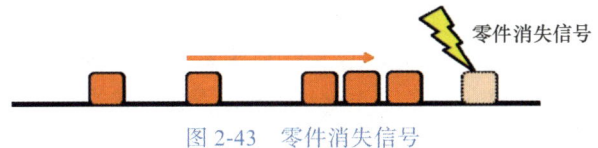

图 2-43　零件消失信号

4. 状态机

（1）状态机的定义　状态机也称为有限状态机（Finite State Machine，FSM），是一种用于设计和实现计算机程序和系统的概念模型。它通过定义一系列的状态、事件和在这些事件发生时的状态转换来描述一个系统或对象的行为，如图 2-44 所示。

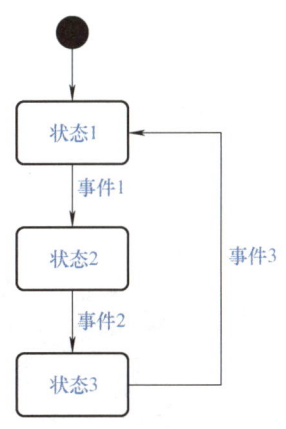

图 2-44　状态机原理图

状态机的优点在于它可提供一种清晰、结构化的方法来处理复杂的状态转换和事件处理，使得系统更易于理解、设计和维护。

（2）状态机的功能说明　PQFactory 支持自定义状态机。定义状态机是定义生产线设备的重要内容，也是定义数字设备的关键。在实际应用时，被原动机（如气缸、电机等）驱动的机械零部件都需要定义为状态机。

在定义时可以为状态机添加运动关节部件、运动方式（旋转或平移）、运动范围，也可以根据实际设备的工作位置为状态机添加不同的状态。

（3）状态机的变量介绍

1）启动变量与到位变量。针对状态机的每一个状态，都可以在软件（PQFactory）环境中设置一个对应的启动变量及启动值、到位变量及到位值，启动变量和到位变量是状态机与外部控制器进行变量关联的接口，如图2-45所示，状态机运动的触发和到位的反馈都需要通过这些接口发挥作用。

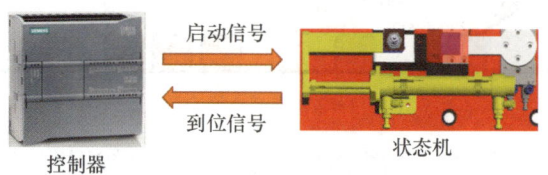

图2-45　启动变量与到位变量

2）启动变量类型。启动变量分为两种类型，变量控制对应状态如图2-46所示。

① 单一变量通过两个甚至多个状态值，控制状态机的多种状态。

② 多个变量通过对应变量的状态，控制状态机的多种状态。

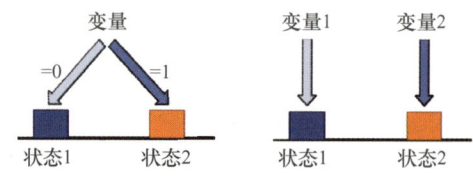

图2-46　启动变量类型

任务实施

图2-47所示为数字设备数字化定义实训场景，本任务通过示范定义零件、传感器、零件生成器、状态机等数字设备，帮助读者掌握其定义方法。

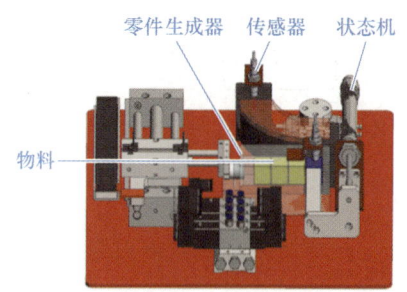

图2-47　数字设备数字化定义实训场景

1. 定义零件

定义零件的具体操作步骤见表2-4。

项目 2　搭建智能虚拟场景

表 2-4　定义零件的操作步骤

操作步骤	图示
1）单击"新建",进入新的场景中	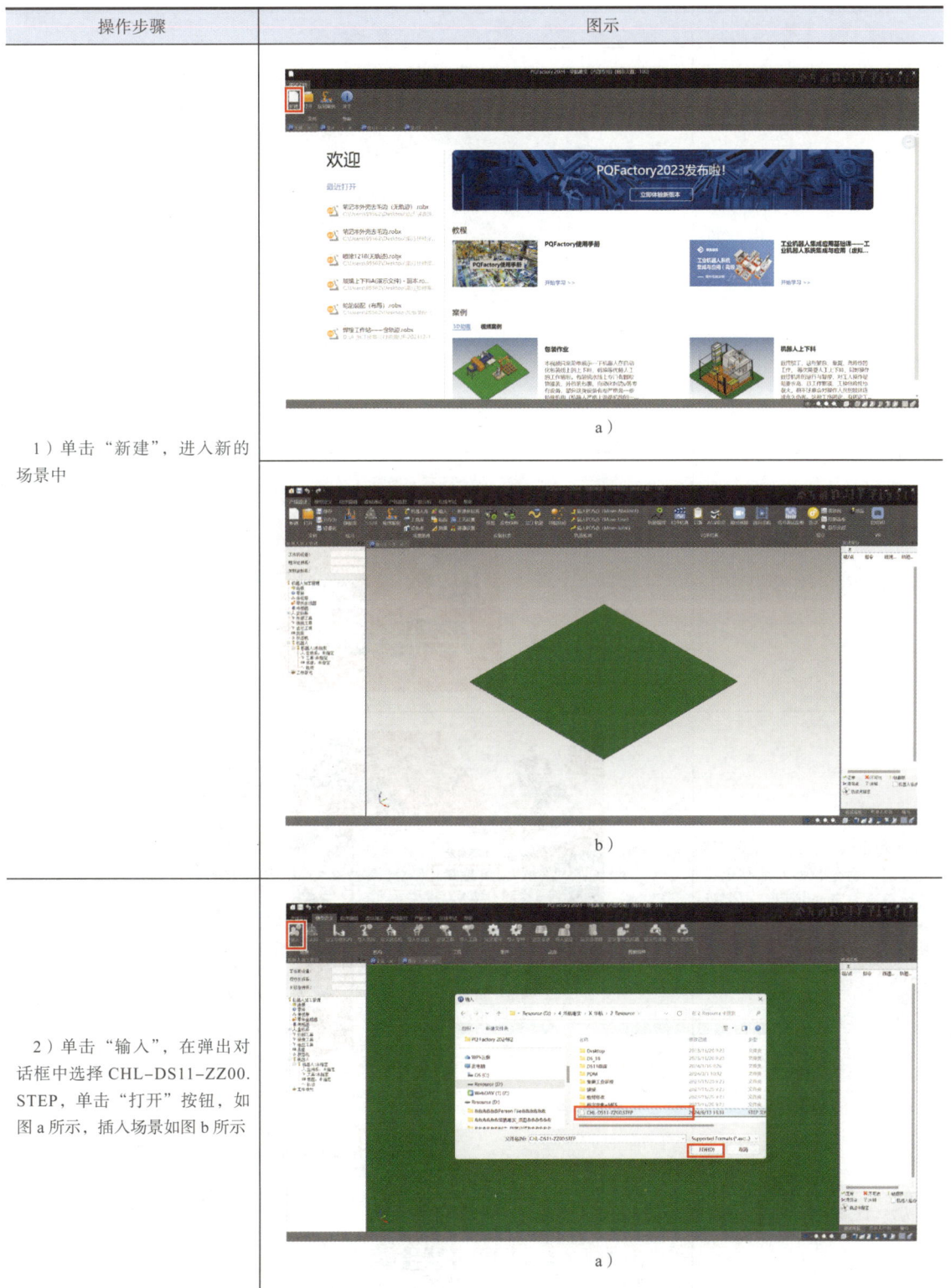 a） b）
2）单击"输入",在弹出对话框中选择 CHL-DS11-ZZ00.STEP,单击"打开"按钮,如图 a 所示,插入场景如图 b 所示	a）

（续）

操作步骤	图示
2）单击"输入"，在弹出对话框中选择CHL-DS11-ZZ00.STEP，单击"打开"按钮，如图a所示，插入场景如图b所示	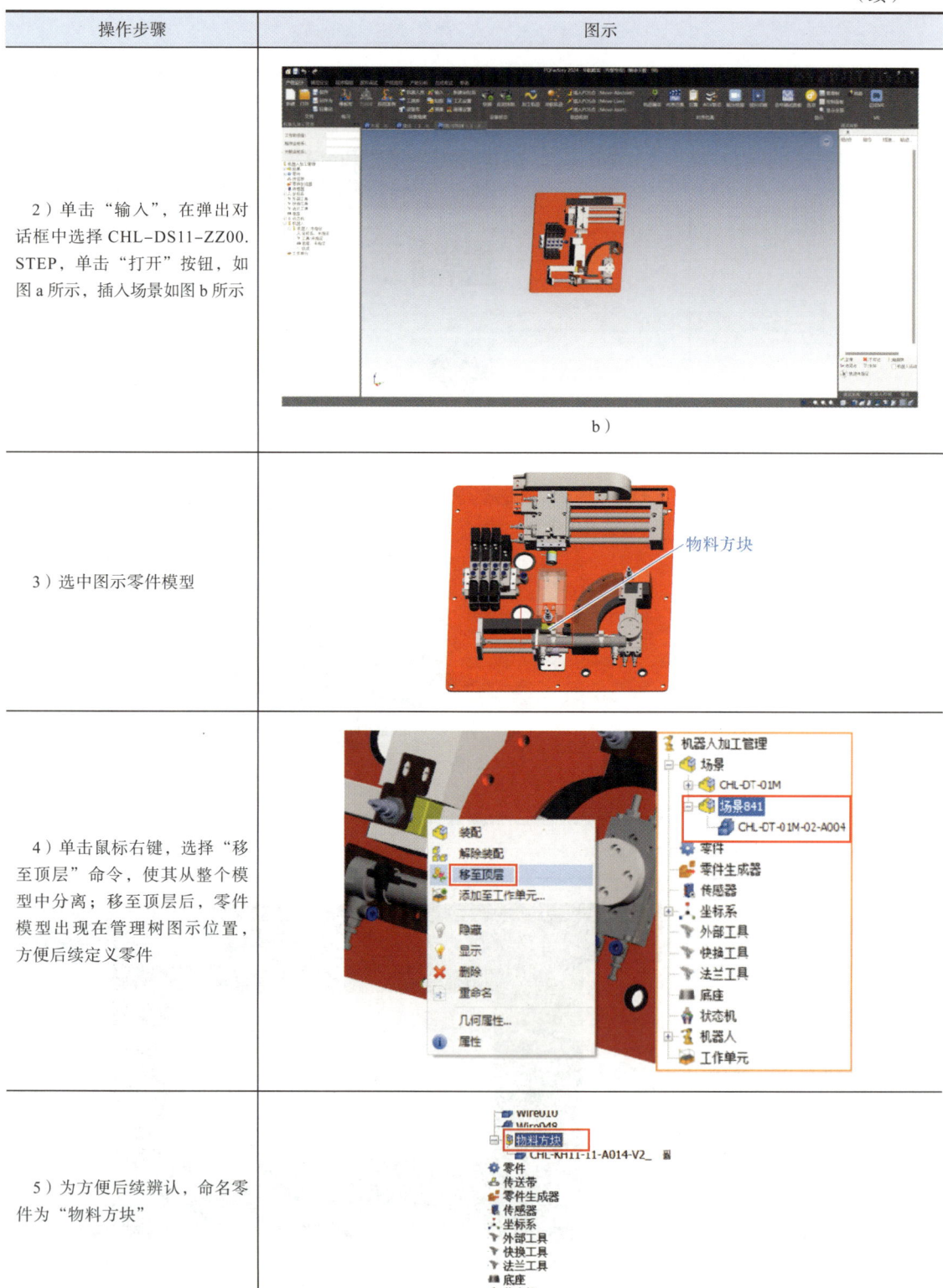 b）
3）选中图示零件模型	物料方块
4）单击鼠标右键，选择"移至顶层"命令，使其从整个模型中分离；移至顶层后，零件模型出现在管理树图示位置，方便后续定义零件	
5）为方便后续辨认，命名零件为"物料方块"	

项目2 搭建智能虚拟场景

（续）

操作步骤	图示
6）在"模型定义"中选择"定义零件"命令	
7）在弹出对话框中，选择"场景"，名字选择新定义的名称"物料方块"	
8）在后续弹出的作者信息框中，填写相关内容，单击"确认"按钮	
9）定义完成后可以看到，零件已经显示在管理树中的零件目录下	

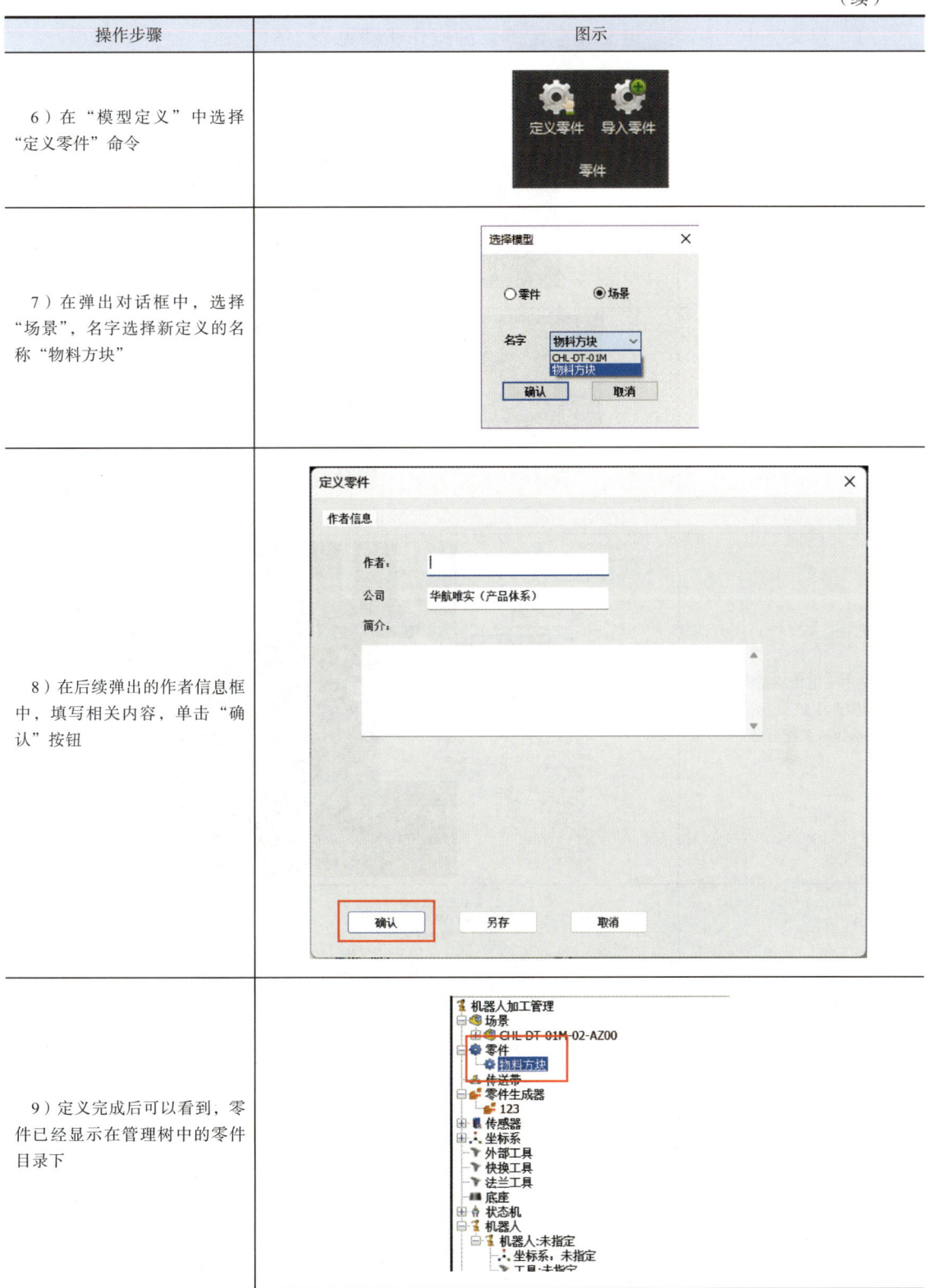

2. 定义光电传感器

（1）定义光电传感器　定义光电传感器的操作步骤见表 2-5。

表 2-5　定义光电传感器的操作步骤

操作步骤	图示
1）在"模型定义"中，选择"输入"命令，将传感光轴（自行新建）导入场景中	
2）选中传感光轴，使用"万向球"功能将传感光轴移动至传感器的感应面	
3）选中光电传感器本体，在管理树中选中该模型，单击鼠标右键选择"装配"命令	
4）将新建的装配模型移至顶层	

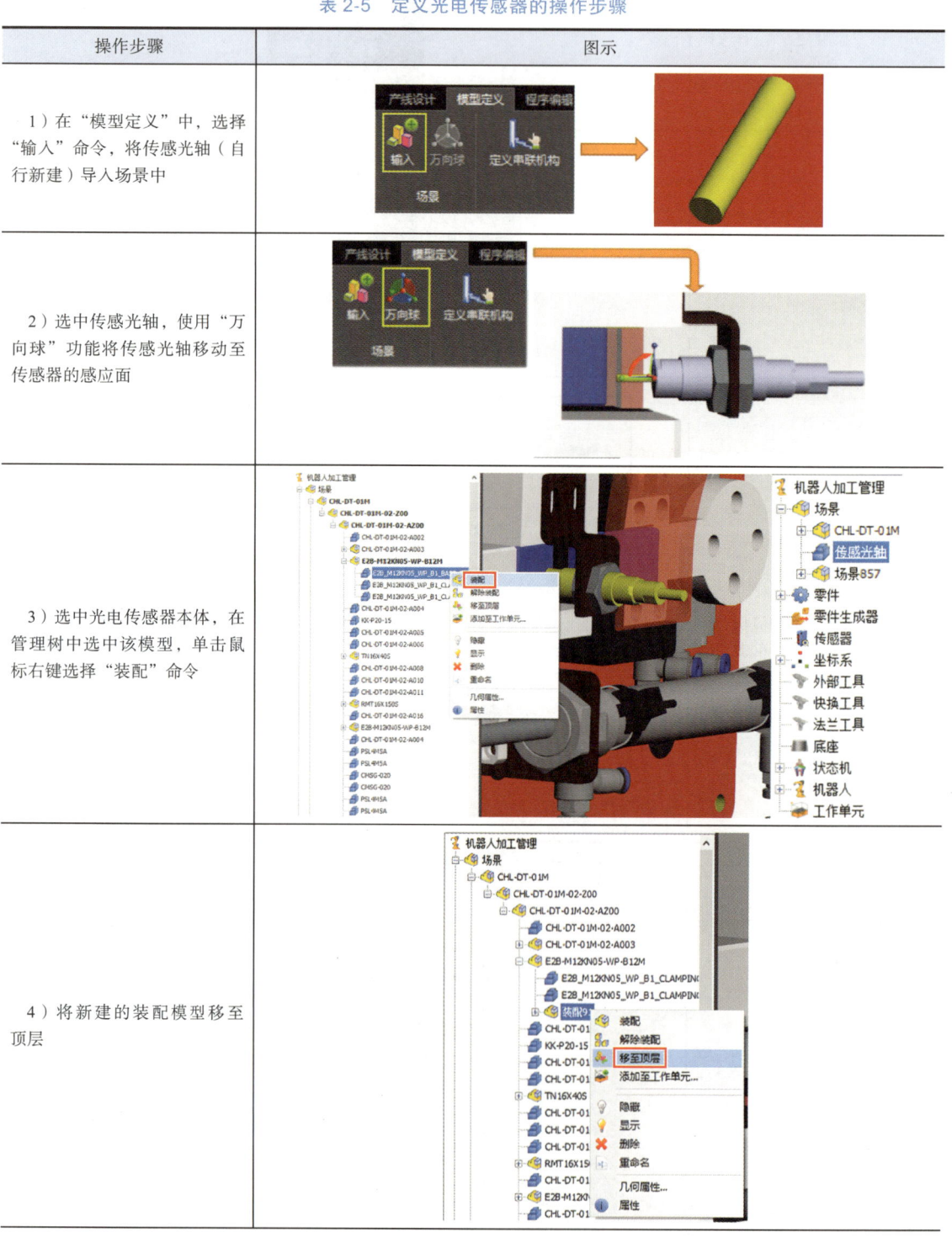

项目 2 　搭建智能虚拟场景

（续）

操作步骤	图示
5）选择新生成的场景，单击鼠标右键选择"解除装配"命令	
6）将"传感光轴"模型拖拽至传感器的装配场景中	
7）为便于后续对光电传感器进行区分，此处将装配模型重命名为"料井接近传感器"	
8）光电传感器的定义是以零件为前提的，因此需要先将料井接近传感器设置为"零件"	

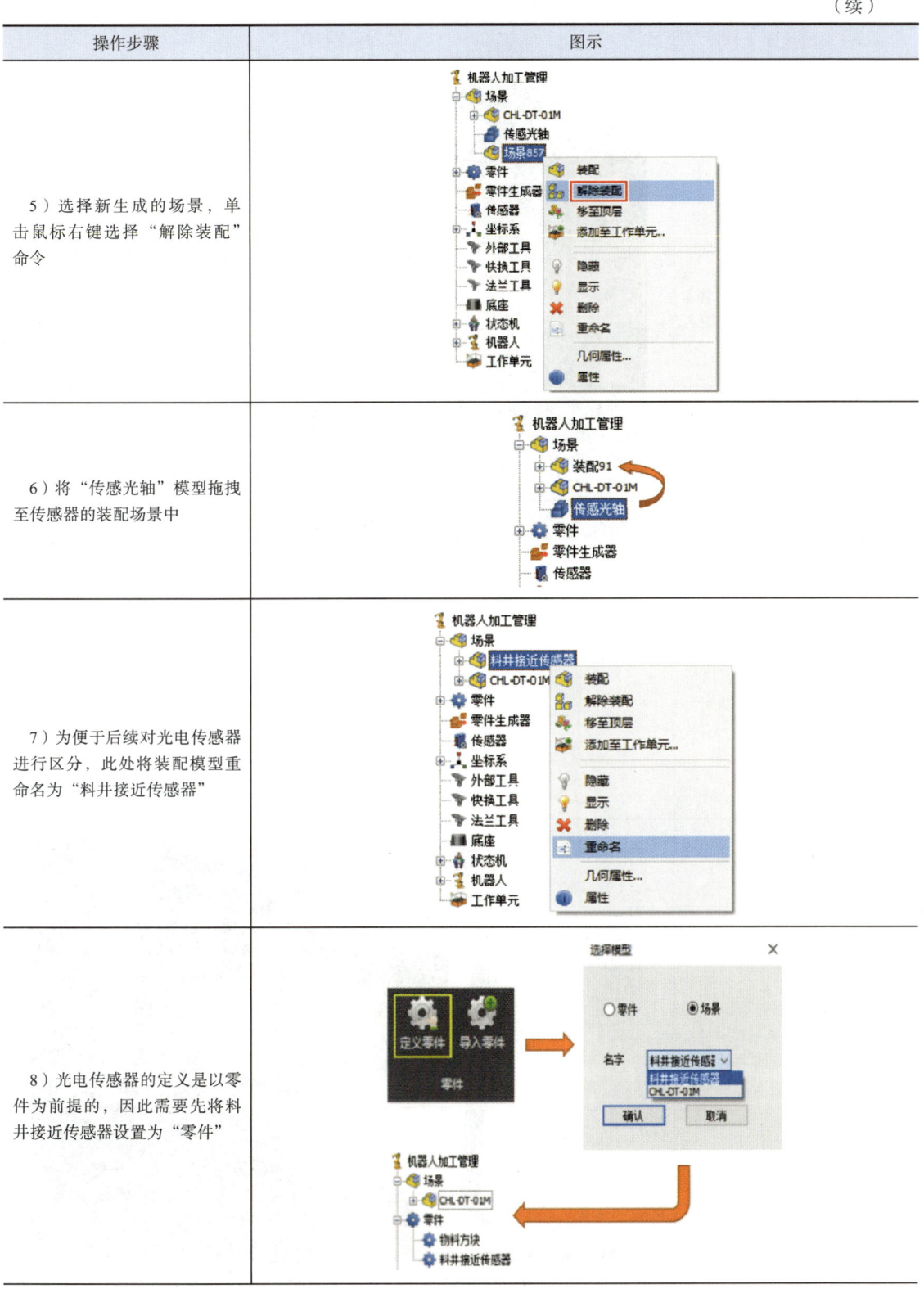

（续）

操作步骤	图示
9）单击"定义传感器"，选择"料井接近传感器"，类型选择"光电传感器"，触发变量名为 M101.0	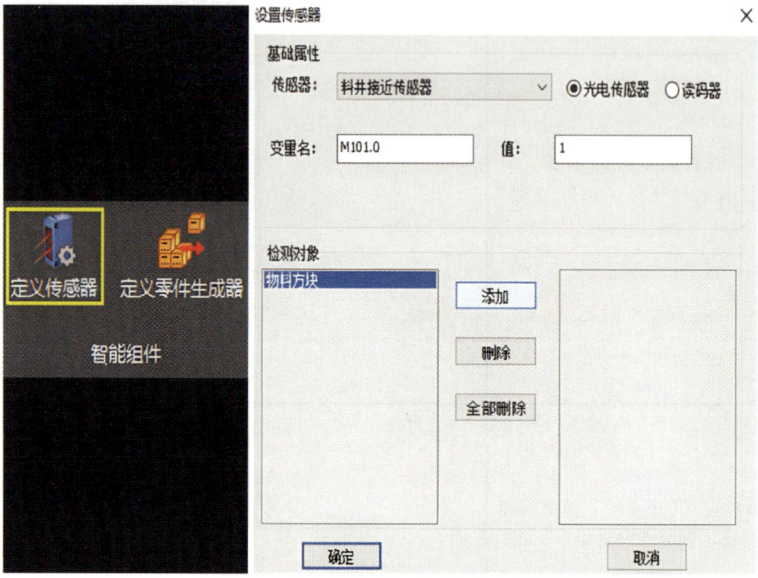
10）添加检测对象"物料方块"，即当物料方块与该光电传感器发生干涉时，便可触发信号 M101.0	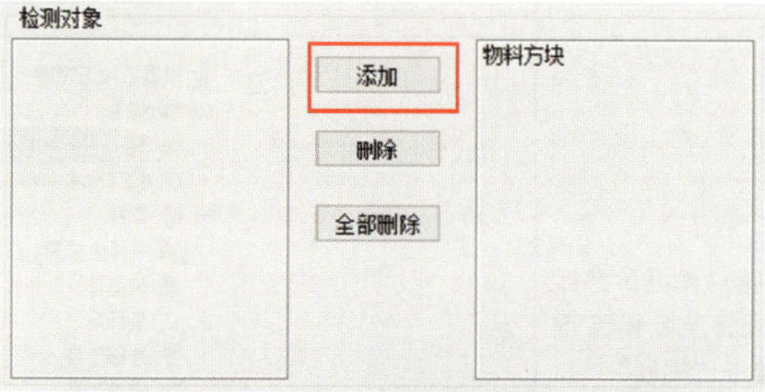
11）完成以上操作后，可以在管理树的"传感器"栏中，看到已经定义完成的"料井接近传感器"	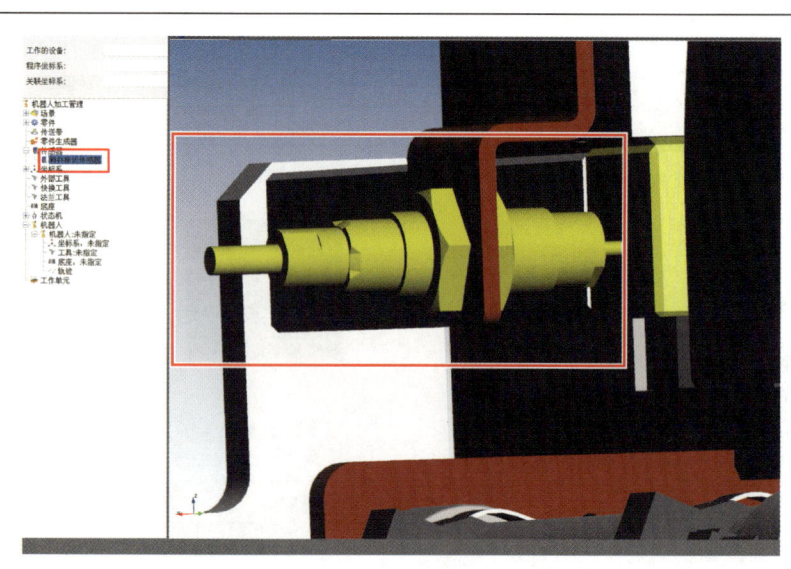

（2）测试光电传感器　光电传感器定义完成后，测试光电传感器，具体的操作步骤见表2-6。

表2-6　测试光电传感器的操作步骤

操作步骤	图示
1）在"虚拟调试"下单击"启动"按钮	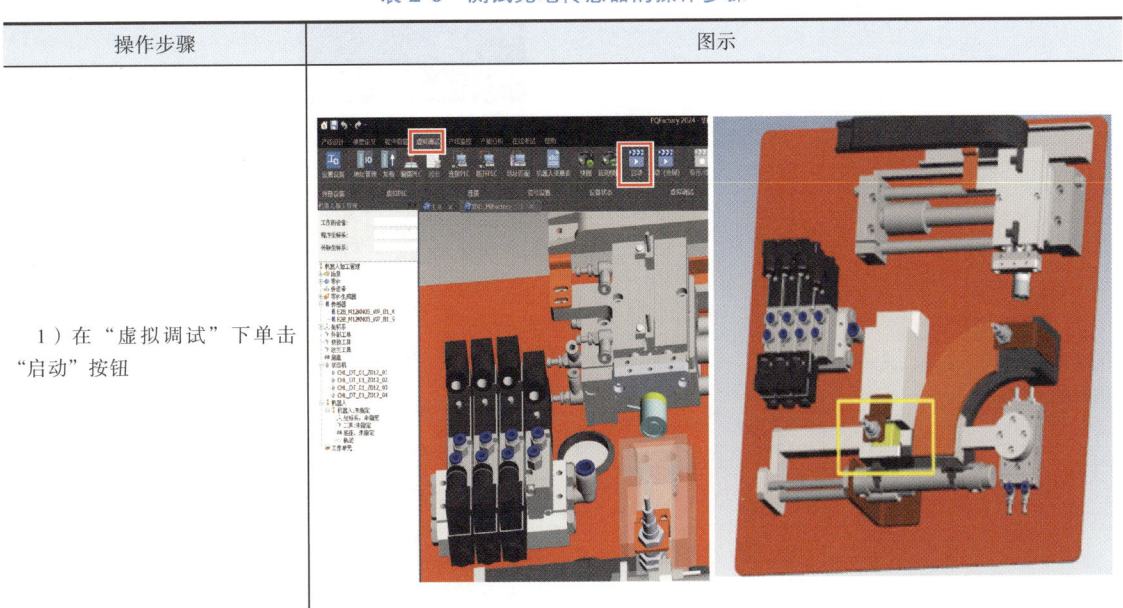
2）光电传感器检测到零件后，零件颜色变红，如图所示，光电传感器定义完成	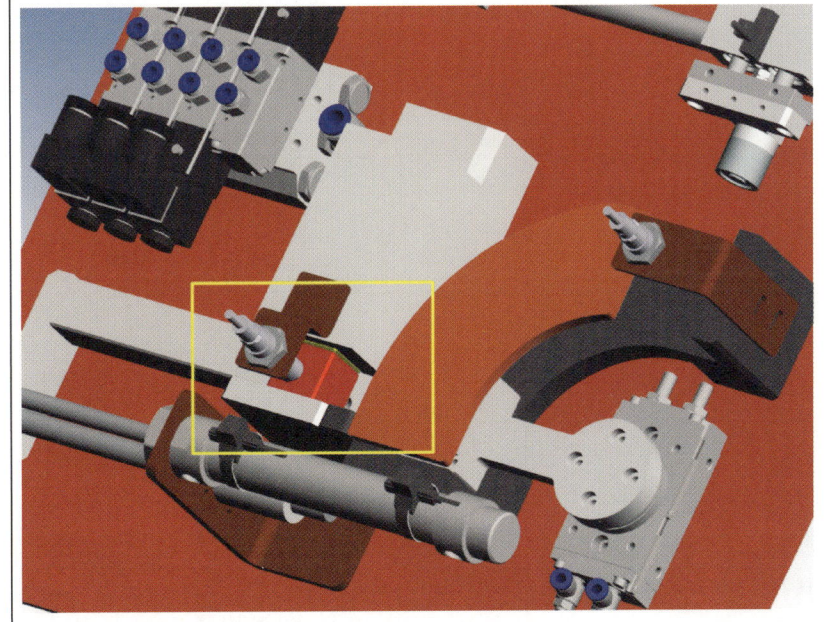

3. 定义零件生成器

（1）定义零件生成器　定义零件生成器的操作步骤见表2-7。

表 2-7　定义零件生成器的操作步骤

操作步骤	图示
1）在"模型定义"中，单击"定义零件生成器"	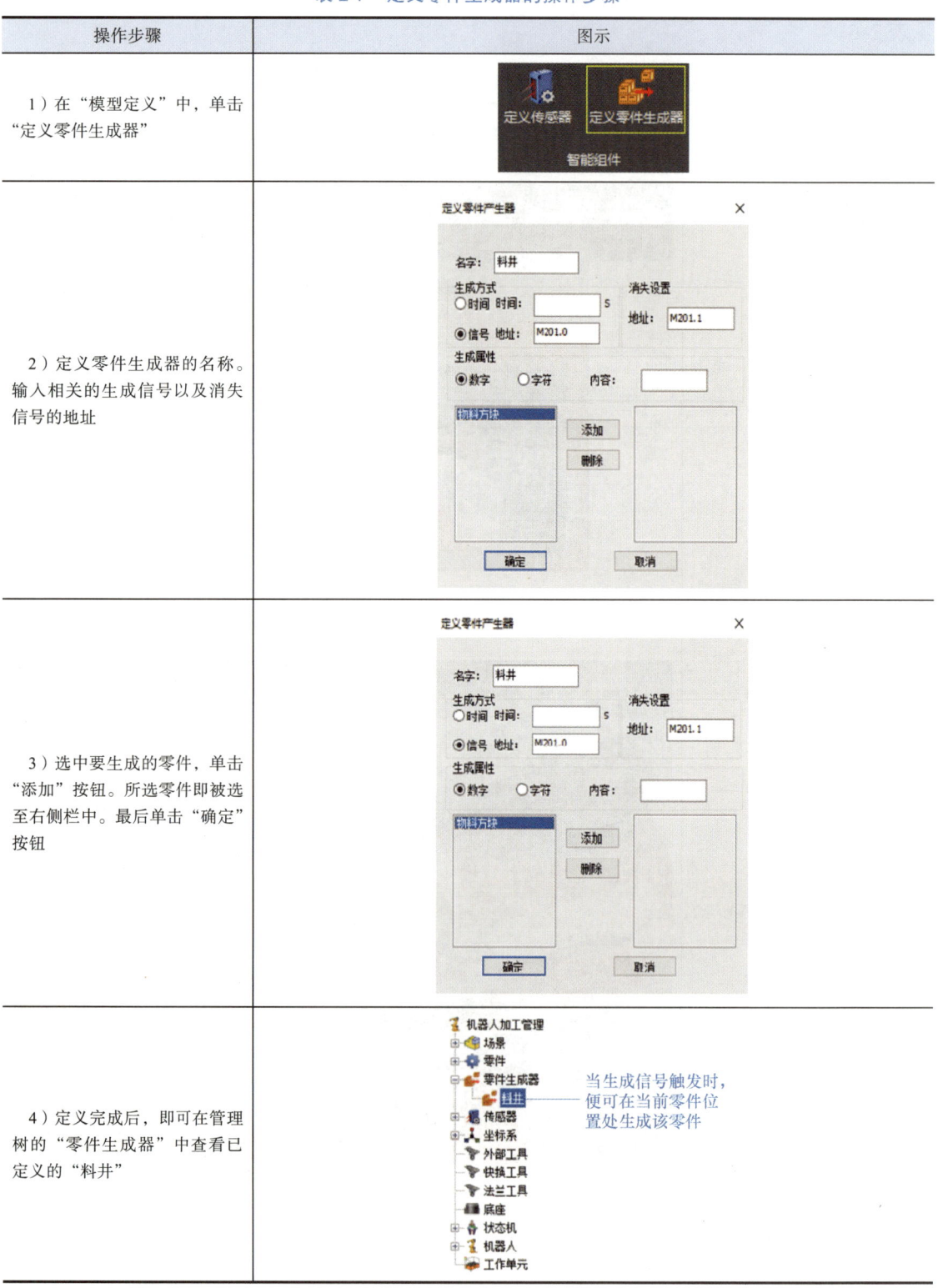
2）定义零件生成器的名称。输入相关的生成信号以及消失信号的地址	
3）选中要生成的零件，单击"添加"按钮。所选零件即被选至右侧栏中。最后单击"确定"按钮	
4）定义完成后，即可在管理树的"零件生成器"中查看已定义的"料井"	

（2）测试零件生成器　零件生成器定义完成后，需对其进行测试，具体操作步骤见表2-8。

表 2-8　测试零件生成器的操作步骤

操作步骤	图示
1）在"虚拟调试"下单击"地址匹配"按钮 进入信号配置界面后，将"物料生成"和"物料消失"信号按图示添加完成	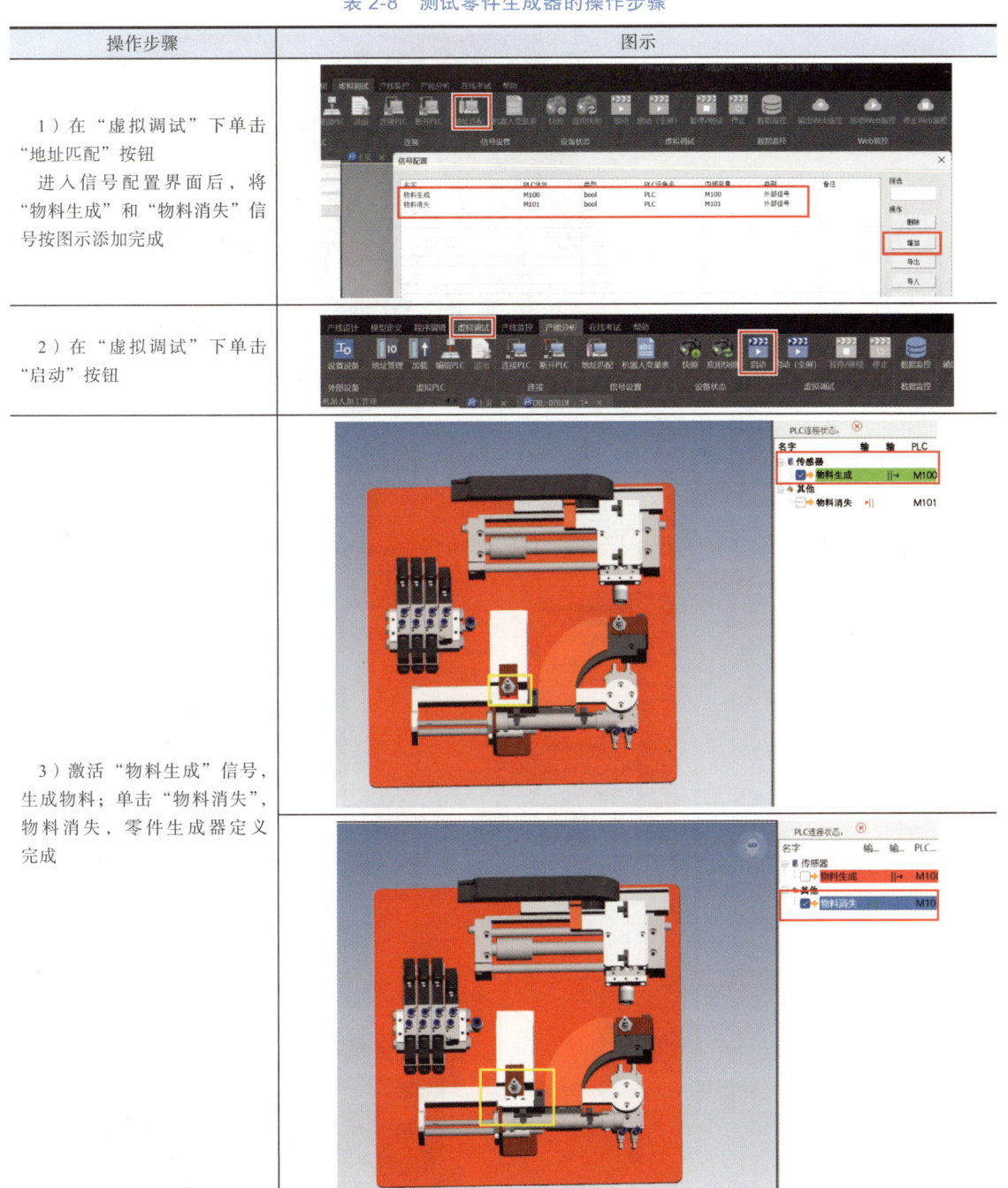
2）在"虚拟调试"下单击"启动"按钮	
3）激活"物料生成"信号，生成物料；单击"物料消失"，物料消失，零件生成器定义完成	

4. 定义状态机

（1）定义状态机　定义状态机的操作步骤见表2-9。

表 2-9　定义状态机的操作步骤

操作步骤	图示
1）单击单轴气缸的某一组件，以便找到该组件在管理树中的位置	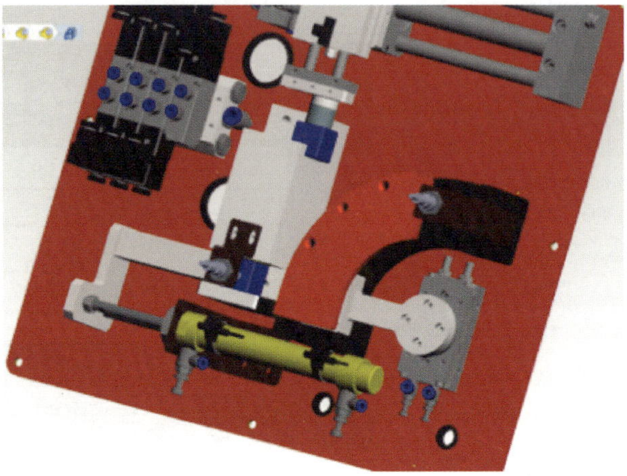
2）在管理树中选择单轴气缸的该组件，单击鼠标右键选择"装配"命令 **注意**：此步骤无须选中单轴气缸所有组件	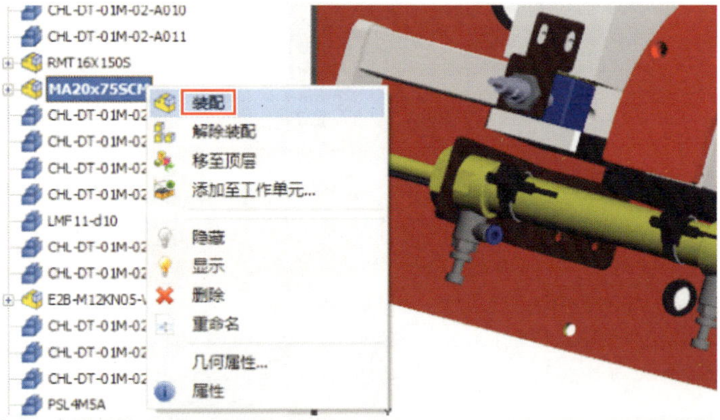
3）装配之后，会在模型管理树中生成一个装配体组件	

项目 2　搭建智能虚拟场景

（续）

操作步骤	图示
4）将单轴气缸的剩余组件，逐一拖拽至新建的装配体组件中。方法可以参考步骤 1	
5）选择单轴气缸的装配组件，单击鼠标右键选择"移至顶层"命令，方便后续定义状态机	
6）选择新移至顶层的场景，单击鼠标右键选择"解除装配"命令，会显示出内部的装配体	
7）为便于后续查询，选择装配体，单击鼠标右键对该装配体重命名，图示命名为"单轴线性气缸"	

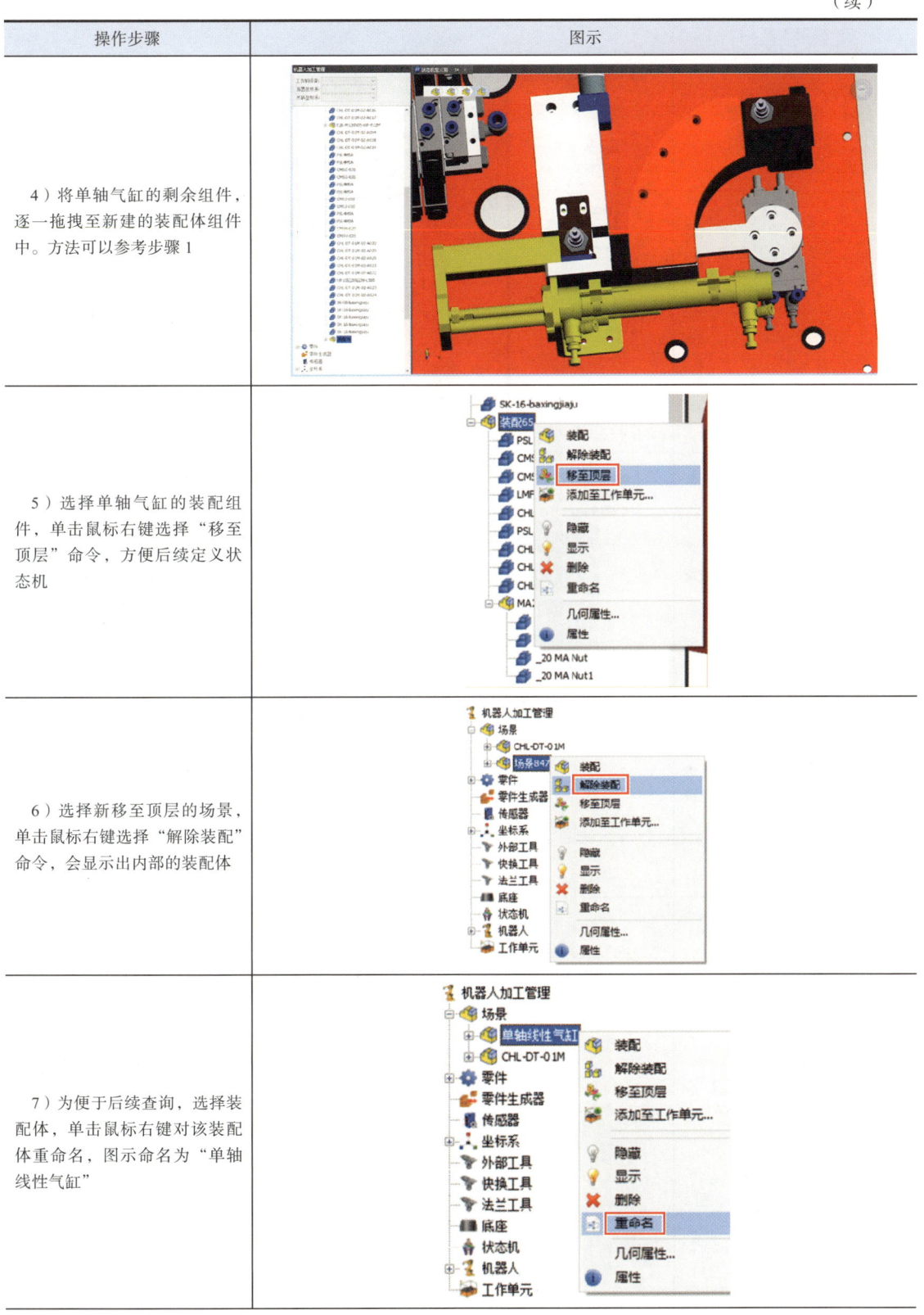

（续）

操作步骤	图示
8）选择气缸的运动部分，将其装配为一个整体，即图示黄色部分	
9）选择气缸的静态部分，将其装配为一个整体，即图示黄色部分	
10）如图所示，装配之后单轴线性气缸分为运动组件和机座组件两部分	
11）将运动组件重命名为J1，将机座组件重命名为BASE	

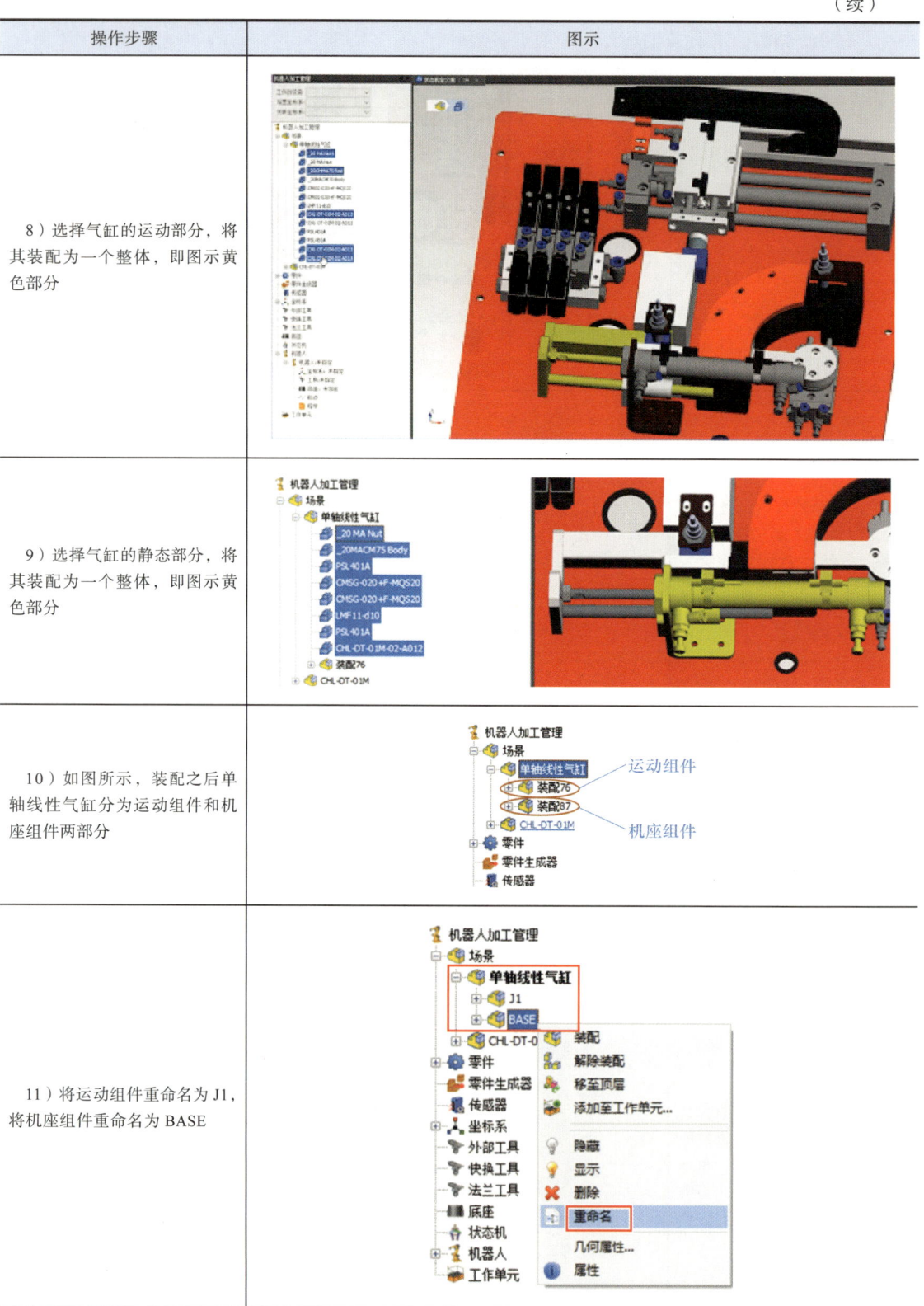

项目2 搭建智能虚拟场景

（续）

操作步骤	图示
12）在"模型定义"栏中，选择"定义状态机"	
13）在"选择模型"对话框中，选择"场景"，选择"单轴线性气缸"，然后单击"确认"按钮	
14）在弹出的"定义状态机"对话框中可以设置状态机的运动方式、方向以及运动范围	

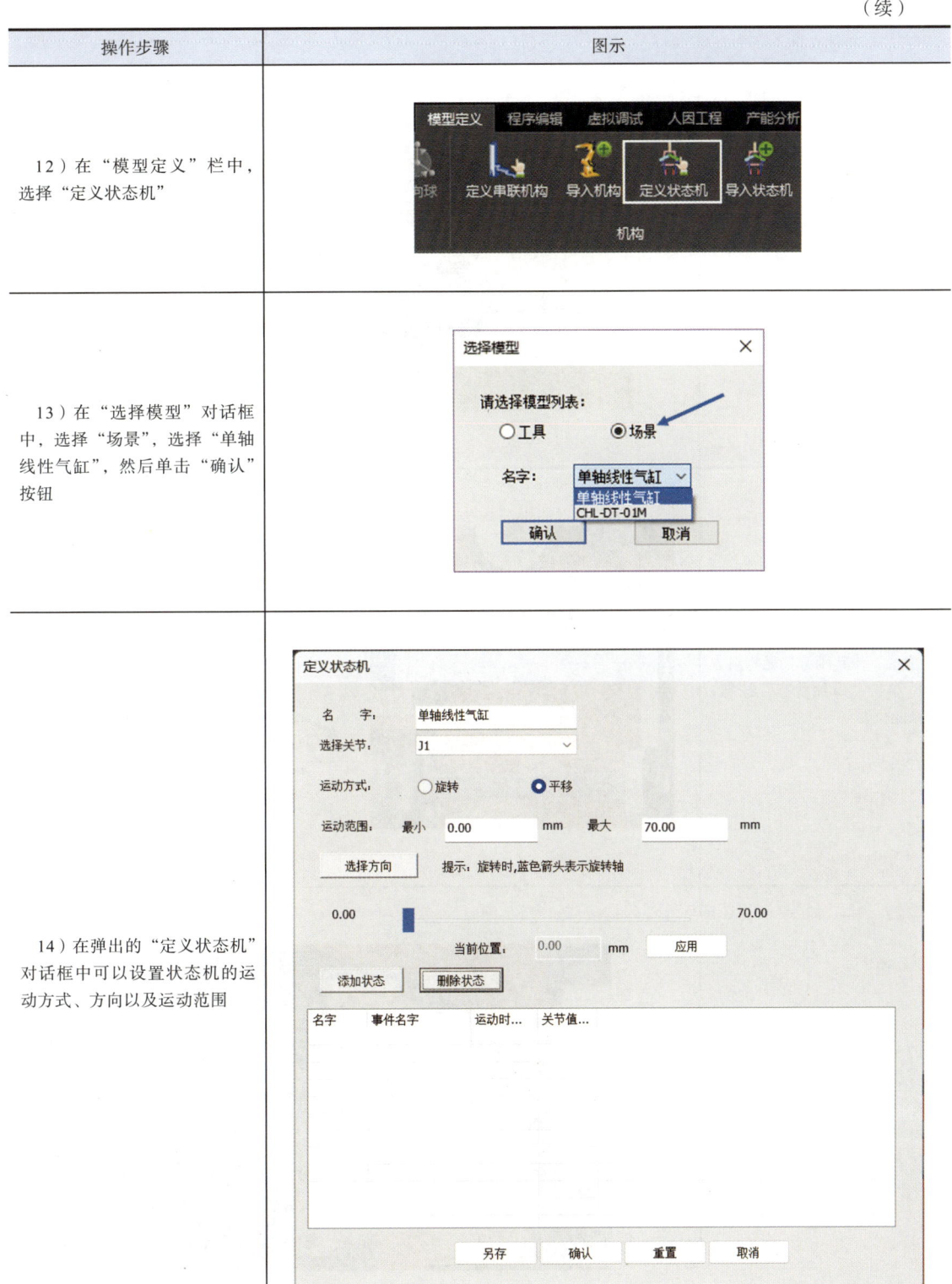

（续）

操作步骤	图示
15）在选择运动方向时，使用万向球到点、垂直、反向等工具，调整J1方向如图方框所示	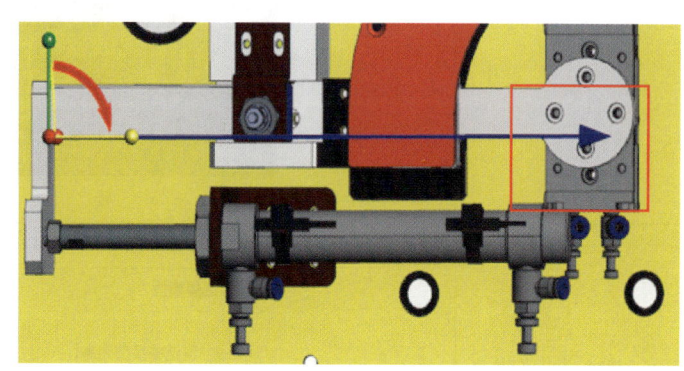
16）添加具体的状态。移动J1位置，使其刚好接触物料方块。单击"添加状态"按钮，记录此位置	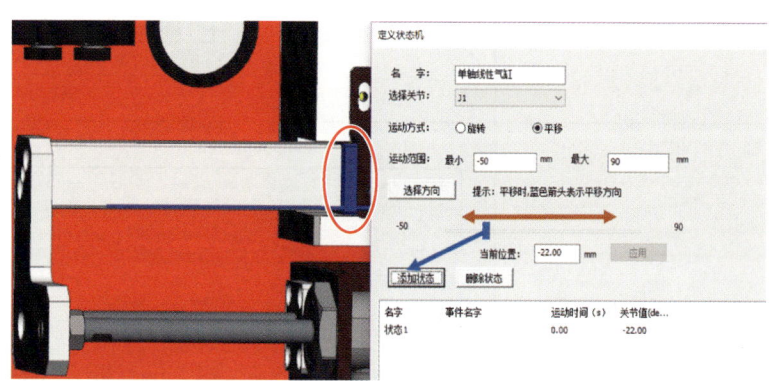
17）选择图示盖板，单击鼠标右键选择"几何属性"命令，然后在显示属性对话框更改当前材料的透明度，以便后续记录状态机的第2个位置	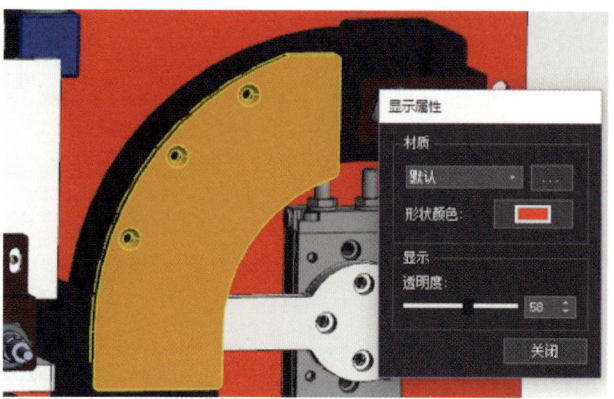

项目 2　搭建智能虚拟场景

（续）

操作步骤	图示
18）移动 J1 位置，使其刚好接触需旋转槽中的物料方块，图示位置为 47.5。单击"添加状态"按钮，记录此位置	
19）添加事件名字，方便后续使用这些特殊位置。同时添加运动时间，即为状态 1→状态 2 的时间	
20）可以看到，定义后的状态机已在"状态机"栏下	

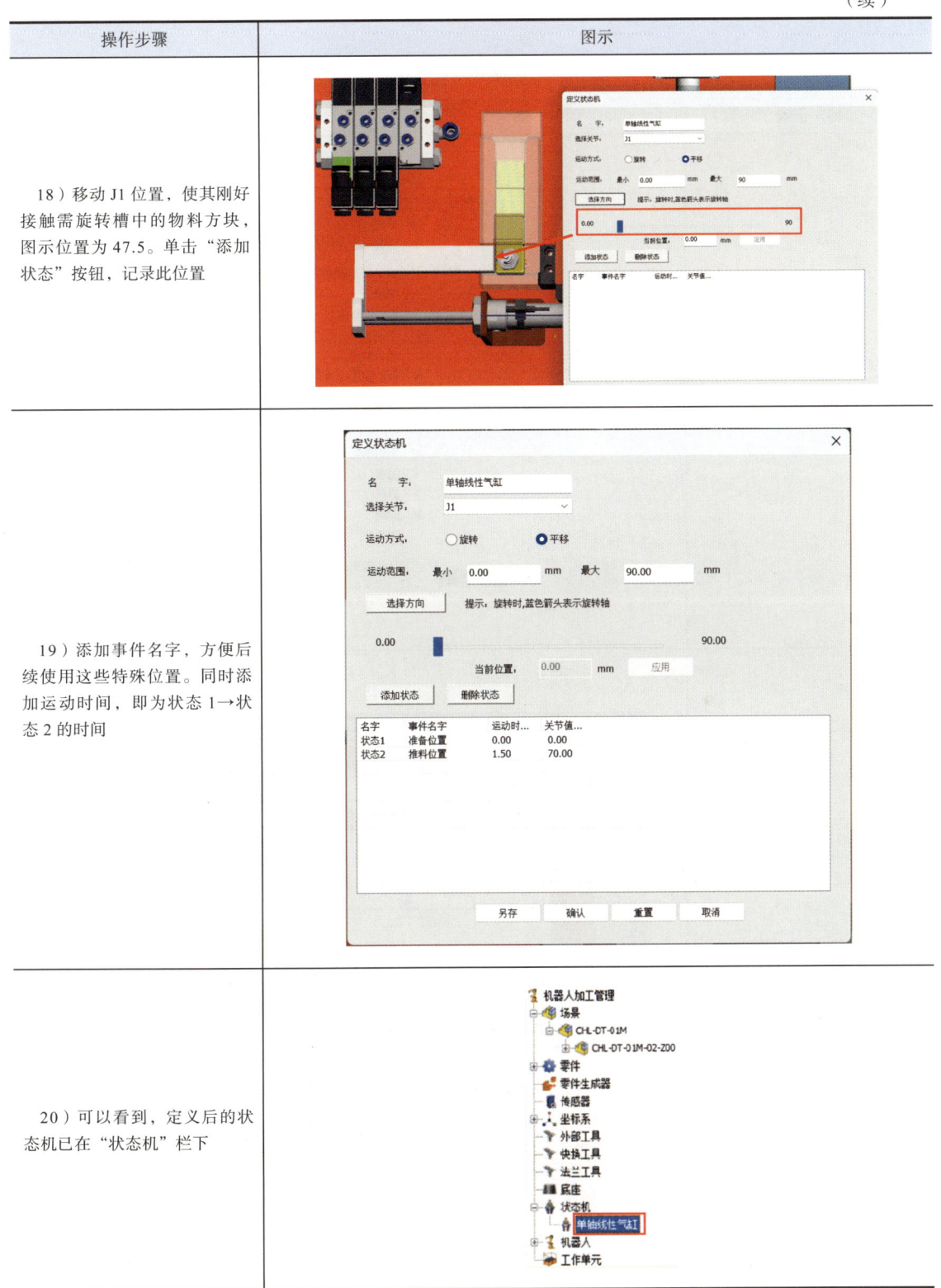

（2）测试状态机　状态机定义完成后，需对其进行测试，测试状态机的操作步骤见表 2-10。

表 2-10　测试状态机的操作步骤

操作步骤	图示
1）选择已经定义的状态机，单击鼠标右键选择"切换状态"命令	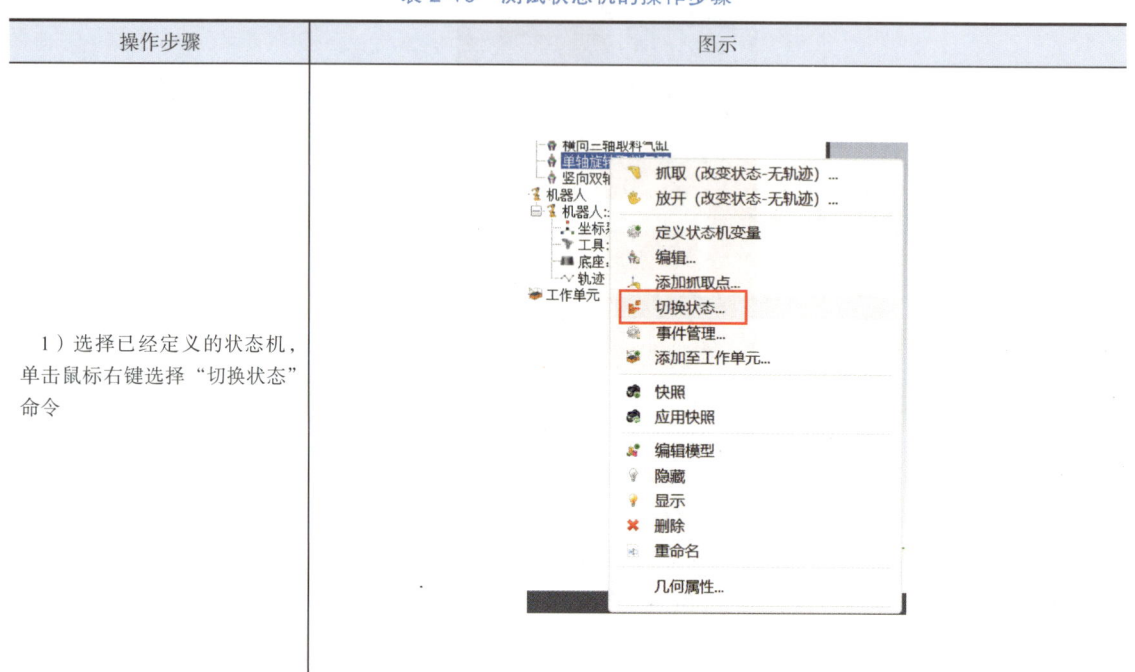
2）图示为状态 1 的位置。单击下拉按钮，选中状态即可切换状态	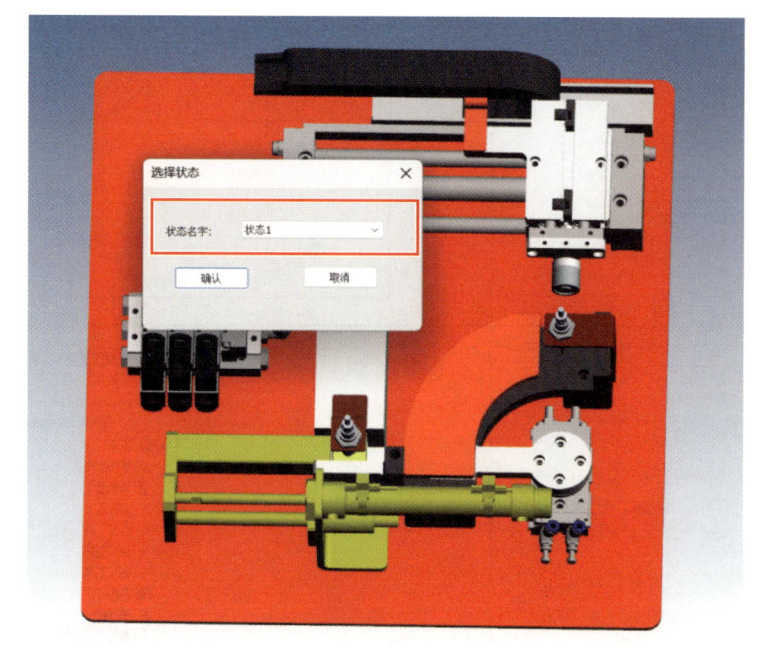

（续）

操作步骤	图示
3）图示为状态2的位置	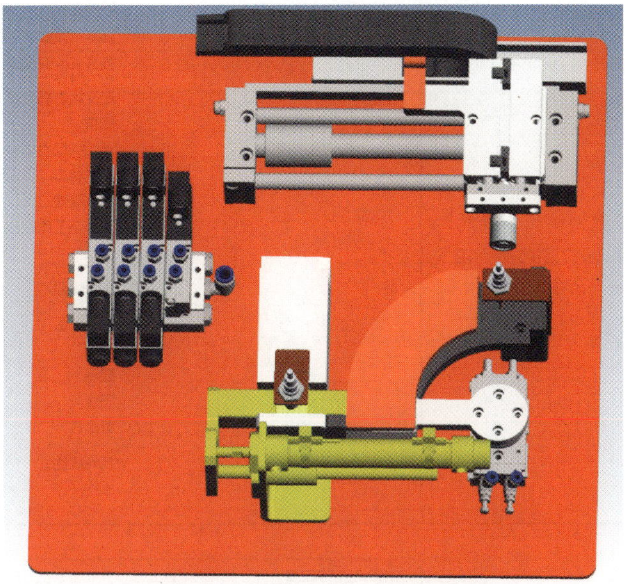
4）若满足上述测试，则状态机初步定义完成。如有问题，需要单击鼠标右键选择"编辑"命令，重新进行定义	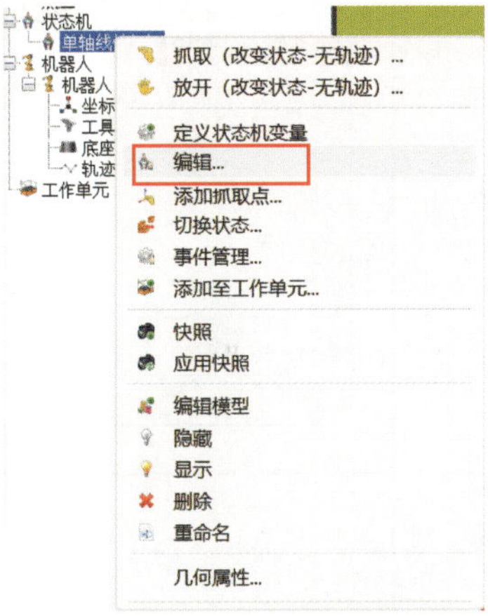

（3）定义单启动变量 以旋转气缸场景单启动变量为例，对旋转气缸进行控制，如图 2-48 所示，启动变量选择 M200.2，通过不同的变量值控制气缸的两种状态；到位变量分别选择 M100.2 和 M100.3。具体操作步骤见表 2-11。

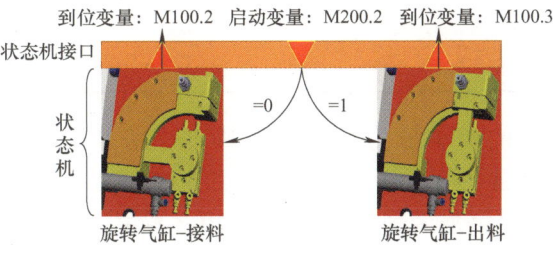

图 2-48 单启动变量定义（旋转气缸场景）

表2-11 定义单启动变量的操作步骤

操作步骤	图示
1）在管理树中选择旋转气缸，单击鼠标右键选择"定义状态机变量"命令	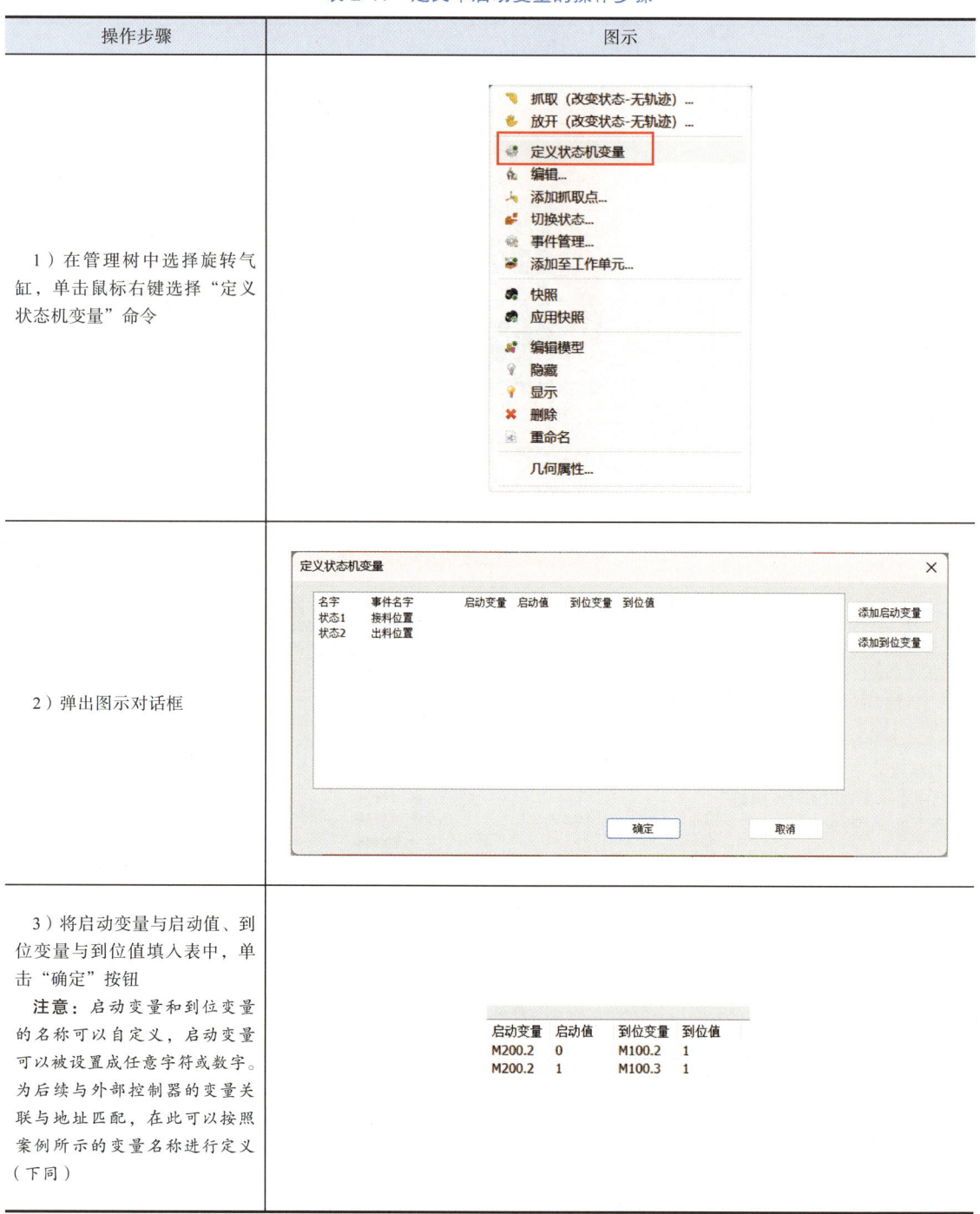
2）弹出图示对话框	
3）将启动变量与启动值、到位变量与到位值填入表中，单击"确定"按钮 注意：启动变量和到位变量的名称可以自定义，启动变量可以被设置成任意字符或数字。为后续与外部控制器的变量关联与地址匹配，在此可以按照案例所示的变量名称进行定义（下同）	

当启动变量 M200.2 的启动值为 0 时，该状态机切换至接料位置（状态1），到位后，到位变量 M100.2 被置为1；当启动变量 M200.2 的启动值为1时，该状态机切换至出料位置（状态2），到位后，到位变量 M100.3 被置为1。单启动变量定义结果如图 2-49 所示。

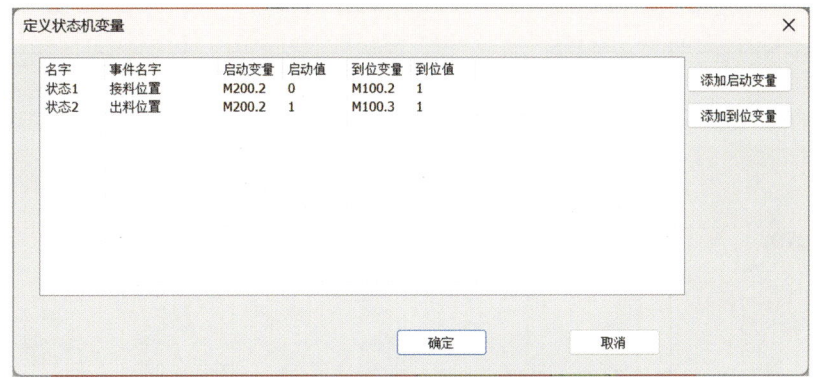

图 2-49　单启动变量定义结果

（4）定义双启动变量　以推料气缸场景双启动变量为例，对推料气缸进行控制，如图 2-50 所示，启动变量选择 M200.0 和 M200.1，分别控制气缸的两种状态；到位变量分别选择 M100.0 和 M100.1。具体操作步骤见表 2-12。

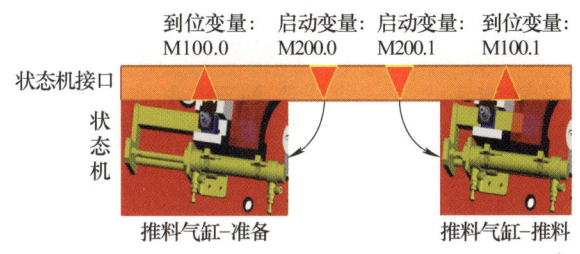

图 2-50　双启动变量定义（推料气缸场景）

表 2-12　定义双启动变量的操作步骤

操作步骤	图示
1）在管理树中选择单轴线性气缸，单击鼠标右键选择"定义状态机变量"命令	

（续）

操作步骤	图示
2）弹出图示对话框	定义状态机变量 名字　事件名字　　启动变量　启动值　到位变量　到位值 状态1　准备位置 状态2　推料位置 添加启动变量 添加到位变量 确定　　取消
3）将启动变量与启动值、到位变量与到位值填入表中，单击"确定"按钮	启动变量　启动值　到位变量　到位值 M200.0　　1　　　M100.0　　1 M200.1　　1　　　M100.1　　1

当启动变量 M200.0 启动值为 1 时，该状态机切换至准备位置（状态 1），到位后，到位变量 M100.0 被置为 1；当启动变量 M200.1 启动值为 1 时，该状态机切换至推料位置（状态 2），到位后，反馈到位变量 M100.1 被置为 1。双启动变量定义结果如图 2-51 所示。

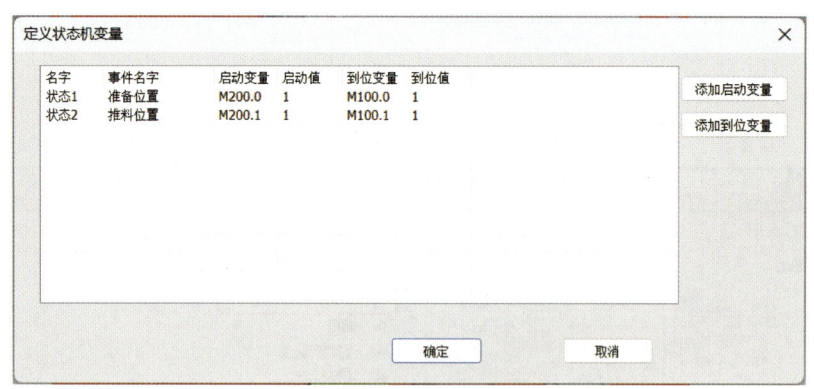

图 2-51　双启动变量定义结果

任务评价

评价项目	配分	序号	评分标准	自评	教师评价
知识掌握	30	①	了解零件、传感器、零件生成器、状态机的定义（15 分）		
		②	了解零件、传感器、零件生成器、状态机的常见类型（15 分）		

（续）

评价项目	配分	序号	评分标准	自评	教师评价
技能掌握	60	③	能熟练使用 PQFactory 软件定义零件、传感器、零件生成器、状态机类型数字孪生设备（60分）		
职业素养	10	④	积极参与团队任务，分工明确，团队协作高效（3分）		
		⑤	责任心强，勇于承担责任，不推卸问题和责任，对执行结果负责（5分）		
		⑥	任务完成后主动按照 6S 要求对现场进行管理（2分）		
合计					

任务 4　典型执行机构的数字化定义

▶ 任务描述

典型执行机构包含了零件、传感器、状态机等元素，本任务以典型执行机构的数字化定义为案例，在 PQFactory 软件中完成数字化定义，帮助读者理解并学会定义常见的虚拟场景元素，为后续学习定义更复杂的执行机构奠定坚实的基础。

▶ 任务目标

知识目标
◇ 了解典型执行机构的硬件组成。
◇ 了解数字设备的定义规划。

能力目标
◇ 能掌握 PQFactory 软件的基本操作。
◇ 能定义典型执行机构。

素养目标
◇ 积极参与团队任务，分工明确，团队协作高效。
◇ 责任心强，勇于承担责任，不推卸问题和责任，对执行结果负责。
◇ 任务完成后主动按照 6S 要求对现场进行管理。

▶ 任务设施

工厂虚拟调试仿真软件 PQFactory、智能控制数字孪生应用平台。

▶ 参考学时

建议 2 学时，其中知识学习 1 学时，读者练习建议 1 学时。

知识储备

1. 典型执行机构硬件结构

典型执行机构硬件结构如图 2-52 所示,该执行机构由取料气缸、料井、料井接近传感器、单轴线性气缸、双轴转移气缸、物料方块、转移接近传感器、旋转气缸等组成。各部分的功能如下。

1) 取料气缸:当旋转气缸将物料方块推至固定位置时,传感器检测到物料方块后抓取物料方块。

2) 料井:用于储存、释放物料方块。

3) 料井接近传感器:用于检测出料口位置是否有物料方块。

4) 单轴线性气缸:当物料方块符合推出条件时,由单轴线性气缸将其推出。

5) 双轴转移气缸:双轴转移气缸做往复运动,配合取料气缸将物料方块从一处转移至另一处。

6) 物料方块:整个执行机构执行的对象。

7) 转移接近传感器:检测物料方块是否到达位置。

8) 旋转气缸:将物料方块搬运至指定位置。

2. 数字设备定义要求

数字设备定义的要求就是根据实际的物理设备的运动及电气特性,在 PQFactory 软件中,将其一一对应设置好,如图 2-53 所示。其主要包括以下几部分。

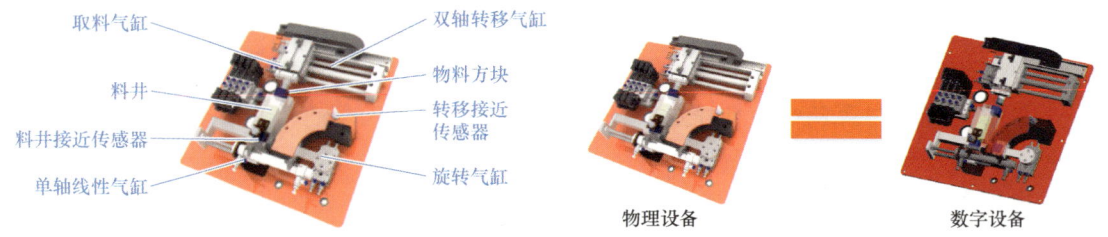

图 2-52 典型执行机构硬件   图 2-53 物理设备和数字设备

(1) 零件 零件包含料井处的物料方块,如图 2-54 所示。

(2) 传感器 传感器包含料井处的料井接近传感器以及环形轨道处的转移接近传感器,如图 2-55 所示。

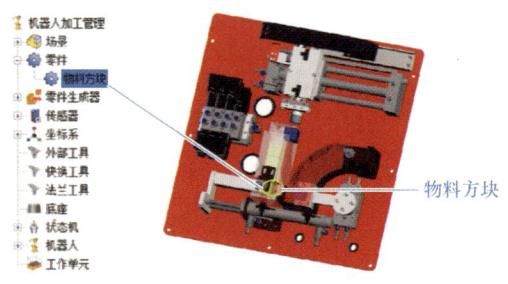

图 2-54 物料方块

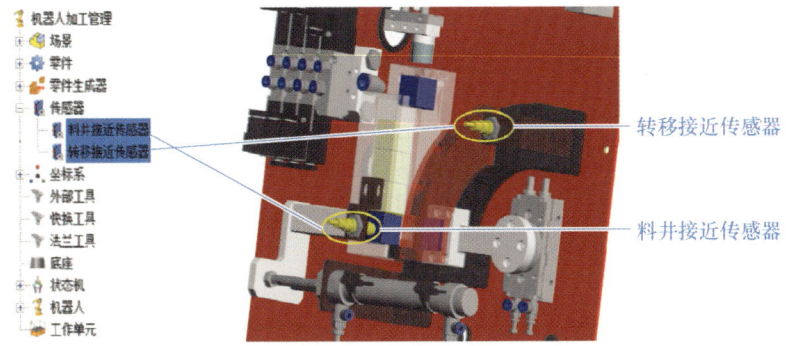

图 2-55 传感器

（3）状态机　状态机包含 4 个，分别为单轴线性气缸（平移运动）、旋转气缸（旋转运动）、取料气缸（平移运动）、双轴转移气缸（平移运动），如图 2-56 所示。

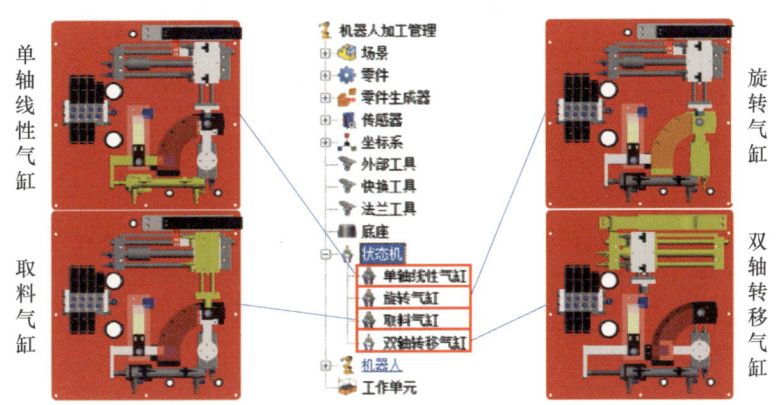

图 2-56 状态机

需要注意的是：双轴转移气缸与取料气缸需装配在一起，两者需要固结。图 2-57 所示为未抓取状态，双轴转移气缸的状态切换并不能改变取料气缸的位置，两者之间发生脱离。抓取之后，两气缸的装配关系成立，如图 2-58 所示。

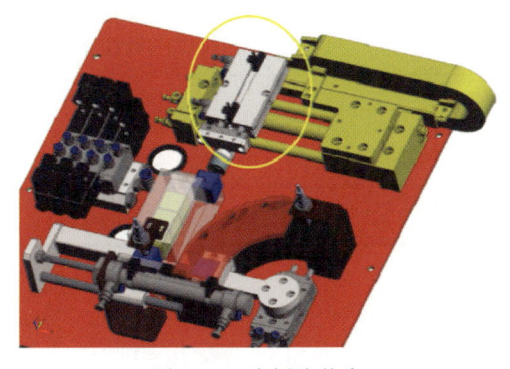

图 2-57 未抓取状态

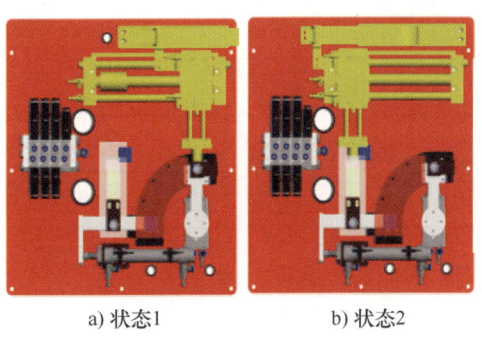

a) 状态1　　　　b) 状态2

图 2-58 抓取状态

任务实施

零件、零件生成器、状态机等数字孪生设备定义已在任务 3 完成，本任务主要是根据表 2-13 所给的相关信号为定义完成的数字孪生设备添加相关变量，方便项目 3 的进行。数字设备包括单轴线性气缸、旋转气缸、双轴转移气缸、取料气缸、料井接近传感器、转移接近传感器、零件生成器（物料方块）等。

表 2-13 典型执行机构相关信号

序号	数字设备	对应虚拟地址	信号类型	启动值	信号功能
1	单轴线性气缸	M100.0	DI	1	推料气缸_准备位
2		M100.1	DI	1	推料气缸_推料位
3		M200.0	DO	1	推料气缸_准备
4		M200.1	DO	1	推料气缸_推料
5	旋转气缸	M100.2	DI	1	旋转气缸_接料位
6		M100.3	DI	1	旋转气缸_出料位
7		M200.2	DO	1	旋转气缸_接料
8	双轴转移气缸	M100.4	DI	1	转移气缸_左侧位
9		M100.5	DI	1	转移气缸_右侧位
10		M200.3	DO	1	转移气缸_左侧
11		M200.4	DO	1	转移气缸_右侧
12	取料气缸	M100.6	DI	1	取料气缸_缩回位
13		M100.7	DI	1	取料气缸_伸出位
14		M200.5	DO	1	取料气缸_缩回
15		M200.6	DO	1	取料气缸_伸出
16	料井接近传感器	M101.0	DI	1	料井物料感知
17	转移接近传感器	M101.1	DI	1	转移物料感知
18	零件生成器（物料方块）	M201.0	DO	1	物料生成
19		M201.1	DO	1	物料消失

1. 添加状态机启动变量

（1）为单轴线性气缸添加启动变量　为单轴线性气缸添加启动变量的操作步骤见表 2-14。

项目 2　搭建智能虚拟场景

表 2-14　为单轴线性气缸添加启动变量的操作步骤

操作步骤	图示
1）在管理树中选择"单轴线性气缸"	
2）单击鼠标右键选择"定义状态机变量"命令	
3）弹出图示对话框	

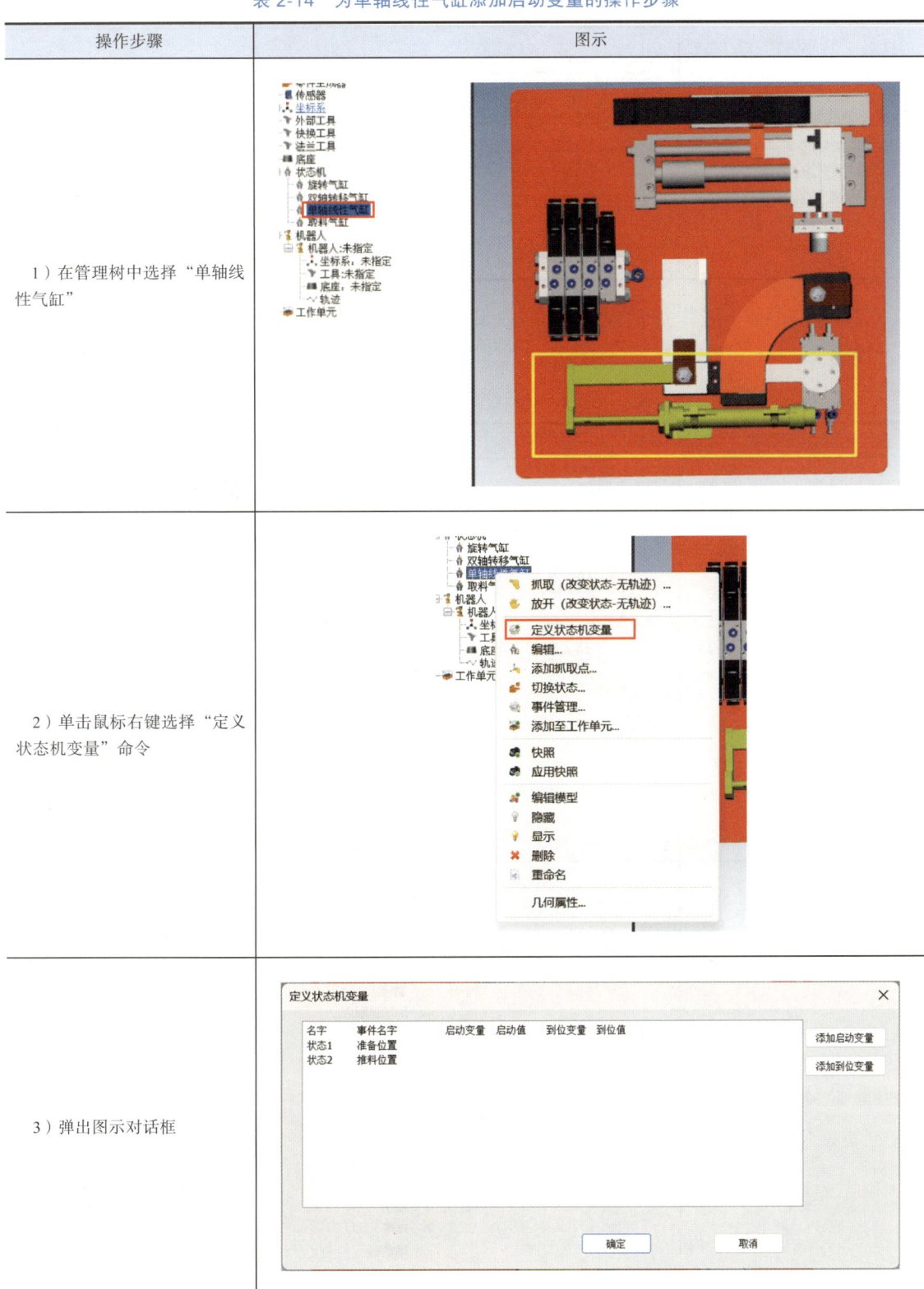

（续）

操作步骤	图示	
4）单轴线性气缸状态机采用双启动变量，将表2-13中单轴线性气缸对应的启动变量与启动值、到位变量与到位值填入表中，单击"确定"按钮	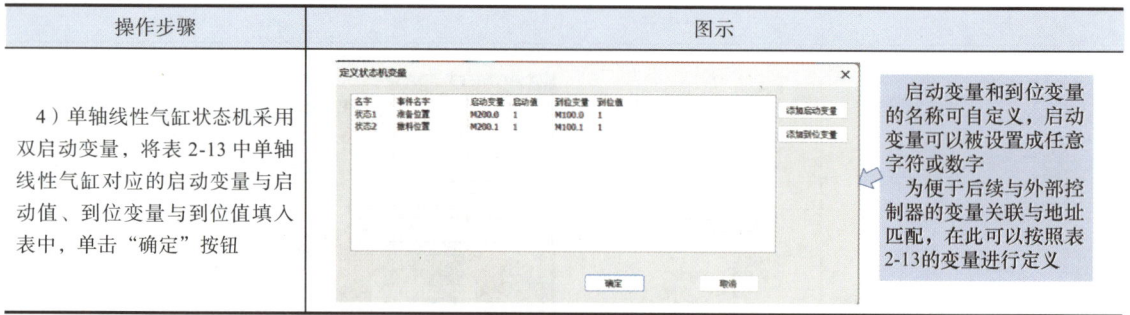	启动变量和到位变量的名称可自定义，启动变量可以被设置成任意字符或数字 为便于后续与外部控制器的变量关联与地址匹配，在此可以按照表2-13的变量进行定义

（2）为旋转气缸添加启动变量　为旋转气缸状态机添加启动变量的操作步骤见表2-15。

表2-15　为旋转气缸状态机添加启动变量的操作步骤

操作步骤	图示
1）在管理树中选择"旋转气缸"	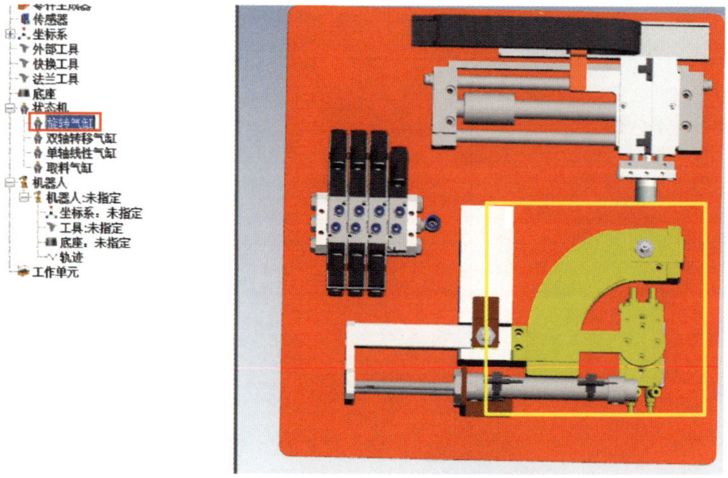
2）单击鼠标右键选择"定义状态机变量"命令	

项目2 搭建智能虚拟场景

（续）

操作步骤	图示
3）弹出图示对话框	
4）旋转气缸状态机采用单启动变量，将表2-13中旋转气缸对应的启动变量与启动值、到位变量与到位值填入表中，单击"确定"按钮	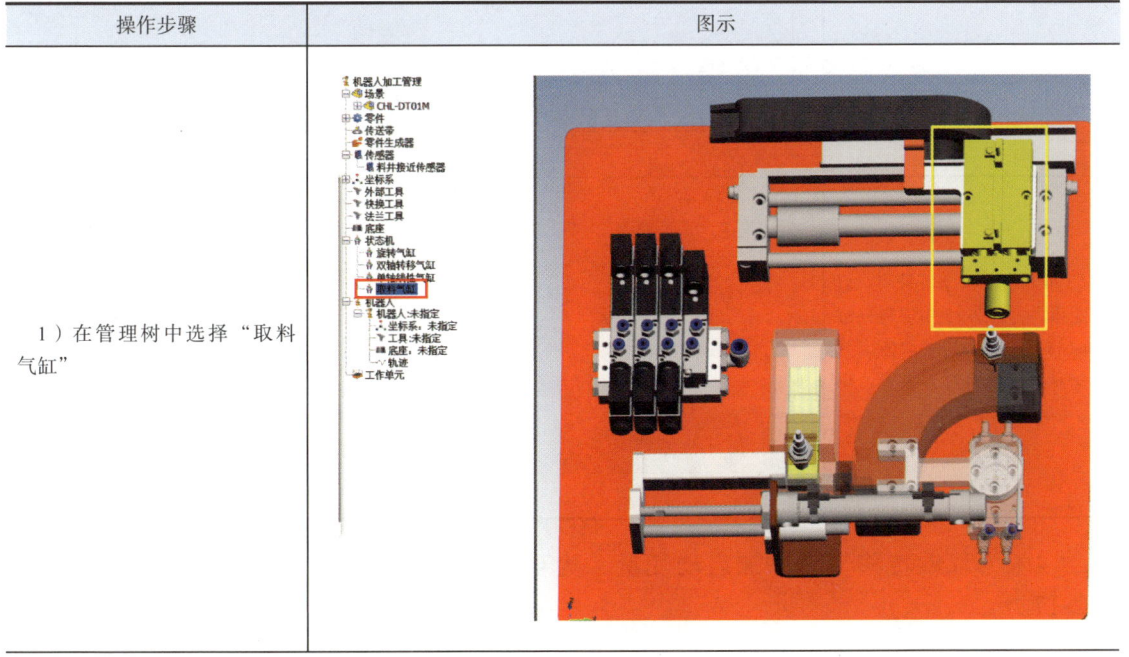 启动变量和到位变量的名称可自定义，启动变量可以被设置成任意字符或数字 为便于后续与外部控制器的变量关联与地址匹配，在此可以按照表2-13的变量进行定义

（3）为取料气缸添加启动变量　为取料气缸添加启动变量的操作步骤见表2-16。

表2-16　为取料气缸添加启动变量的操作步骤

操作步骤	图示
1）在管理树中选择"取料气缸"	

（续）

操作步骤	图示
2）单击鼠标右键选择"定义状态机变量"命令	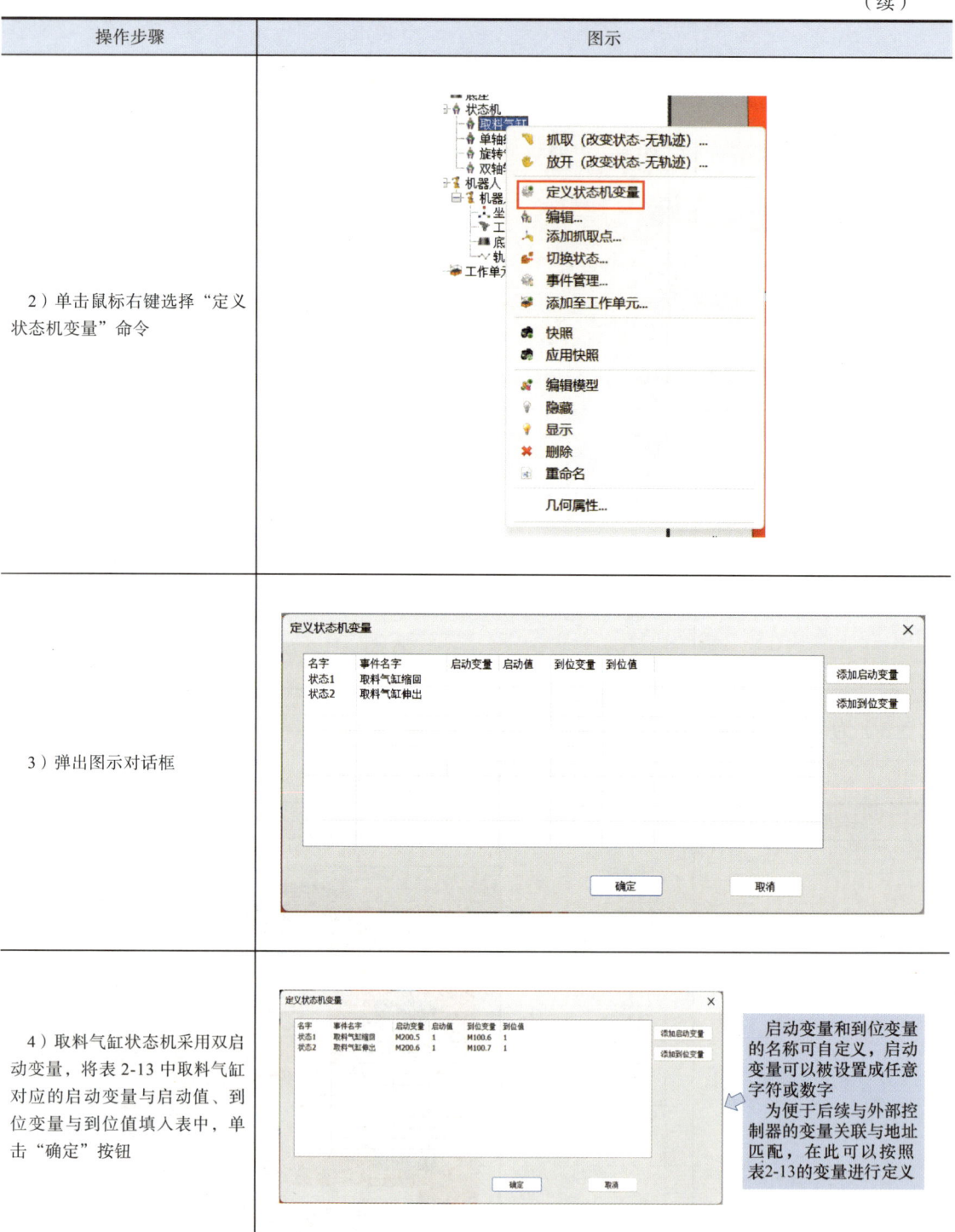
3）弹出图示对话框	
4）取料气缸状态机采用双启动变量，将表2-13中取料气缸对应的启动变量与启动值、到位变量与到位值填入表中，单击"确定"按钮	启动变量和到位变量的名称可自定义，启动变量可以被设置成任意字符或数字 为便于后续与外部控制器的变量关联与地址匹配，在此可以按照表2-13的变量进行定义

（4）为双轴转移气缸添加启动变量 为双轴转移气缸添加启动变量的操作步骤见表2-17。

项目 2 　搭建智能虚拟场景

表 2-17 　为双轴转移气缸添加启动变量的操作步骤

操作步骤	图示
1）在管理树中选择"双轴转移气缸"	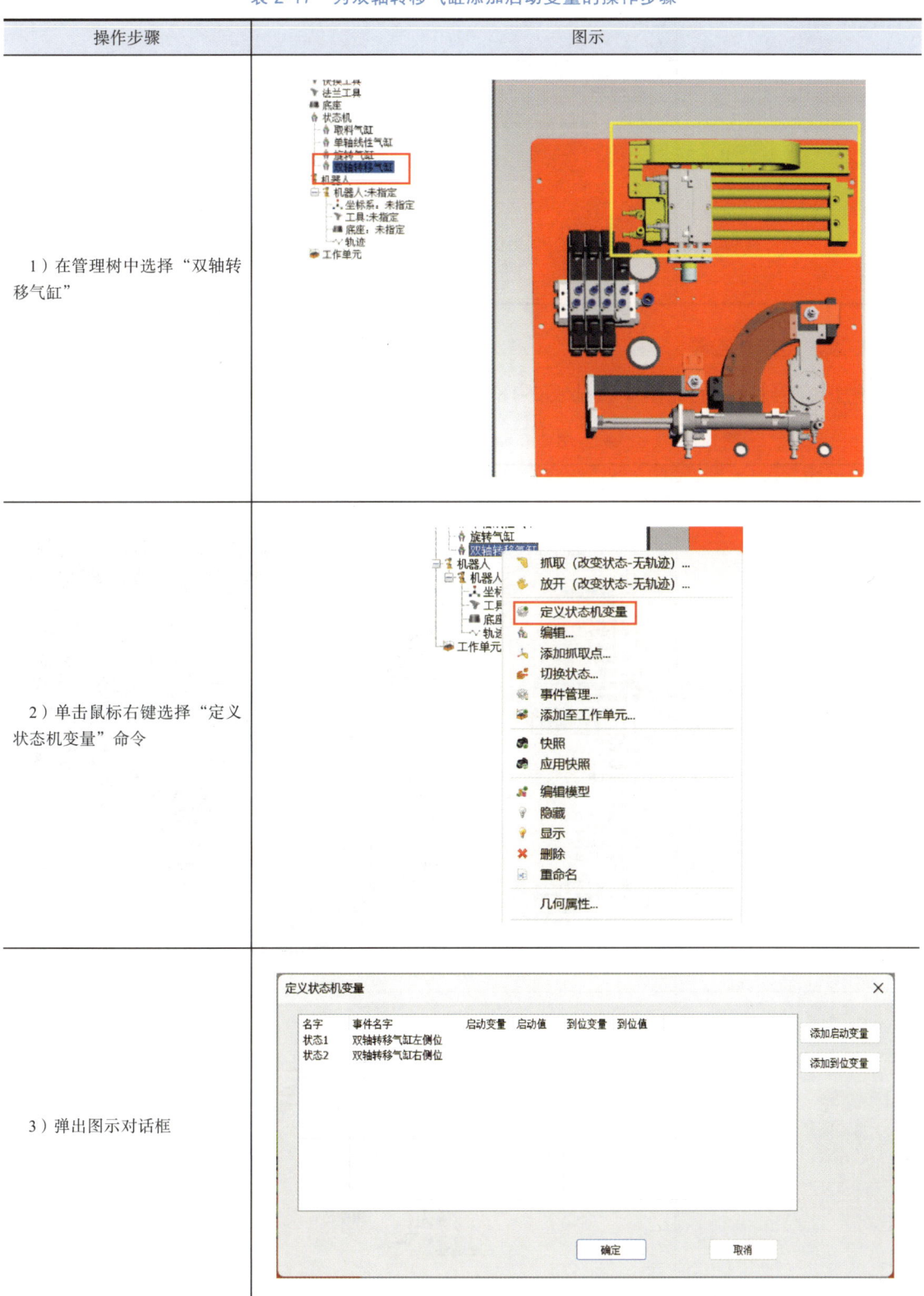
2）单击鼠标右键选择"定义状态机变量"命令	
3）弹出图示对话框	

(续)

操作步骤	图示
4）双轴转移气缸状态机采用双启动变量，将表2-13中双轴转移气缸对应的启动变量与启动值、到位变量与到位值填入表中，单击"确定"按钮	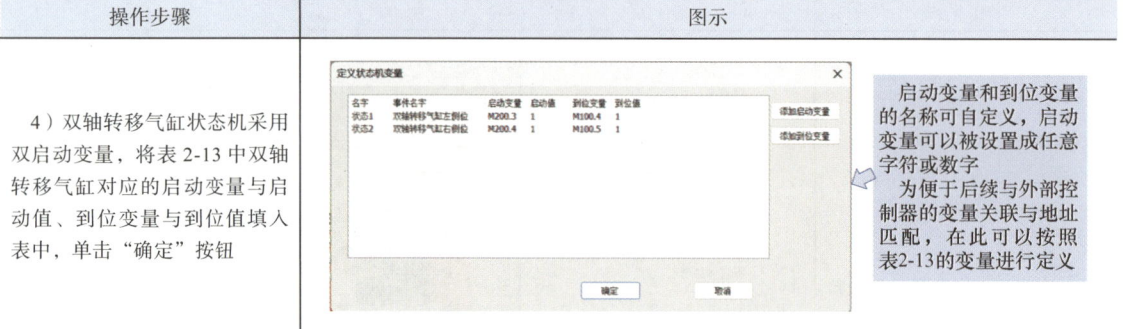 启动变量和到位变量的名称可自定义，启动变量可以被设置成任意字符或数字 为便于后续与外部控制器的变量关联与地址匹配，在此可以按照表2-13的变量进行定义

2. 添加传感器变量

添加传感器变量的操作步骤见表2-18。

表2-18 添加传感器变量的操作步骤

操作步骤	图示
1）在管理树中选择"料井接近传感器"	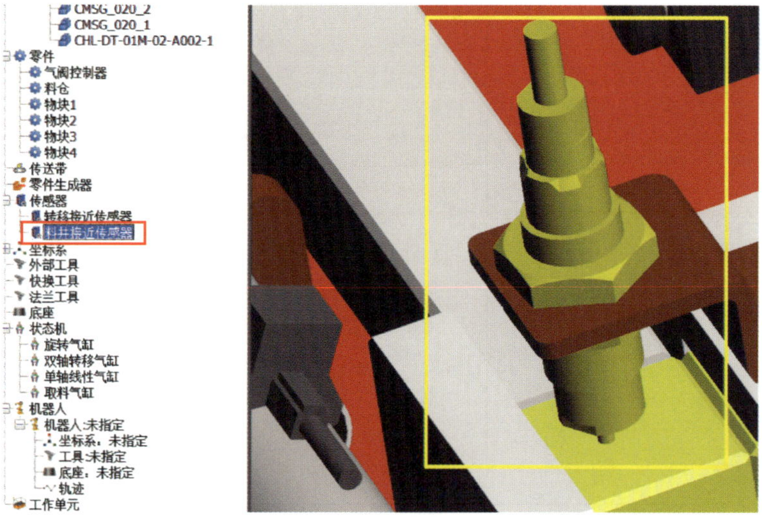
2）单击鼠标右键选择"编辑传感器"命令	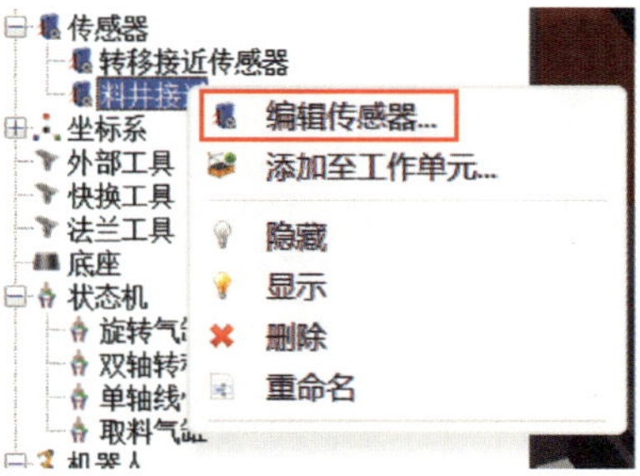

项目2　搭建智能虚拟场景

（续）

操作步骤	图示
3）弹出图示对话框	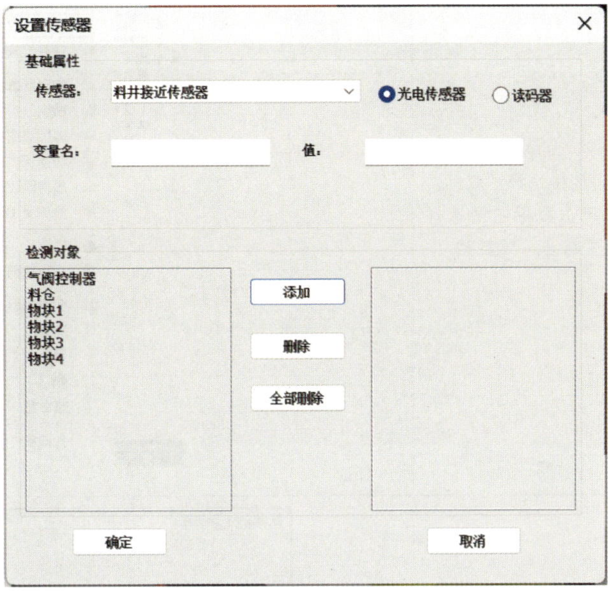
4）将表2-13中料井接近传感器对应的变量名填入其中，检测对象选择"物块1"，单击"确定"即可 转移接近传感器的变量定义方法同上	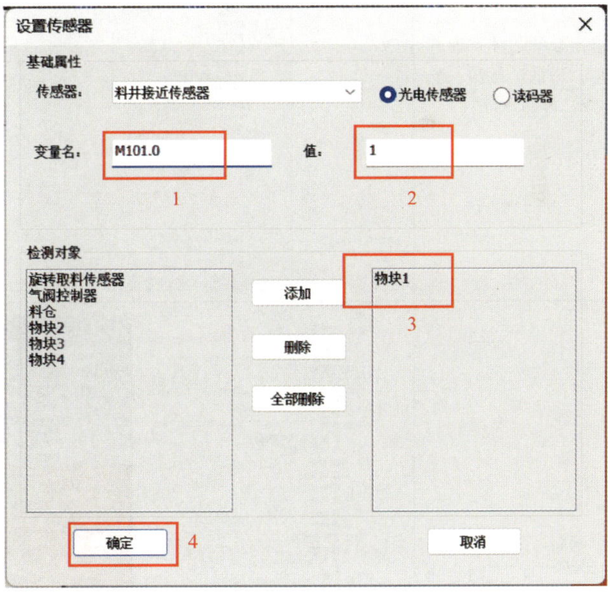

3. 定义复合状态机

由于零件、传感器、状态机等数字设备定义已在任务3完成，本任务主要以定义复合状态机为例，演示如何定义复合状态机。在定义好基础状态机的基础上定义复合状态机，具体操作步骤见表2-19。

表 2-19 定义复合状态机的操作步骤

操作步骤	图示
1）在管理树中选择"双轴转移气缸"，单击鼠标右键选择"抓取（改变状态-无轨迹）"命令	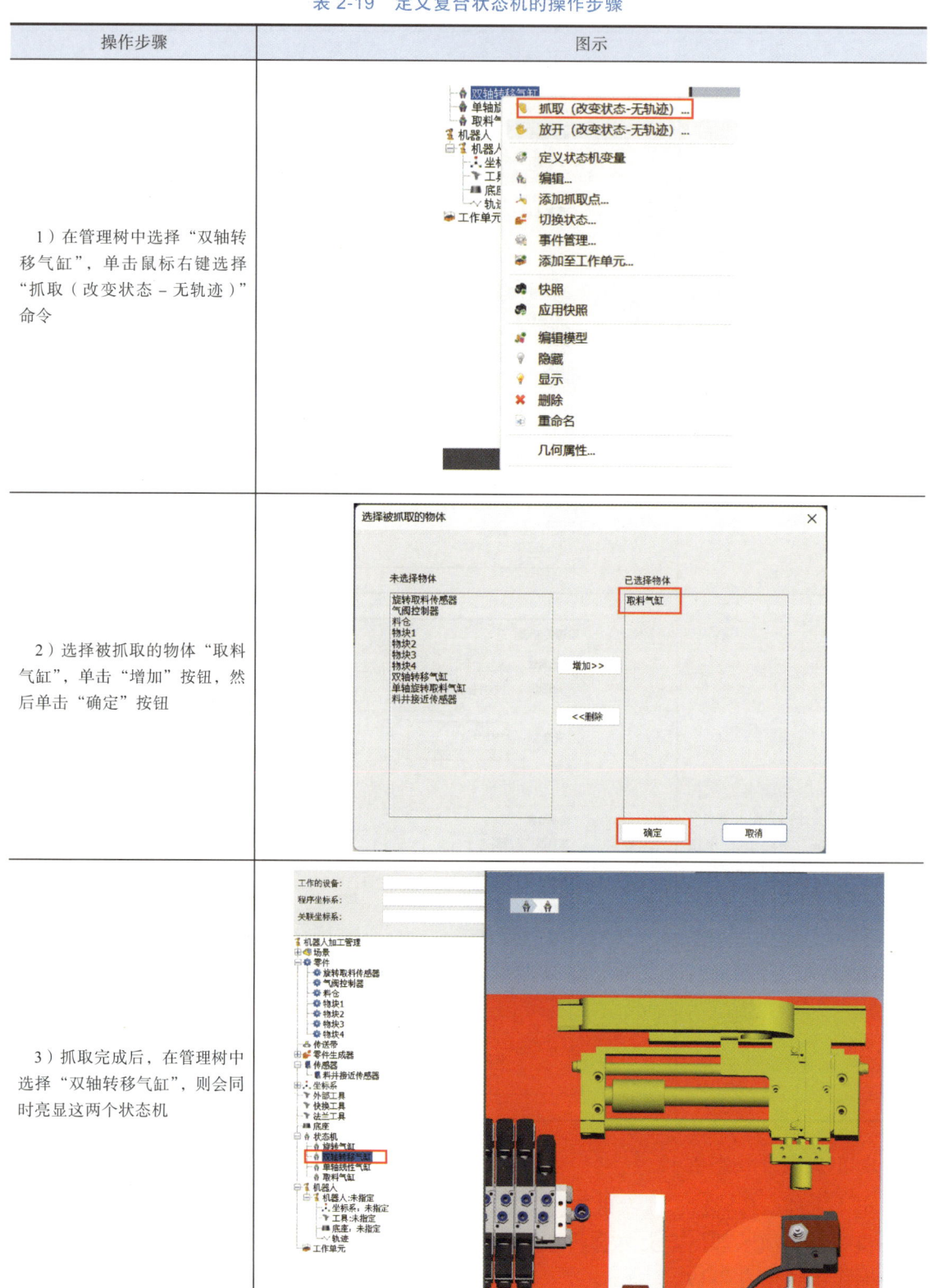
2）选择被抓取的物体"取料气缸"，单击"增加"按钮，然后单击"确定"按钮	
3）抓取完成后，在管理树中选择"双轴转移气缸"，则会同时亮显这两个状态机	

任务评价

评价项目	配分	序号	评分标准	自评	教师评价
知识掌握	30	①	了解典型执行机构的硬件组成（15分）		
		②	了解数字设备的定义规划（15分）		
技能掌握	60	③	能熟练定义各类数字设备（30分）		
		④	能熟练定义复合型数字设备（30分）		
职业素养	10	⑤	积极参与团队任务，分工明确，团队协作高效（3分）		
		⑥	责任心强，勇于承担责任，不推卸问题和责任，对执行结果负责（5分）		
		⑦	任务完成后主动按照6S要求对现场进行管理（2分）		
合计					

项目 3

推料气缸及典型执行机构的虚拟调试

【项目导言】

　　PLC 作为实现工业自动化中的关键一环,为自动化控制系统提供高度灵活、可定制的解决方案,使得工业自动化能够更加高效、可靠地实现各种控制任务,现已被广泛应用于各行各业,如在工业自动化系统中用于自动控制生产线、机器和工艺过程,在交通系统中用于信号灯控制、电梯和自动扶梯等。PLC 的处理器(以下称 CPU)接收并处理来自各种传感器和输入设备的信号,经 CPU 处理后,输出模块产生相应的输出控制信号,并将信号传递给外部设备,实现自动化控制。

　　PLC 在虚拟调试中起着关键作用,完成虚拟场景搭建后,按照场景运行逻辑编写 PLC 程序控制其运行,提前验证 PLC 程序是否合理,以便及时纠错与调整。本项目以推料气缸和典型执行机构为例,完成相关的虚拟调试过程,包括 PLC 编程控制、PQFactory 的事件管理、虚拟调试设备的通信设置、安全编程及调试优化等相关内容。

任务 1　推料气缸的 PLC 编程控制

▶ 任务描述

可编程逻辑控制器（PLC）是工业自动化和控制系统中的核心组件，广泛应用于管理复杂的工业过程，例如组装线、自动化包装和物料搬运等。PLC 能够根据具体需求进行编程，从而在多种工业环境下执行多样化任务。本任务以推料气缸为例，采用梯形图编程语言来实现推料气缸的自动控制，使读者熟悉实训环境，掌握 PLC 的基础编程技能。

▶ 任务目标

知识目标
◇ 了解典型执行机构的推料工艺。
◇ 熟悉编程的实训条件。
◇ 掌握任务规划以及信号分配要点。
◇ 了解梯形图各功能块的功能以及应用方式。

能力目标
◇ 能根据实际的实训条件为控制器组态。
◇ 能为典型的机构运行工艺编制 PLC 程序。
◇ 能根据程序运行的异常情况分析原因。
◇ 能优化控制程序。

素养目标
◇ 积极参与团队任务，分工明确，团队协作高效。
◇ 责任心强，勇于承担责任，不推卸问题和责任，对执行结果负责。
◇ 任务完成后主动按照 6S 要求对现场进行管理。

▶ 任务设施

PLC 实训箱、智能控制数字孪生应用平台、工厂虚拟调试仿真软件 PQFactory。

▶ 参考学时

建议 4 学时，其中知识学习建议 2 学时，读者练习建议 2 学时。

▶ 知识储备

1. 推料气缸 PLC 编程控制实现

（1）典型执行机构的推料工艺　图 3-1 所示为典型执行机构，项目 2 已完成其定义。推料工艺需用到料井、旋转气缸、推杆、料井接近传感器、单轴线性气缸等部件。工艺描述如下：

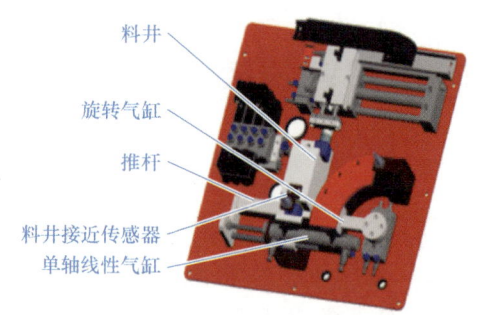

图 3-1　典型执行机构

1）料井中的物料方块由于自身重力作用落在料井底部。

2）当料井接近传感器检测到物料方块且旋转气缸的旋转杆件位于底部时，PLC 控制单轴线性气缸（也称推料气缸）的推杆将物料推至旋转气缸。

3）推料到位后，推杆恢复至待机位，为下一次推料做准备。

（2）控制要求　使用已有的组态环境，通过 PLC 编程，使典型执行机构中的推料气缸（见图 3-2）具备以下功能：

图 3-2　推料气缸

1）在数字设备环境中，使用 PLC 的信号可以使其生成物料方块（零件）。

2）使用外部按钮启动推杆动作的发生，物料到位后，推杆自动恢复至初始位置。

3）推料动作结束后，工艺完成相关信号提示。

推料气缸工艺实训条件：

1）通用实训硬件。通用的硬件实施方案如图 3-3 所示，通过 PC 与 PLC 实训箱搭配，可完成基本的虚拟调试任务。使用前，检查 PC 与 PLC 的网线连接，并确认 PC 当前处于以太网在线模式，便于 PQFactory 软件的应用。

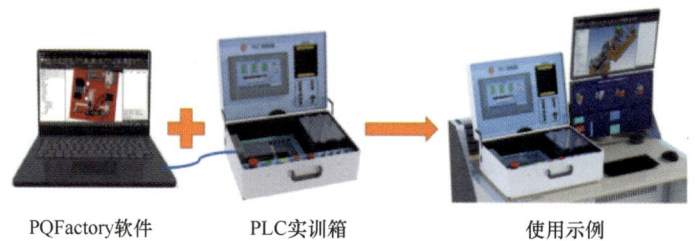

图 3-3　通用的硬件实施方案

项目 3 推料气缸及典型执行机构的虚拟调试

2）物理硬件信号分配。PLC 实训箱中有部分硬件，如图 3-4 所示，信号分配见表 3-1、表 3-2。

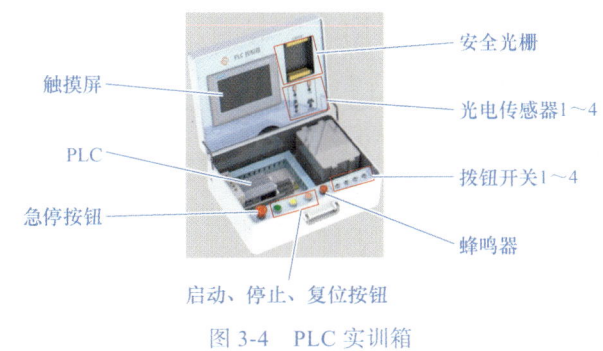

图 3-4 PLC 实训箱

表 3-1 PLC 实训箱输入信号分配

序号	输入点	对应设备	序号	输入点	对应设备
1	I0.0	启动按钮	8	I0.7	拨钮开关 4
2	I0.1	停止按钮	9	I1.0	光电传感器 1
3	I0.2	复位按钮	10	I1.1	光电传感器 2
4	I0.3	急停按钮	11	I1.2	光电传感器 3
5	I0.4	拨钮开关 1	12	I1.3	光电传感器 4
6	I0.5	拨钮开关 2	13	I1.4	安全光栅
7	I0.6	拨钮开关 3			

表 3-2 PLC 实训箱输出信号分配

序号	输出点	对应设备
1	Q0.0	绿灯
2	Q0.1	黄灯
3	Q0.2	红灯
4	Q0.3	蜂鸣器

3）数字设备的信号规划。数字设备的信号规划见表 3-3、表 3-4。

表 3-3 PLC 输入信号规划

序号	控制器地址	信号功能	变量类型	对应控制设备
1	M100.0	推料气缸 _ 准备位	DI	
2	M100.1	推料气缸 _ 推料位	DI	PLC_1
3	M100.2	旋转气缸 _ 接料位	DI	

（续）

序号	控制器地址	信号功能	变量类型	对应控制设备
4	M100.3	旋转气缸_出料位	DI	
5	M100.4	转移气缸_左侧位	DI	
6	M100.5	转移气缸_右侧位	DI	
7	M100.6	取料气缸_缩回位	DI	PLC_1
8	M100.7	取料气缸_伸出位	DI	
9	M101.0	料井物料感知	DI	
10	M101.1	转移物料感知	DI	

表 3-4　PLC 输出信号规划

序号	控制器地址	信号功能	变量类型	对应控制设备
1	M200.0	推料气缸_准备	DQ	
2	M200.1	推料气缸_推料	DQ	
3	M200.2	旋转气缸_接料	DQ	
4	M200.3	转移气缸_左侧	DQ	
5	M200.4	转移气缸_右侧	DQ	PLC_1
6	M200.5	取料气缸_缩回	DQ	
7	M200.6	取料气缸_伸出	DQ	
8	M200.7	取料	DQ	
9	M201.0	物料生成	DQ	
10	M201.1	物料消失	DQ	

2. PLC 程序的上传和下载

（1）上传和下载介绍　由于 PLC 需频繁进行调试和程序更新，程序的上传与下载成为使用 PLC 过程中的关键步骤。这一过程使工程师能够修改、优化及调试 PLC 程序，确保生产过程的稳定性和高效性。

（2）上传和下载方法

1）程序执行过程。

① PLC 工作时首先读取输入信号的状态，并将状态值保存到输入映像区。

② CPU 读取输入映像区的数据，并根据内部储存的用户程序进行逻辑运算，计算出结果，将计算结果写入输出映像区。

③ CPU 将输出映像区的值写入输出锁存，赋给输出端子。

PLC 工作过程如图 3-5 所示。

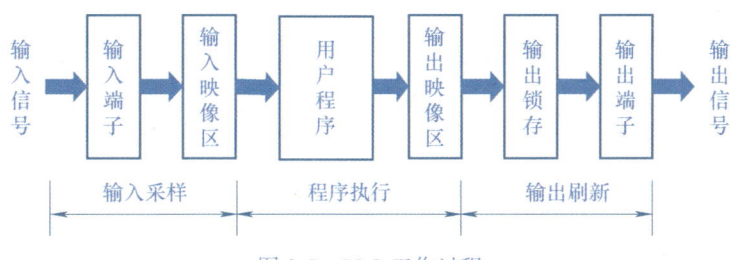

图 3-5　PLC 工作过程

2）程序下载。程序的上传与下载指将编写完成的程序在开发环境（软件）与 PLC（硬件）之间传输。具体来说，下载是将程序从开发环境转移到 PLC 的 CPU 中，而上传则是从 PLC 的 CPU 回传至开发环境，用于备份或进一步修改。可采用两种通信方式：

① S7-1200 PLC 的 CPU 集成一个以太网口，可以直接通过以太网进行通信，只需要一根网线。

② 使用 CPU 集成的 COM 口，通过专用编程电缆进行连接。

通信连接建立完成后，首先进行硬件组态，即将实际使用的 CPU 型号配置到项目中。程序编写完成后，单击"编译"按钮以编译程序，并检查是否存在编程错误。若编程无误，单击"下载"按钮，在随后弹出的对话框中根据需要进行相关设置，确认后即可开始程序的下载，如图 3-6 所示。

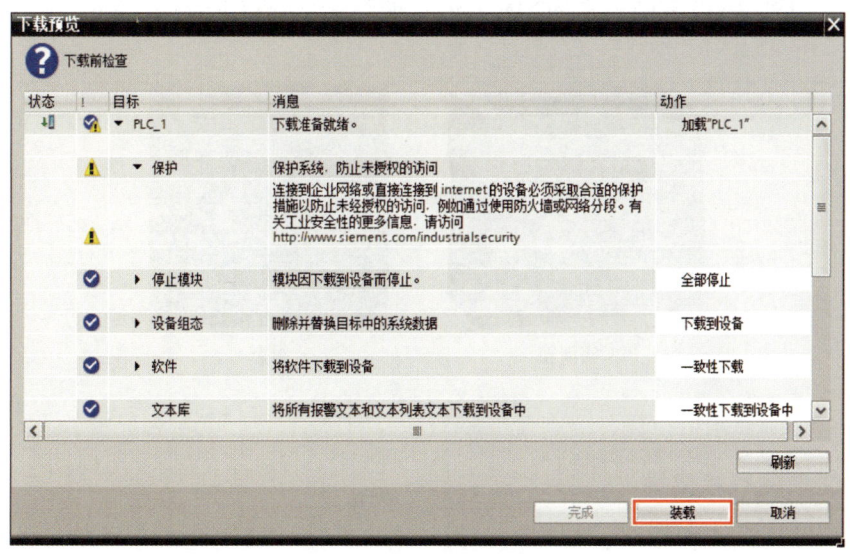

图 3-6　PLC 程序下载

3）程序上传。单击"上传"按钮，在弹出的对话框中根据实际需要进行设置，单击"从设备中上传"即可完成，如图 3-7 所示。

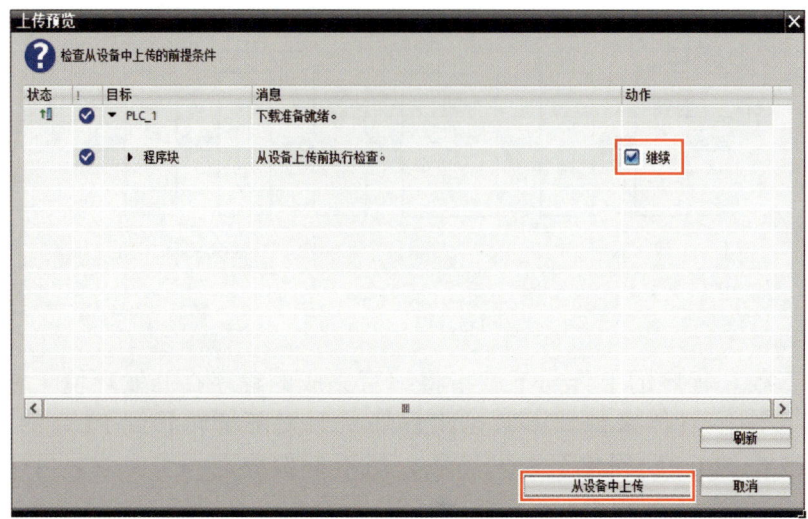

图 3-7　程序上传

任务实施

推料气缸的控制包括组态搭建、程序架构、程序的上传和下载，具体如下。

1. 组态搭建

将与硬件型号一致的控制器（CPU）添加到 PLC 项目中，这里硬件设备 PLC 实训箱使用的控制器型号是 CPU 1214C DC/DC/DC，如图 3-8 所示。

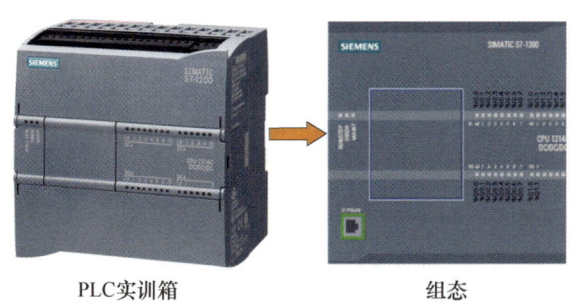

图 3-8　组态搭建

2. 推料工艺的程序架构

考虑到后续工艺流程较多，架构也较为复杂，为使调试便捷，选择单一模块程序单独进行调试。因此，此处使用组织块（Organizational Block，OB）调用函数块（FB/FC）的方式来进行编程，程序总架构如图 3-9 所示。

（1）物料控制　数字设备使用两个信号分别来控制零件的生成与消失。此处考虑使用拨钮开关来触发对物料的控制，示例程序如图 3-10 所示。

项目3 推料气缸及典型执行机构的虚拟调试

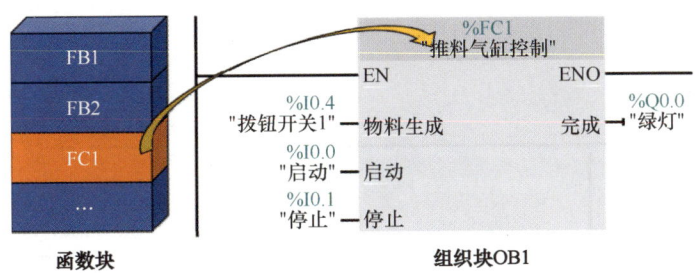

图 3-9 程序总架构

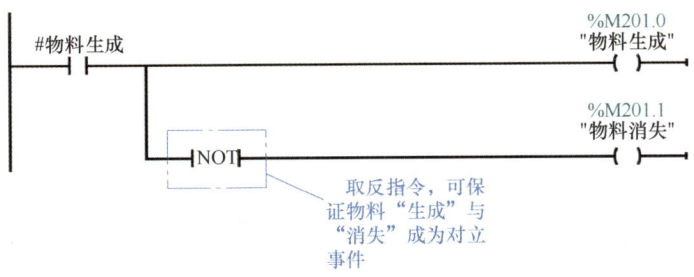

图 3-10 物料控制示例程序

（2）启停控制　启动：赋值"# 流程标志"为 1，从流程 1 开始执行。
停止：赋值"# 流程标志"为 0，不执行任何流程。
启停控制示例程序如图 3-11 所示。

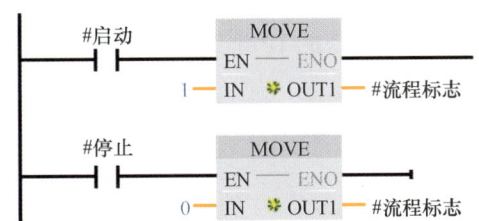

图 3-11 启停控制示例程序

（3）推料功能控制　流程 1：执行推料。推料示例程序如图 3-12 所示。

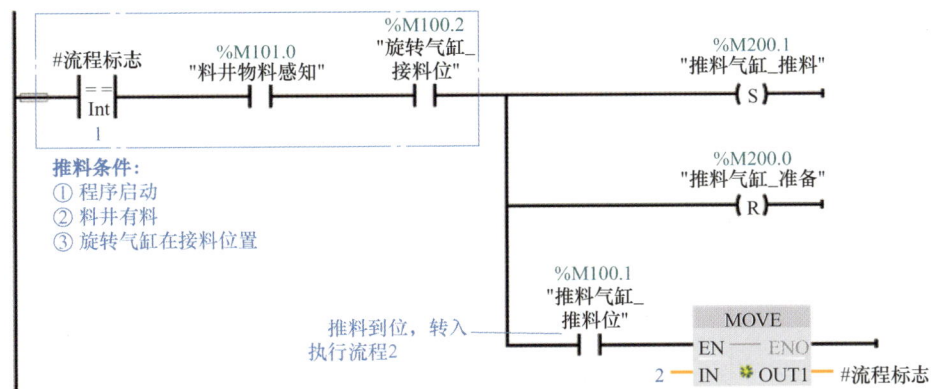

图 3-12 推料示例程序

流程2：收回推杆。收回推杆示例程序如图3-13所示。

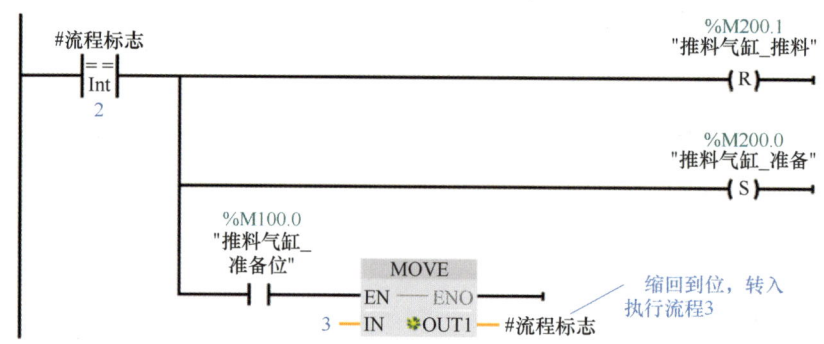

图 3-13　收回推杆示例程序

流程3：完成信号反馈。信号反馈示例程序如图3-14所示。

图 3-14　信号反馈示例程序

3. 程序上传及下载

PLC 程序上传及下载包括修改 PC 的 IP 地址、程序编译、PLC 程序下载等操作。具体操作步骤如下。

（1）修改 PC 的 IP 地址　修改 PC 的 IP 地址具体操作步骤见表3-5。

表 3-5　修改 PC 的 IP 地址具体操作步骤

操作步骤	图示
1）打开 PC 的"网络和 Internet"进行设置	

项目 3　推料气缸及典型执行机构的虚拟调试

（续）

操作步骤	图示
2）单击"高级网络设置"，单击"以太网"，"更多适配器选项"单击"编辑"，选择"Internet 协议版本 4（TCP/IPv4）"修改其属性	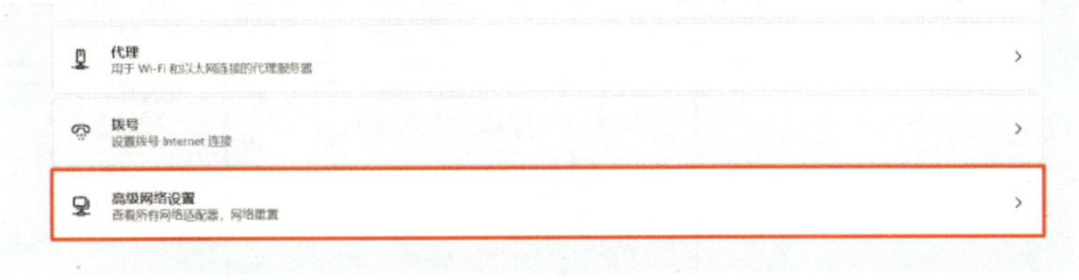 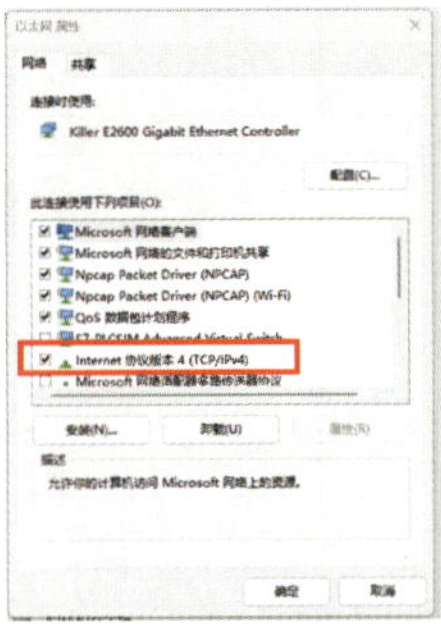 
3）选择"自动获得 IP 地址"	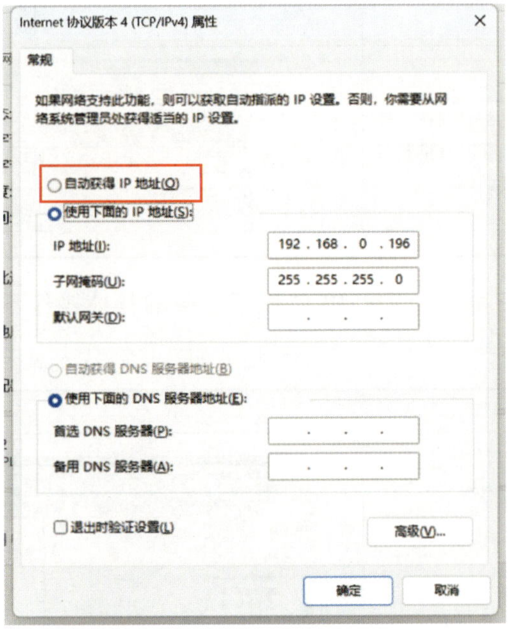
4）也可以将 PC 的 IP 地址与 PLC 设置在同一网段，但不能同地址	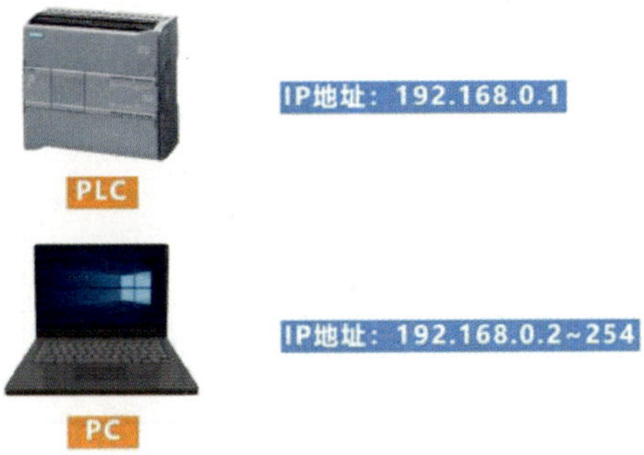 PLC IP地址：192.168.0.1　　PC IP地址：192.168.0.2~254

（2）程序编译　PLC 程序编译具体操作步骤见表 3-6。

表 3-6　PLC 程序编译具体操作步骤

操作步骤	图示
1）选择新编制的 PLC 程序，单击"编译"功能按钮	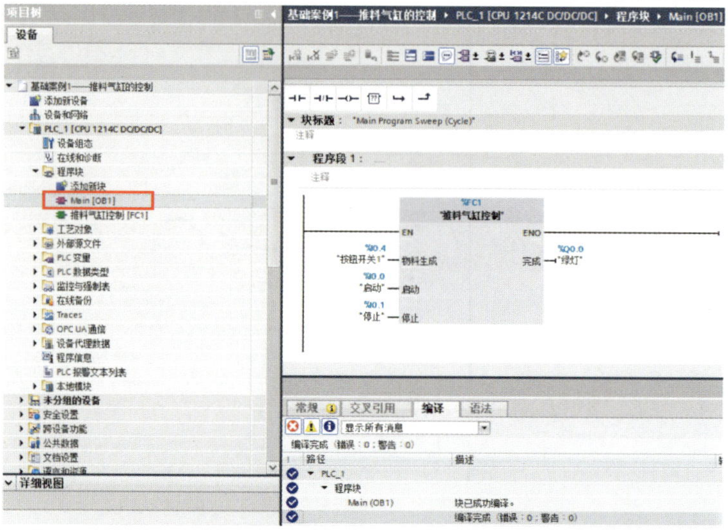
2）查看程序的编译情况。按照相同的方式，可以对推料气缸控制 [FC1] 进行编译	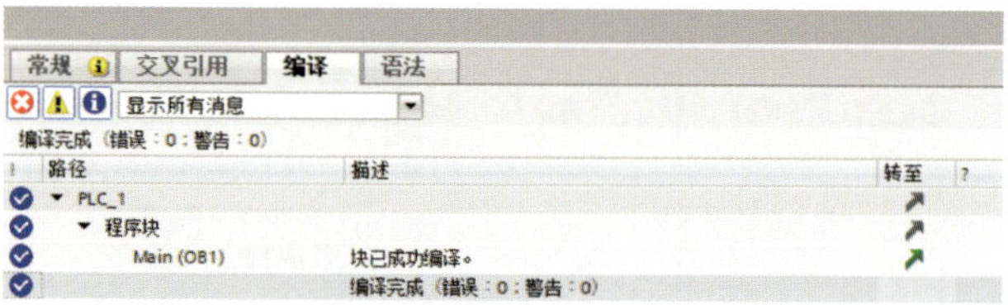

（3）PLC 程序下载　PLC 程序下载的具体操作步骤见表 3-7。

表 3-7　PLC 程序下载的具体操作步骤

操作步骤	图示
1）单击"下载"按钮	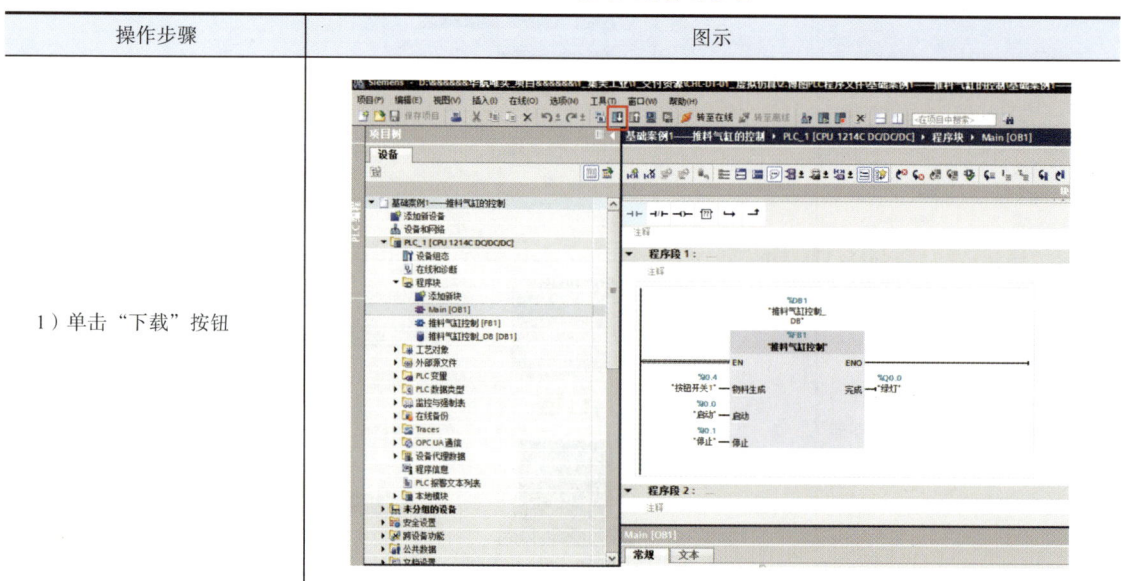

项目3 推料气缸及典型执行机构的虚拟调试

（续）

操作步骤	图示
2）在弹出对话框中选择"开始搜索"，搜索当前同一网段的控制器	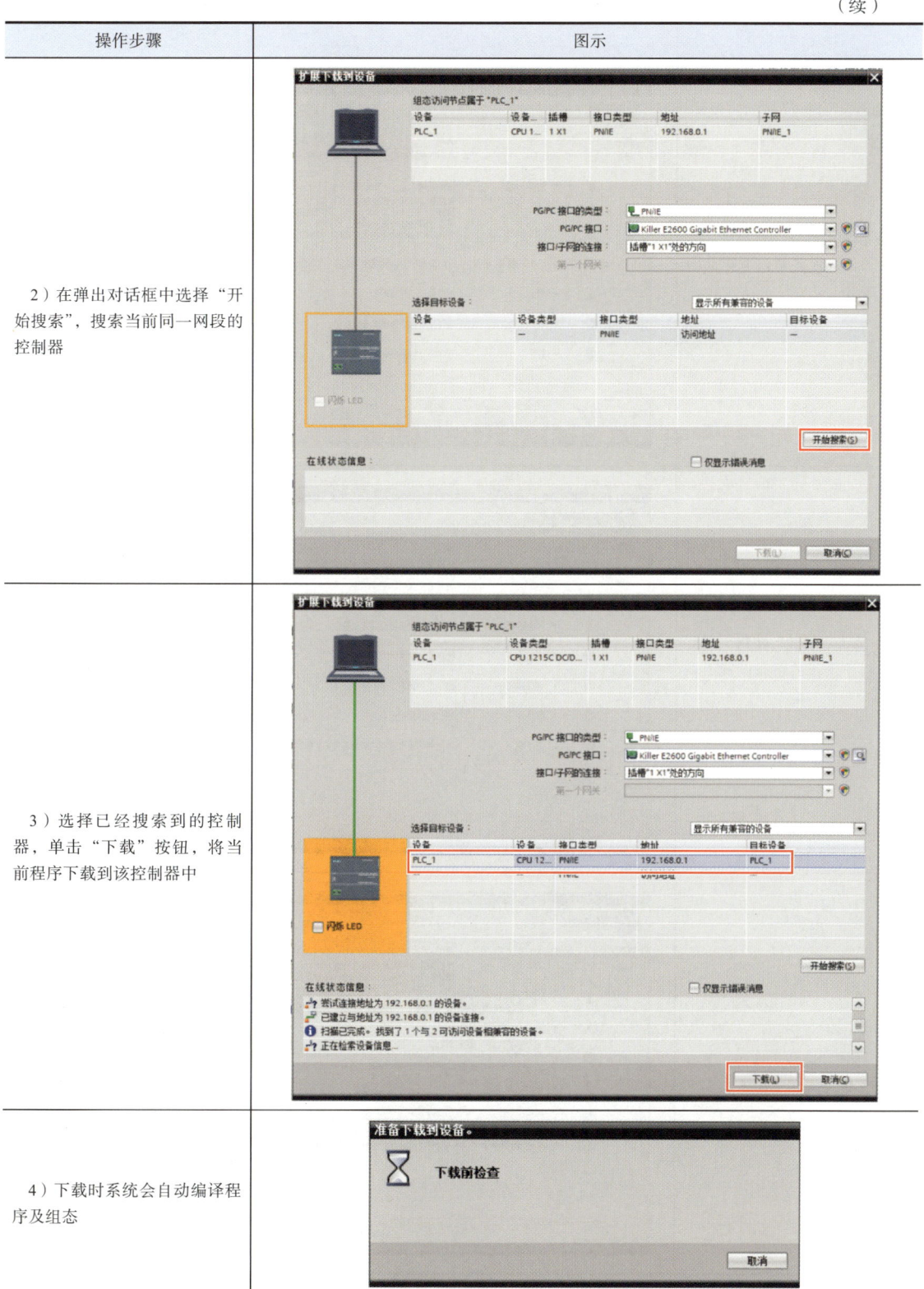
3）选择已经搜索到的控制器，单击"下载"按钮，将当前程序下载到该控制器中	
4）下载时系统会自动编译程序及组态	

（续）

操作步骤	图示
5）在弹出的"下载预览"对话框中，检查并修改下载前的问题选项	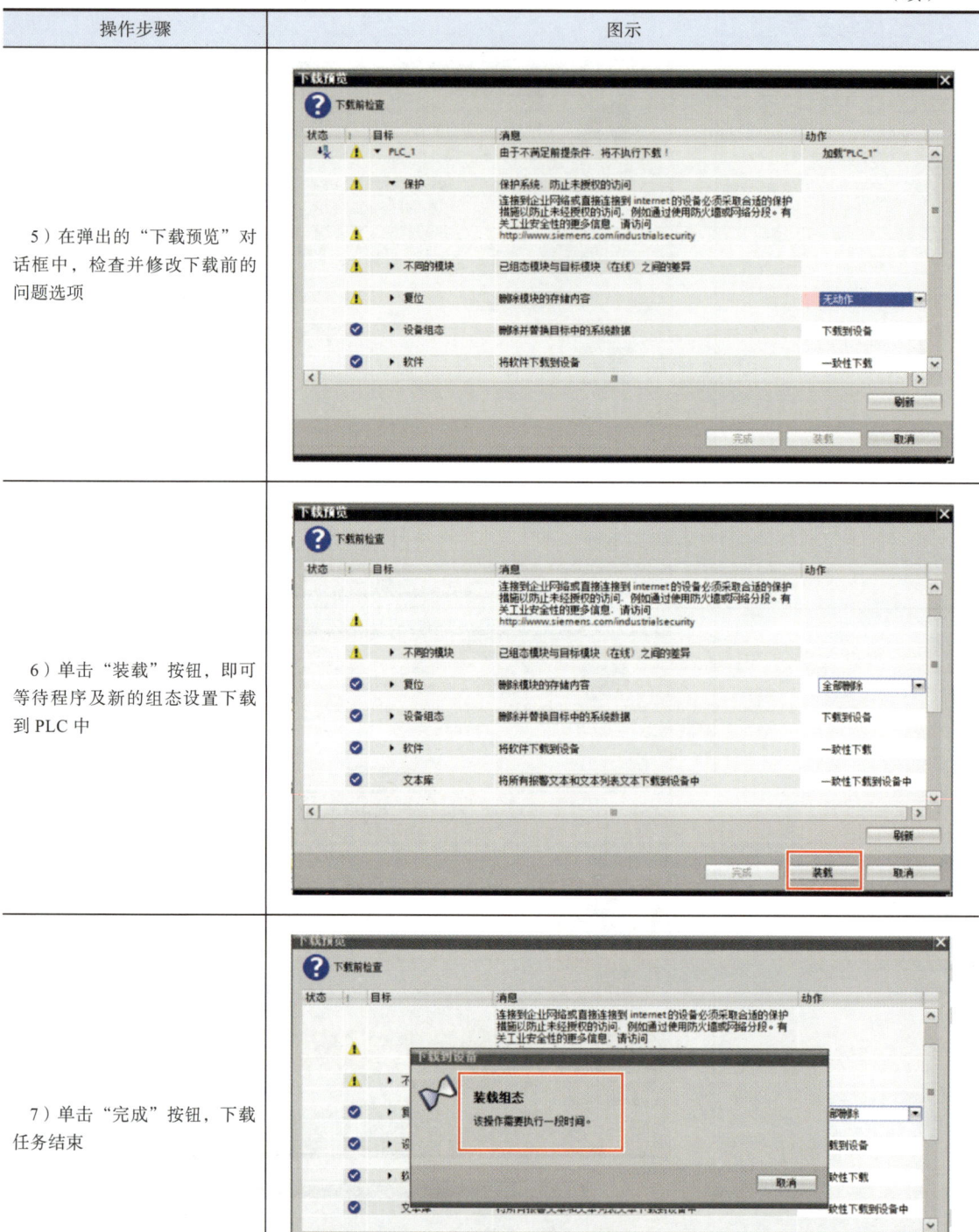
6）单击"装载"按钮，即可等待程序及新的组态设置下载到 PLC 中	
7）单击"完成"按钮，下载任务结束	

任务评价

评价项目	配分	序号	评分标准	自评	教师评价
知识掌握	30	①	了解典型执行机构的推料工艺（5分）		
		②	熟悉编程的实训条件（5分）		
		③	能够进行任务规划以及信号分配（10分）		
		④	了解梯形图各功能块的功能以及应用方式（10分）		
技能掌握	60	⑤	能根据实际的实训条件进行组态（15分）		
		⑥	能为典型的机构工艺编制PLC程序（15分）		
		⑦	能分析程序运行的异常情况（15分）		
		⑧	能上传、下载PLC程序（15分）		
职业素养	10	⑨	积极参与团队任务，分工明确，团队协作高效（3分）		
		⑩	责任心强，勇于承担责任，不推卸问题和责任，对执行结果负责（5分）		
		⑪	任务完成后主动按照6S要求对现场进行管理（2分）		
			合计		

任务2 推料气缸的事件管理

任务描述

事件管理（Event Management）在技术领域，特别是在软件工程中，通常指通过软件工具规划、组织、监控和优化各种类型的系统事件和状态变化的过程。在本任务中，将事件管理应用于状态机模型，通过PQFactory软件来模拟和控制机构与其他物体在完成特定动作后的连接（固结）或分离（松开）状态的变更。本任务以推料气缸的事件管理为例，旨在帮助读者掌握如何添加管理事件。

任务目标

知识目标
◇ 了解事件管理的概念及定义。
◇ 了解事件管理的类型。

能力目标
◇ 能为机构添加抓取、放开事件。
◇ 能为推料气缸添加事件管理。

素养目标
◇ 积极参与团队任务，分工明确，团队协作高效。
◇ 责任心强，勇于承担责任，不推卸问题和责任，对执行结果负责。
◇ 任务完成后主动按照6S要求对现场进行管理。

任务设施

工厂虚拟调试仿真软件 PQFactory、PLC 实训箱、智能控制数字孪生应用平台。

参考学时

建议 2 学时，其中知识学习建议 1 学时，读者练习建议 1 学时。

知识储备

1. 事件管理的由来

在真实环境中，工装夹具执行夹紧动作之后就可以利用摩擦力、支持力等夹取物料，然而在软件的虚拟环境中却并非如此。如果不进行相关设置，即使推杆与物料模型之间发生干涉也不会产生抓取的效果。图 3-15 所示为推杆与零件干涉。

2. 事件管理的概念

事件的添加是针对"状态机"这个对象设定的。在 PQFactory 软件环境中，不仅要执行夹紧动作，还要将物料与当前夹具（或推杆）固结在一起才能称为夹取，如图 3-16 所示。将执行夹取动作之后夹具与物料固结在一起的状态叫作"事件管理"。

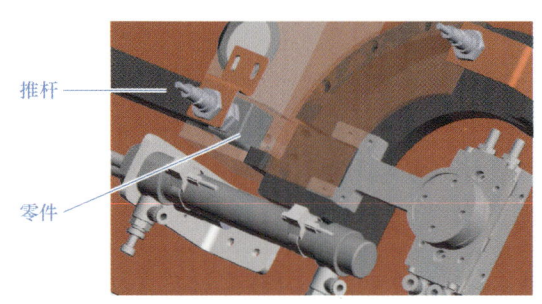
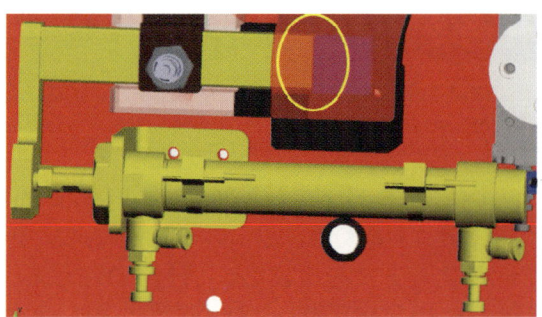

图 3-15 推杆与零件干涉　　　　　图 3-16 推杆夹取零件

3. 事件管理的重要性

事件管理在搭建虚拟调试环境中扮演非常重要的角色。只有同时将数字设备动作的"定义"和事件管理设置完毕，才能真正将软件环境中的生产线与实际生产线做到一致匹配，如图 3-17 所示。

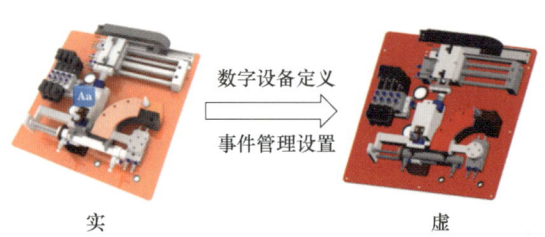

图 3-17 数字设备定义及事件管理

任务实施

通过设置事件管理使得推料气缸在准备位置时,能够将物料抓取至推杆。抓取事件的初始条件:推料气缸处于伸出状态,且物料方块处于未夹取状态,如图 3-18 所示。使用单轴线性气缸(推料气缸)状态机的推料启动变量 M200.1 来触发物料方块的抓取事件。具体操作步骤如下。

图 3-18 推料气缸的推料动作

1. 添加"抓取事件"管理事件

添加"抓取事件"管理事件的具体操作见表 3-8。

表 3-8 添加"抓取事件"管理事件的具体操作

操作步骤	图示
1)先将"单轴线性气缸"(推料气缸)状态机切换至伸出状态(状态 1)	
2)选中"单轴线性气缸"状态机并单击鼠标右键,选择"事件管理"命令	

（续）

操作步骤	图示
3）弹出"事件管理"对话框，单击"添加事件"按钮，此处选择"事件驱动"	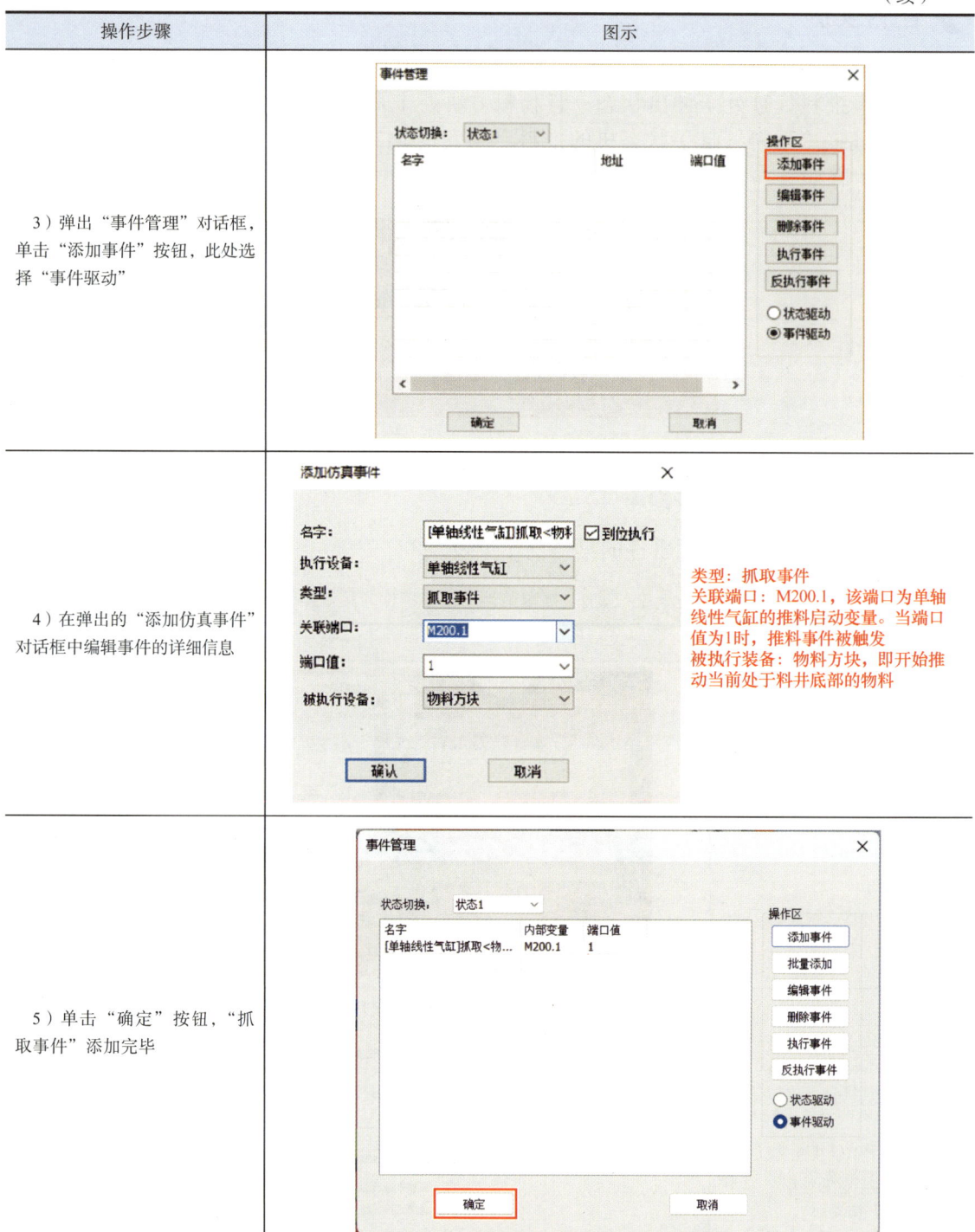
4）在弹出的"添加仿真事件"对话框中编辑事件的详细信息	类型：抓取事件 关联端口：M200.1，该端口为单轴线性气缸的推料启动变量。当端口值为1时，推料事件被触发 被执行装备：物料方块，即开始推动当前处于料井底部的物料
5）单击"确定"按钮，"抓取事件"添加完毕	

2. 添加"放开事件"管理事件

通过事件管理设置，使得推料气缸在推料位置时（已完成推料）能够与物料发生脱离。放开事件的初始条件：推料气缸处于推料位置，且物料方块处于抓取状态，否则软件识别不了当前要松开的对象。使用单轴线性气缸（推料气缸）状态机的推料到位变量 M100.1 来触发物料方块的放开事件。操作步骤见表 3-9。

表 3-9 添加"放开事件"的管理事件操作步骤

操作步骤	图示
1）在"抓取"事件添加完成后，直接在"事件管理"对话框切换状态至状态 2，单击"添加事件"按钮	
2）可以看到当前单轴线性气缸已经切换至推料位置，且物料方块处于抓取状态	
3）在弹出的"添加仿真事件"对话框中编辑事件的详细信息	类型：放开事件 关联端口：M100.1，该端口为单轴线性气缸(状态机)的推料到位变量。当端口值位1时，表示推杆已经推料到位，触发放料事件 被执行设备(放开对象)：物料方块，即开始放开当前处于推料位置的物料

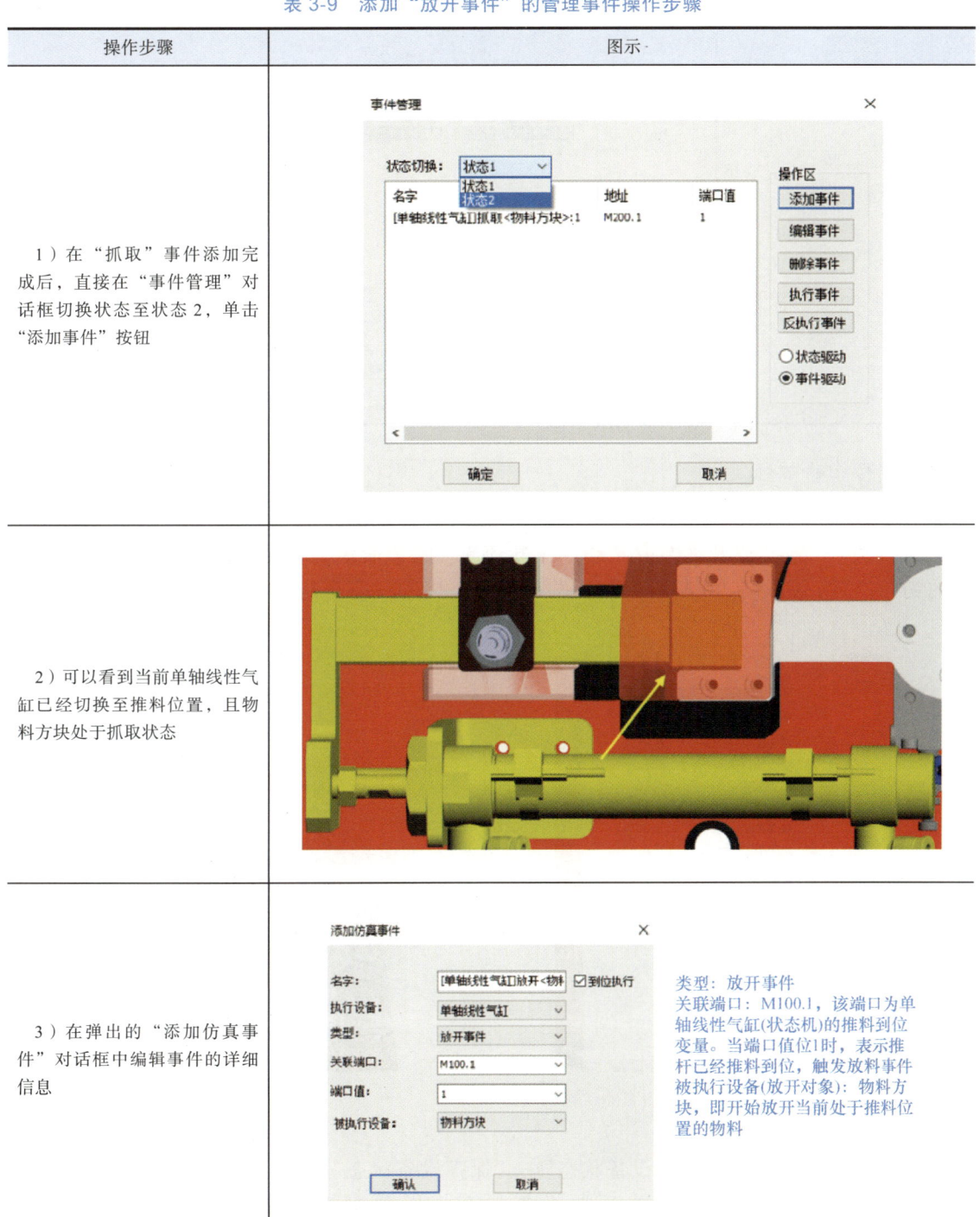

（续）

操作步骤	图示
4）单击"确定"按钮，放开事件添加完毕	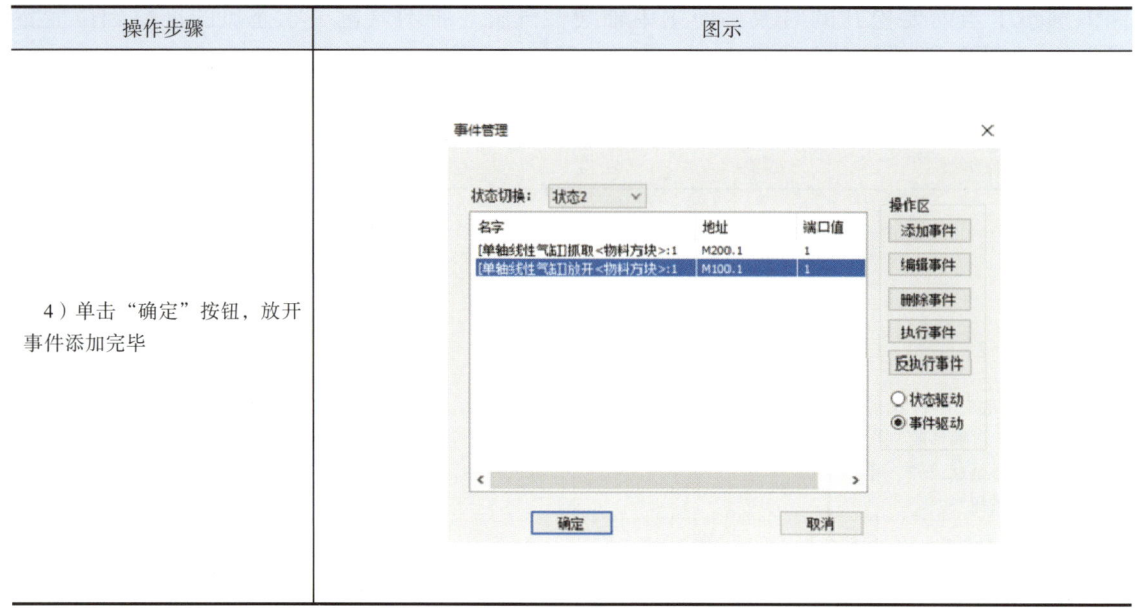

3. 保存设备状态

1）如图 3-19 所示，选择"单轴线性气缸"，单击鼠标右键，利用"抓取（改变状态 – 无轨迹）"或"放开（改变状态 – 无轨迹）"两个命令，将物料按原路径移至料井底部的初始位置，如图 3-20 所示，然后调整各状态机的状态至初始状态。

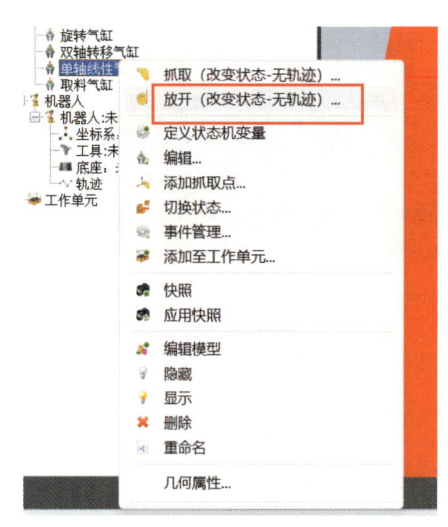

图 3-19　操作选项

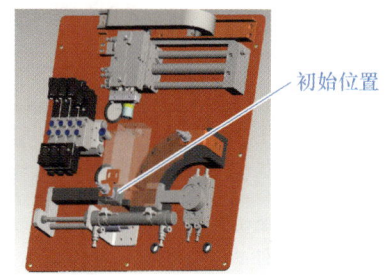

图 3-20　数字模型状态

2）选择"产线设计"→"设备状态"→"保存设备状态"命令，覆盖原有的状态数据。

在调试设备时，可以单击还原设备状态，以便直接复原此刻的设备状态，如图 3-21 所示。

项目 3　推料气缸及典型执行机构的虚拟调试

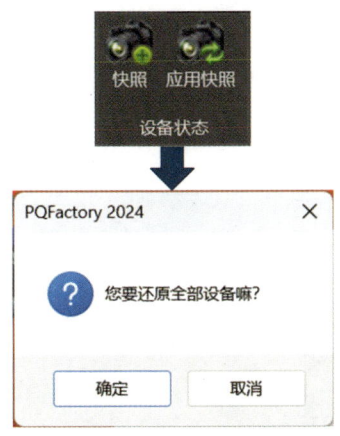

图 3-21　复原设备状态

任务评价

评价项目	配分	序号	评分标准	自评	教师评价
知识掌握	30	①	了解事件管理的概念及定义（15 分）		
		②	了解事件管理的类型（15 分）		
技能掌握	60	③	能为推料气缸添加抓取事件（30 分）		
		④	能为推料气缸添加放开事件（30 分）		
职业素养	10	⑤	积极参与团队任务，分工明确，团队协作高效（3 分）		
		⑥	责任心强，勇于承担责任，不推卸问题和责任，对执行结果负责（5 分）		
		⑦	任务完成后主动按照 6S 要求对现场进行管理（2 分）		
合计					

任务 3　设备通信设置

任务描述

设备通信设置是虚拟调试的关键环节之一，主要涉及如何配置和测试设备间的信息交互，确保各设备之间能够正确地发送和接收信号。IOServer 充当 PLC 设备与 PQFactory 软件中数字设备之间的通信桥梁。它通过添加设备配置和创建变量映射表来实现 PLC 设备信号与 PQFactory 软件中的信号变量匹配。具体操作包括在 IOServer 的配置界面中添加新的设备，并为每个设备定义需要的信号变量，以便它们可以反映和控制物理设备的状态。本任务以典型执行机构推料流程为例，在 IOServer 中添加设备、创建信号，完成 IOServer、PQFactory、PLC 之间的通信设置，旨在帮助读者了解地址匹配的概念，掌握虚拟调试的通信设置。

任务目标

知识目标
◇ 了解数据采集的概念及定义。
◇ 熟悉 IOServer 的作用及重要性。
◇ 了解地址匹配的概念及定义。

能力目标
◇ 能在 IOServer 中添加控制设备。
◇ 能在 IOServer 创建信号变量。
◇ 能在 IOServer 导入信号变量。
◇ 能完成 IOServer 和 PQFactory 之间的地址匹配。
◇ 能完成地址匹配后信号测试。

素养目标
◇ 积极参与团队任务，分工明确，团队协作高效。
◇ 责任心强，勇于承担责任，不推卸问题和责任，对执行结果负责。
◇ 任务完成后主动按照 6S 要求对现场进行管理。

任务设施

工厂虚拟调试仿真软件 PQFactory、PLC 实训箱、智能控制数字孪生应用平台。

参考学时

建议 2 学时，其中知识学习建议 1 学时，读者练习建议 1 学时。

知识储备

1. 数据采集

数据采集（Data Acquisition，DAQ）是指从传感器和其他待测设备等模拟或数字被测单元中自动采集非电量或者电量信号，送到上位机中进行分析、处理，其中也包括从数字设备中传输来的模拟量或者数字量信号。

数据采集系统是结合基于计算机或者其他专用测试平台的测量软、硬件产品实现灵活的、用户自定义的测量系统。

PLC 自身具有高速脉冲口，但是它并不能与虚拟调试软件 PQFactory 直接进行通信，两者的通信需要一个桥梁——IOServer。在 IOServer 中添加控制设备并定义相关的信号，便可实现控制器和 PQFactory 之间的通信。IOServer 连接 PQFactory 与 PLC 示意图如图 3-22 所示。

2. 地址匹配

（1）地址匹配的概念　控制器与数字设备也不能直接进行连接控制，如图 3-23 所示。地址匹配就是将软件中的数字设备的信号接口与实际控制器中的控制变量关联起来。

图 3-22 IOServer 连接 PQFactory 与 PLC 示意图　　图 3-23 控制器不能直接连接设备

（2）地址匹配的作用　数字设备的数据接口与控制器的变量地址不尽相同。通过地址匹配可有效使两者的功能进行关联。换而言之，控制器与软件两者建立起一种对应关系，地址匹配示意图如图 3-24 所示。

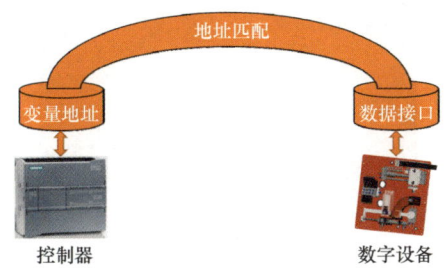

图 3-24 地址匹配示意图

（3）PQFactory、IOServer、西门子 PLC 数据类型对应关系　PQFactory、IOServer、西门子 PLC 三者之间的数据类型匹配关系见表 3-10。

表 3-10 数据类型匹配关系

常用数据类型	所占空间	PQFactory	IOServer	西门子 PLC
布尔型（0、1）	占 1bit	Bool	IODisc	Bool
字节（0~255）	占 8bit	Byte	IOByte	Byte
整数（−32768~32768）	占 16bit	Short	IOShort	Int
字（0~65535）	占 16bit	Word	IOWord	Word
浮点型（3.4E38~3.4E38）	占 32bit	Float	IOFloat	Real
字符（−128~127）	占 8bit	Char	IOChar	Char
长整数（−2147483648~2147483647）	占 32bit	Long	IOLong	DInt
字符串（字符数 0~65535）	占 2040bit	String	IOString	String
双字（0~4294967295）	占 32bit	Dword	IODword	DWord
双精度浮点数	占 64bit	Double	IODouble	LReal

任务实施

实施推料气缸的虚拟调试需要完成 IOServer 相关设置、通信设置以及实施虚拟调试。具体操作步骤如下:

1. IOServer 添加设备与创建信号

本任务涉及的控制设备主要有 1 个,即 PLC 实训箱的 PLC_1,前文已述,如图 3-25 所示。首先在博途软件中完成 PLC 通信地址的设定,地址为 192.168.0.1。控制设备的添加在组态王软件(IOServer)中进行。具体操作步骤如下:

图 3-25　PLC_1

(1)添加控制设备　在 IOServer 中添加控制设备,具体操作见表 3-11。

表 3-11　IOServer 中添加控制设备

操作步骤	图示
1)打开 IOServer 软件,新建一个工程文件。分别输入工程名称(同步应用名称)以及文件的应用(存储)路径,并备注相关的应用信息	

项目3 推料气缸及典型执行机构的虚拟调试

（续）

操作步骤	图示
2）在管理树中，选择"设备"并单击鼠标右键，选择"新建设备"	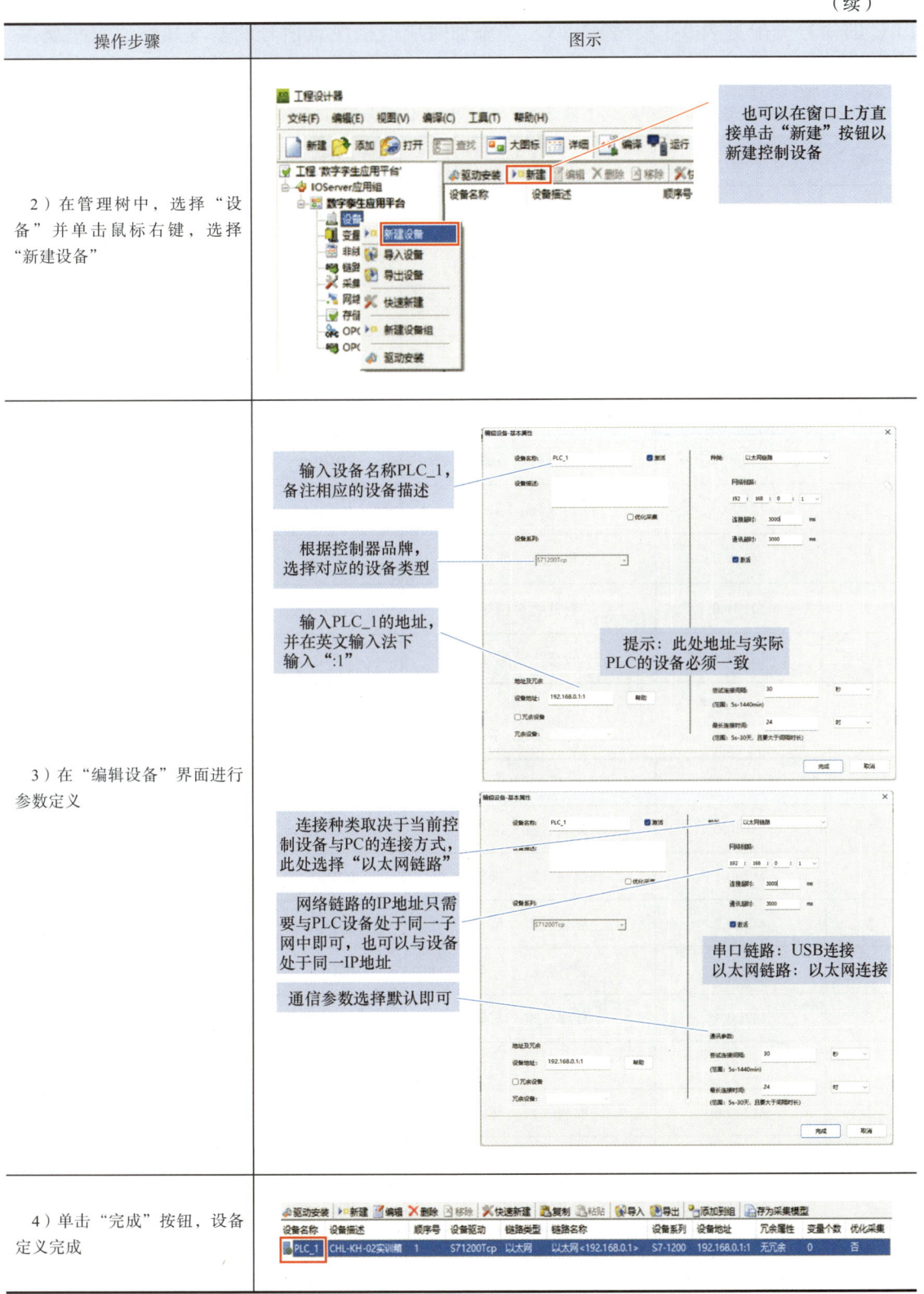
3）在"编辑设备"界面进行参数定义	
4）单击"完成"按钮，设备定义完成	

（2）创建信号　添加 IOServer 信号，实现 PQFactory 与实际 PLC 之间的信号关联，PLC 的信号分配见表 3-12、表 3-13。在添加时应严格注意信号的基本属性、采集属性、转换属性、存储属性。具体实施步骤见表 3-14。

表 3-12　PLC 输入信号分配

序号	控制器地址	信号功能	变量类型	对应控制设备
1	M100.0	推料气缸_准备位	IODisc	PLC_1
2	M100.1	推料气缸_推料位	IODisc	
3	M100.2	旋转气缸_接料位	IODisc	
4	M100.3	旋转气缸_出料位	IODisc	
5	M100.4	转移气缸_左侧位	IODisc	
6	M100.5	转移气缸_右侧位	IODisc	
7	M100.6	取料气缸_缩回位	IODisc	
8	M100.7	取料气缸_伸出位	IODisc	
9	M101.0	料井物料感知	IODisc	
10	M101.1	转移物料感知	IODisc	

表 3-13　PLC 输出信号分配

序号	控制器地址	信号功能	变量类型	对应控制设备
1	M200.0	推料气缸_准备	IODisc	PLC_1
2	M200.1	推料气缸_推料	IODisc	
3	M200.2	旋转气缸_接料	IODisc	
4	M200.3	转移气缸_左侧	IODisc	
5	M200.4	转移气缸_右侧	IODisc	
6	M200.5	取料气缸_缩回	IODisc	
7	M200.6	取料气缸_伸出	IODisc	
8	M200.7	取料	IODisc	
9	M201.0	物料生成	IODisc	
10	M201.1	物料消失	IODisc	

项目3 推料气缸及典型执行机构的虚拟调试

表 3-14 IOServer 中创建信号具体实施步骤

操作步骤	图示
1）在管理树中，选择"变量"并单击鼠标右键，选择"新建变量"命令	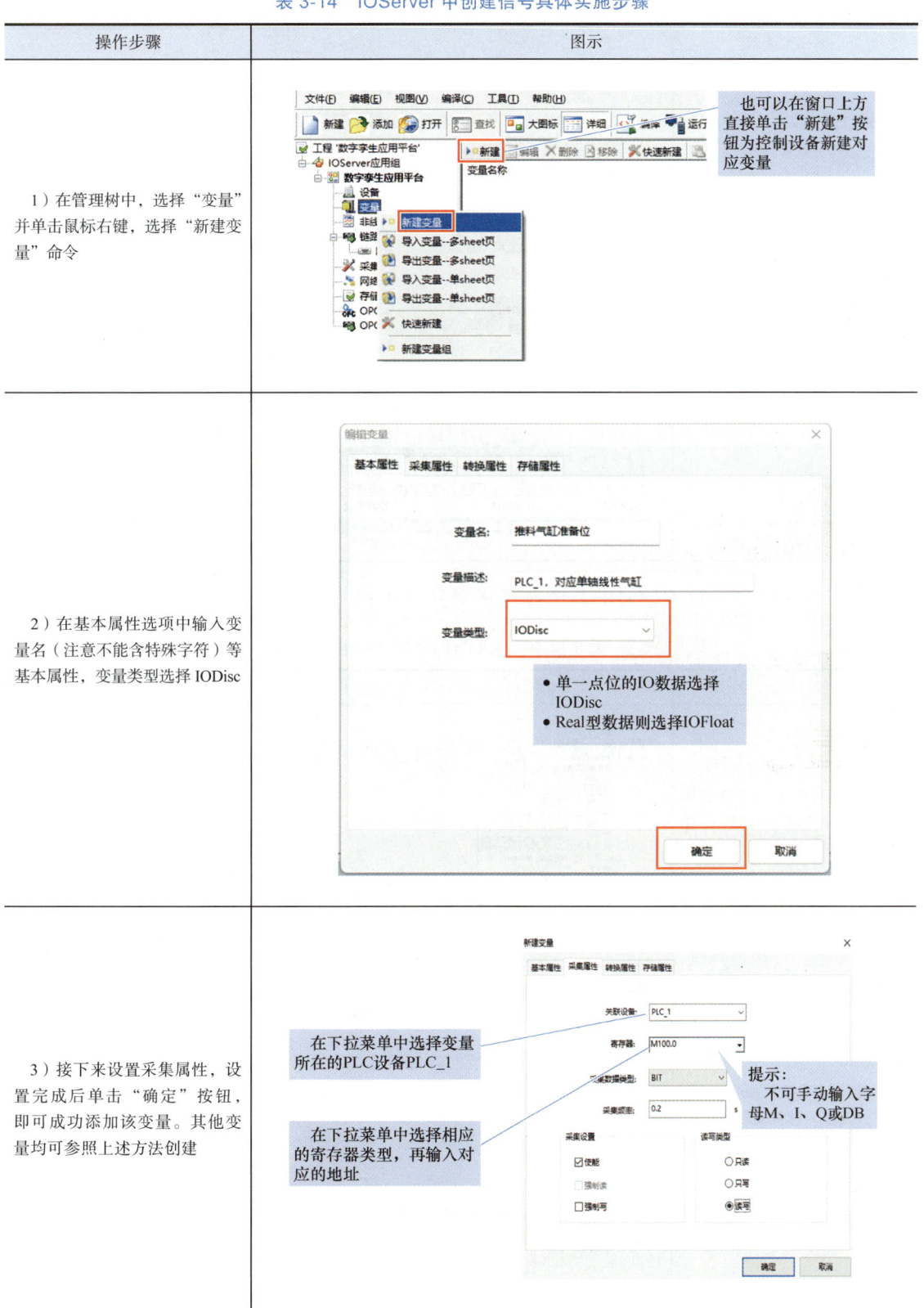
2）在基本属性选项中输入变量名（注意不能含特殊字符）等基本属性，变量类型选择 IODisc	
3）接下来设置采集属性，设置完成后单击"确定"按钮，即可成功添加该变量。其他变量均可参照上述方法创建	

（续）

操作步骤	图示
3）接下来设置采集属性，设置完成后单击"确定"按钮，即可成功添加该变量。其他变量均可参照上述方法创建	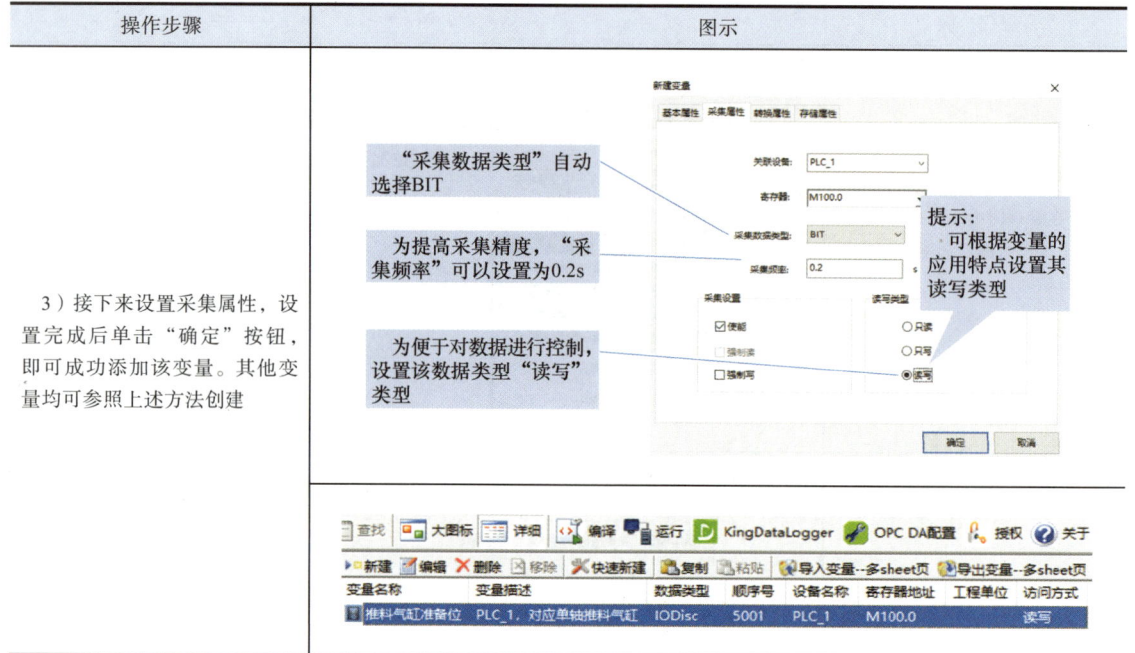

（3）导入信号　导入信号的具体操作步骤见表3-15。

表3-15　导入信号的具体操作步骤

操作步骤	图示
1）在管理树中，选择"变量"并单击鼠标右键，选择"导入变量——单sheet页"	
2）根据变量表（.csv文件）的存储路径，选择对应的变量文件，单击"打开"按钮	

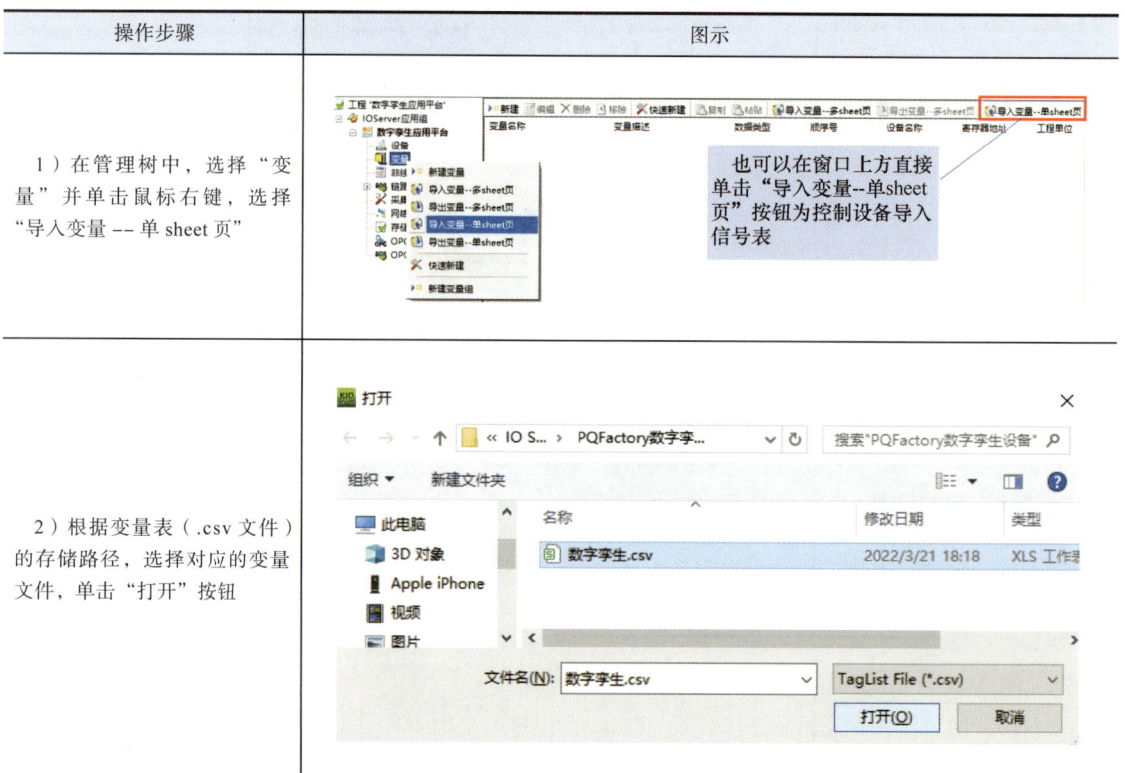

（续）

操作步骤	图示
3）弹出“导入变量”对话框，在此可以比对变量的各类参数是否准确。若无误，即可单击“导入”按钮	

导入状态	变量名称	数据类型	设备…	设备…	寄存器地址	访问方
正常，待导入	推料气缸_准备位	IODisc	PLC_1	S7-1200	M100.0	读写
正常，待导入	推料气缸_推料位	IODisc	PLC_1	S7-1200	M100.1	读写
正常，待导入	推料气缸_准备	IODisc	PLC_1	S7-1200	M200.0	读写
正常，待导入	推料气缸_推料	IODisc	PLC_1	S7-1200	M200.1	读写
正常，待导入	旋转气缸_接料位	IODisc	PLC_1	S7-1200	M100.2	读写
正常，待导入	旋转气缸_出料位	IODisc	PLC_1	S7-1200	M100.3	读写
正常，待导入	旋转气缸_接料	IODisc	PLC_1	S7-1200	M200.2	读写
正常，待导入	转移气缸_左侧位	IODisc	PLC_1	S7-1200	M100.4	读写
正常，待导入	转移气缸_右侧位	IODisc	PLC_1	S7-1200	M100.5	读写
正常，待导入	转移气缸_左侧	IODisc	PLC_1	S7-1200	M200.3	读写
正常，待导入	转移气缸_右侧	IODisc	PLC_1	S7-1200	M200.4	读写
正常，待导入	取料气缸_缩回位	IODisc	PLC_1	S7-1200	M100.6	读写
正常，待导入	取料气缸_伸出位	IODisc	PLC_1	S7-1200	M100.7	读写
正常，待导入	取料气缸_缩回	IODisc	PLC_1	S7-1200	M200.5	读写
正常，待导入	取料气缸_伸出	IODisc	PLC_1	S7-1200	M200.6	读写
正常，待导入	料井物料感知	IODisc	PLC_1	S7-1200	M101.0	读写
正常，待导入	转移物料感知	IODisc	PLC_1	S7-1200	M101.1	读写
正常，待导入	取料	IODisc	PLC_1	S7-1200	M200.7	读写
正常，待导入	物料生成	IODisc	PLC_1	S7-1200	M201.0	读写
正常，待导入	物料消失	IODisc	PLC_1	S7-1200	M201.1	读写

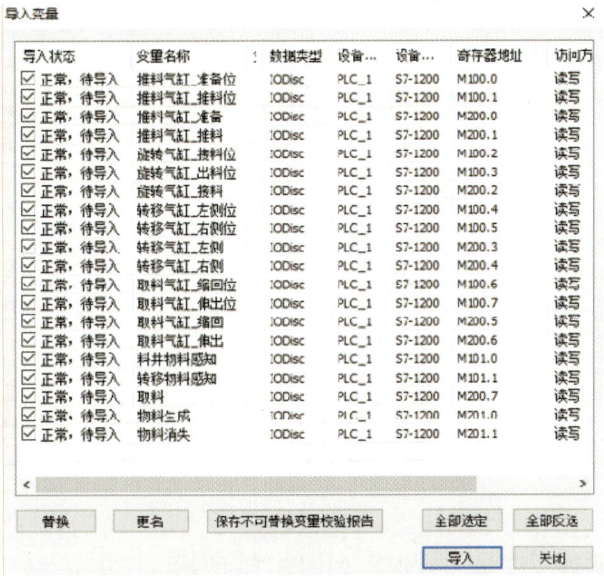

导入完成后，在 IOServer 的主界面即可看到所有信号的状态，如图 3-26 所示。

变量名称	变量描述	数据类型	顺序号	设备名称	寄存器地址	工程单位	访问方式
推料气缸_准备位		IODisc	5001	PLC_1	M100.0		读写
推料气缸_推料位		IODisc	5002	PLC_1	M100.1		读写
推料气缸_准备		IODisc	5003	PLC_1	M200.0		读写
推料气缸_推料		IODisc	5004	PLC_1	M200.1		读写
旋转气缸_接料位		IODisc	5005	PLC_1	M100.2		读写
旋转气缸_出料位		IODisc	5006	PLC_1	M100.3		读写
旋转气缸_接料		IODisc	5007	PLC_1	M200.2		读写
转移气缸_左侧位		IODisc	5008	PLC_1	M100.4		读写
转移气缸_右侧位		IODisc	5009	PLC_1	M100.5		读写
转移气缸_左侧		IODisc	5010	PLC_1	M200.3		读写
转移气缸_右侧		IODisc	5011	PLC_1	M200.4		读写
取料气缸_缩回位		IODisc	5012	PLC_1	M100.6		读写
取料气缸_伸出位		IODisc	5013	PLC_1	M100.7		读写
取料气缸_缩回		IODisc	5014	PLC_1	M200.5		读写
取料气缸_伸出		IODisc	5015	PLC_1	M200.6		读写
料井物料感知		IODisc	5016	PLC_1	M101.0		读写
转移物料感知		IODisc	5017	PLC_1	M101.1		读写
取料		IODisc	5018	PLC_1	M200.7		读写
物料生成		IODisc	5019	PLC_1	M201.0		读写
物料消失		IODisc	5020	PLC_1	M201.1		读写

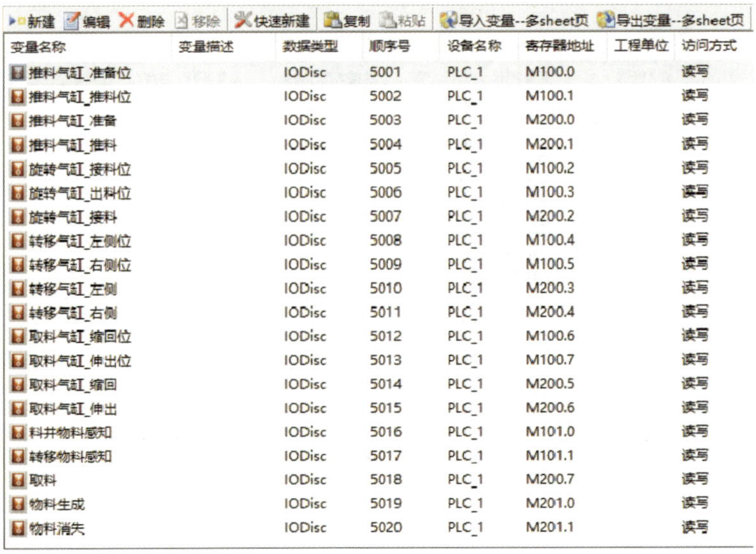

图 3-26　信号创建结果

信号导入的注意事项如下。

1）错误：无关联设备，如图 3-27 所示。

原因分析：变量表（.csv 文件）中的设备名称与 IOServer 中添加的控制设备名称不统一。

解决方法：

① 设备名称不可含有特殊字符。

② PQFactory 中的设备名称与 IOServer 中的控制设备名称修改一致。

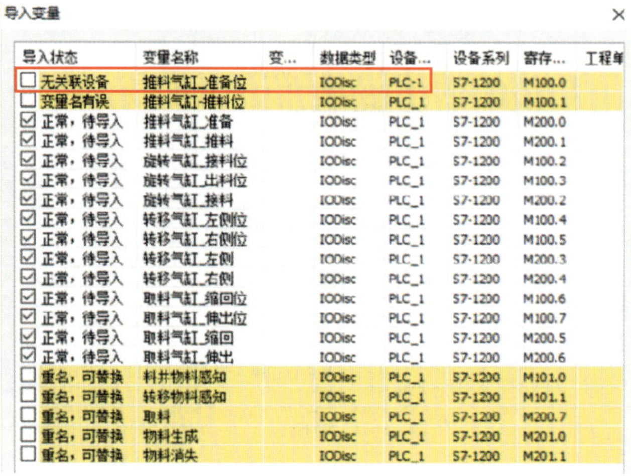

导入变量

导入状态	变量名称	变...	数据类型	设备...	设备系列	寄存...	工程单
☐ 无关联设备	推料气缸_准备位		IODisc	PLC-1	S7-1200	M100.0	
☐ 变量名有误	推料气缸-推料位		IODisc	PLC_1	S7-1200	M100.1	
☑ 正常，待导入	推料气缸_准备		IODisc	PLC_1	S7-1200	M200.0	
☑ 正常，待导入	推料气缸_推料		IODisc	PLC_1	S7-1200	M200.1	
☑ 正常，待导入	旋转气缸_接料位		IODisc	PLC_1	S7-1200	M100.2	
☑ 正常，待导入	旋转气缸_出料位		IODisc	PLC_1	S7-1200	M100.3	
☑ 正常，待导入	旋转气缸_接料		IODisc	PLC_1	S7-1200	M200.2	
☑ 正常，待导入	转移气缸_左侧位		IODisc	PLC_1	S7-1200	M100.4	
☑ 正常，待导入	转移气缸_右侧位		IODisc	PLC_1	S7-1200	M100.5	
☑ 正常，待导入	转移气缸_左侧		IODisc	PLC_1	S7-1200	M200.3	
☑ 正常，待导入	转移气缸_右侧		IODisc	PLC_1	S7-1200	M200.4	
☑ 正常，待导入	取料气缸_缩回位		IODisc	PLC_1	S7-1200	M100.6	
☑ 正常，待导入	取料气缸_伸出位		IODisc	PLC_1	S7-1200	M100.7	
☑ 正常，待导入	取料气缸_缩回		IODisc	PLC_1	S7-1200	M200.5	
☑ 正常，待导入	取料气缸_伸出		IODisc	PLC_1	S7-1200	M200.6	
☐ 重名，可替换	料井物料感知		IODisc	PLC_1	S7-1200	M101.0	
☐ 重名，可替换	转移物料感知		IODisc	PLC_1	S7-1200	M101.1	
☐ 重名，可替换	取料		IODisc	PLC_1	S7-1200	M200.7	
☐ 重名，可替换	物料生成		IODisc	PLC_1	S7-1200	M201.0	
☐ 重名，可替换	物料消失		IODisc	PLC_1	S7-1200	M201.1	

图 3-27 无关联设备

2）错误：变量名有误，如图 3-28 所示。

原因分析：变量表（.csv 文件）中的变量名称含有特殊字符，如“、”“-”等。

解决方法：将特殊字符删掉，并注意与 PQFactory 中的地址变量统一修改。

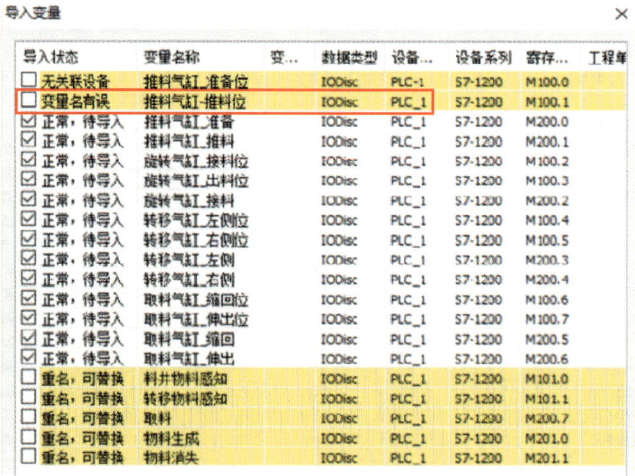

导入变量

导入状态	变量名称	变...	数据类型	设备...	设备系列	寄存...	工程单
☐ 无关联设备	推料气缸_准备位		IODisc	PLC-1	S7-1200	M100.0	
☐ 变量名有误	推料气缸-推料位		IODisc	PLC_1	S7-1200	M100.1	
☑ 正常，待导入	推料气缸_准备		IODisc	PLC_1	S7-1200	M200.0	
☑ 正常，待导入	推料气缸_推料		IODisc	PLC_1	S7-1200	M200.1	
☑ 正常，待导入	旋转气缸_接料位		IODisc	PLC_1	S7-1200	M100.2	
☑ 正常，待导入	旋转气缸_出料位		IODisc	PLC_1	S7-1200	M100.3	
☑ 正常，待导入	旋转气缸_接料		IODisc	PLC_1	S7-1200	M200.2	
☑ 正常，待导入	转移气缸_左侧位		IODisc	PLC_1	S7-1200	M100.4	
☑ 正常，待导入	转移气缸_右侧位		IODisc	PLC_1	S7-1200	M100.5	
☑ 正常，待导入	转移气缸_左侧		IODisc	PLC_1	S7-1200	M200.3	
☑ 正常，待导入	转移气缸_右侧		IODisc	PLC_1	S7-1200	M200.4	
☑ 正常，待导入	取料气缸_缩回位		IODisc	PLC_1	S7-1200	M100.6	
☑ 正常，待导入	取料气缸_伸出位		IODisc	PLC_1	S7-1200	M100.7	
☑ 正常，待导入	取料气缸_缩回		IODisc	PLC_1	S7-1200	M200.5	
☑ 正常，待导入	取料气缸_伸出		IODisc	PLC_1	S7-1200	M200.6	
☐ 重名，可替换	料井物料感知		IODisc	PLC_1	S7-1200	M101.0	
☐ 重名，可替换	转移物料感知		IODisc	PLC_1	S7-1200	M101.1	
☐ 重名，可替换	取料		IODisc	PLC_1	S7-1200	M200.7	
☐ 重名，可替换	物料生成		IODisc	PLC_1	S7-1200	M201.0	
☐ 重名，可替换	物料消失		IODisc	PLC_1	S7-1200	M201.1	

图 3-28 变量名有误

3）错误：重名，可替换，如图 3-29 所示。

原因分析：新导入的变量表（.csv 文件）中的部分变量与当前 IOServer 中的变量有重复。

解决方法：

① 将 IOServer 中重复的变量删掉。

② 默认替换，注意替换的名称。

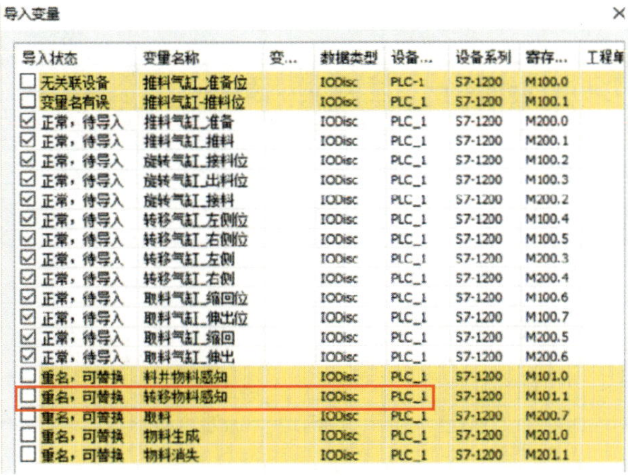

项目 3　推料气缸及典型执行机构的虚拟调试

图 3-29　重名，可替换

（4）PQFactory 的地址匹配　通过地址匹配，PQFactory 软件中数字设备（状态机、传感器、零件发生器等）的各个变量与实际 PLC 中的变量关联起来。地址匹配变量表见表 3-16。具体操作步骤见表 3-17。

表 3-16　地址匹配变量表（以 PLC 为主体）

序号	数字设备	对应虚拟地址	PLC 变量地址	信号类型	信号功能
1	单轴线性气缸（推料气缸）	M100.0	M100.0	DI	推料气缸 _ 准备位
2		M100.1	M100.1	DI	推料气缸 _ 推料位
3		M200.0	M200.0	DO	推料气缸 _ 准备
4		M200.1	M200.1	DO	推料气缸 _ 推料
5	旋转气缸	M100.2	M100.2	DI	旋转气缸 _ 接料位
6		M100.3	M100.3	DI	旋转气缸 _ 出料位
7		M200.2	M200.2	DO	旋转气缸 _ 接料
8	双轴转移气缸	M100.4	M100.4	DI	转移气缸 _ 左侧位
9		M100.5	M100.5	DI	转移气缸 _ 右侧位
10		M200.3	M200.3	DO	转移气缸 _ 左侧
11		M200.4	M200.4	DO	转移气缸 _ 右侧
12	取料气缸	M100.6	M100.6	DI	取料气缸 _ 缩回位
13		M100.7	M100.7	DI	取料气缸 _ 伸出位
14		M200.5	M200.5	DO	取料气缸 _ 缩回
15		M200.6	M200.6	DO	取料气缸 _ 伸出

（续）

序号	数字设备	对应虚拟地址	PLC 变量地址	信号类型	信号功能
16	料井接近开关	M101.0	M101.0	DI	料井物料感知
17	转移接近开关	M101.1	M101.1	DI	转移物料感知
18	电磁吸盘	M200.7	M200.7	DO	取料
19	零件发生器（物料方块）	M201.0	M201.0	DO	物料生成
20		M201.1	M201.1	DO	物料消失

表 3-17　地址匹配具体操作步骤

操作步骤	图示
1）选择"虚拟调试"→"信号设置"→"地址匹配"命令	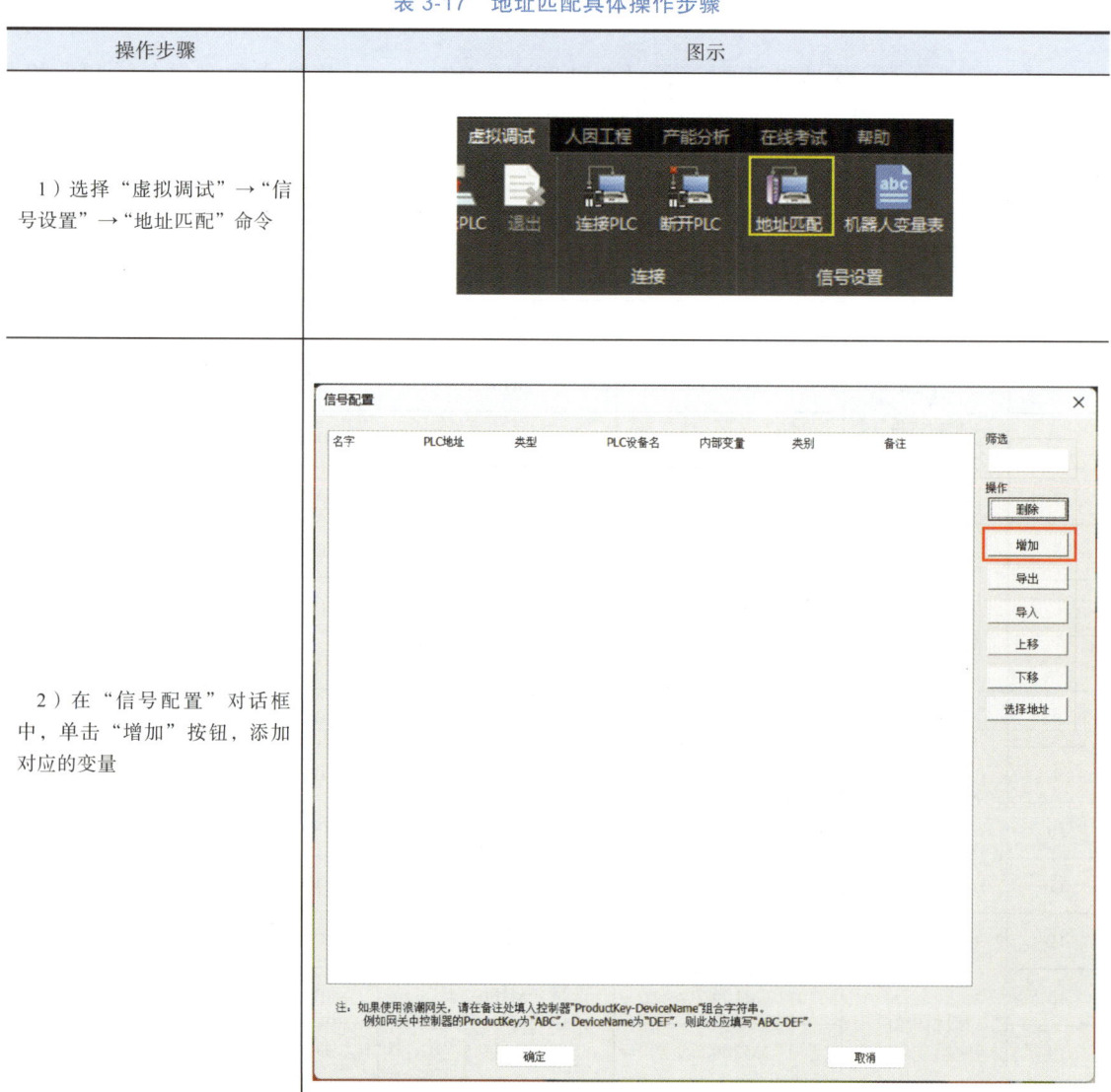
2）在"信号配置"对话框中，单击"增加"按钮，添加对应的变量	

（续）

操作步骤	图示
3）依次输入变量的名字、设备名称、PLC 地址、PQFactory 软件中对应的变量地址、类型和类别。其中，设备名称是指控制器名称	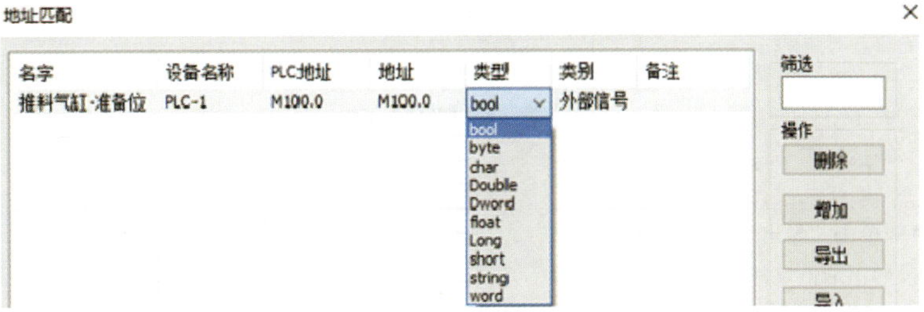
4）完成本任务中所有的变量匹配	

（5）导出变量表　导出变量表的具体操作步骤见表 3-18。

表 3-18　导出变量表操作步骤

操作步骤	图示
1）单击"导出"按钮，可以直接导出通信设备的 IO 表，以便在 IOServer 中建立信号。保存类型可选 csv 或 robPort 等	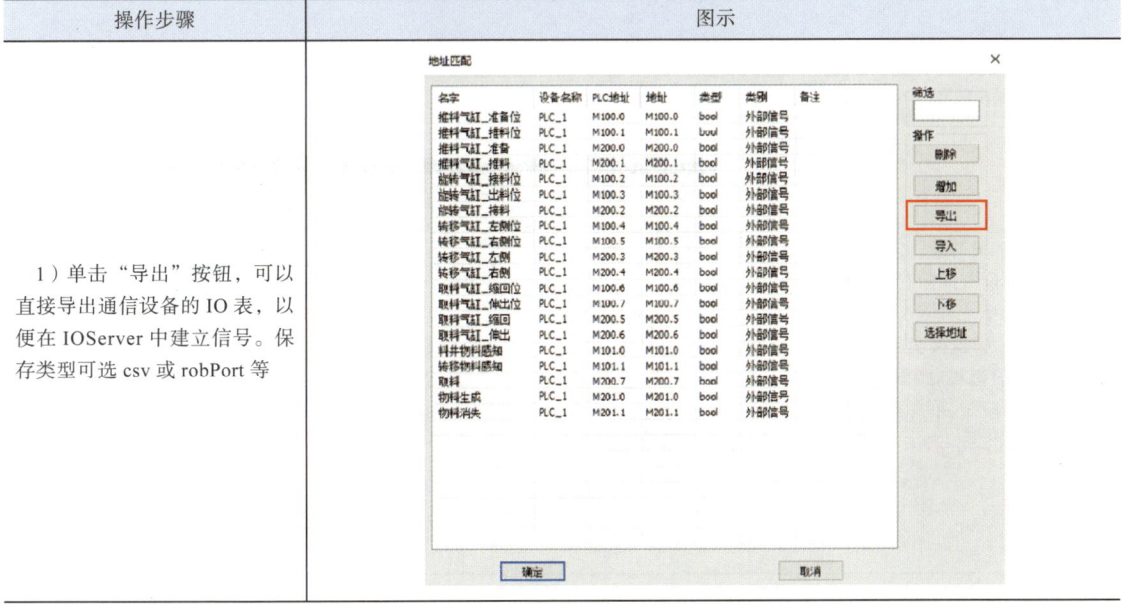

（续）

操作步骤	图示
1）单击"导出"按钮，可以直接导出通信设备的 IO 表，以便在 IOServer 中建立信号。保存类型可选 csv 或 robPort 等	
2）如导出".robPort"文件，可在此恢复至 PQFactory 软件环境中，避免因为误删导致变量不完整	

2. 推料气缸虚拟调试通信设置

要进行虚拟调试，完成各个设备之间的通信设置十分重要，包括 PLC 设置、IOServer 设置、PQFactory 软件设置，具体操作如下。

（1）PLC 设置　PLC 设置的具体操作步骤见表 3-19。

表 3-19　PLC 设置的具体操作步骤

操作步骤	图示
1）打开 PLC 工程文件，选择 PLC_1，单击鼠标右键选择"属性"，选择"常规"→"防护与安全"→"连接机制"，勾选"允许来自远程对象的 PUT/GET 通信访问"，单击"确定"按钮	

项目3 推料气缸及典型执行机构的虚拟调试

（续）

操作步骤	图示
2）将待调试的 PLC 程序下载至实际的控制器中	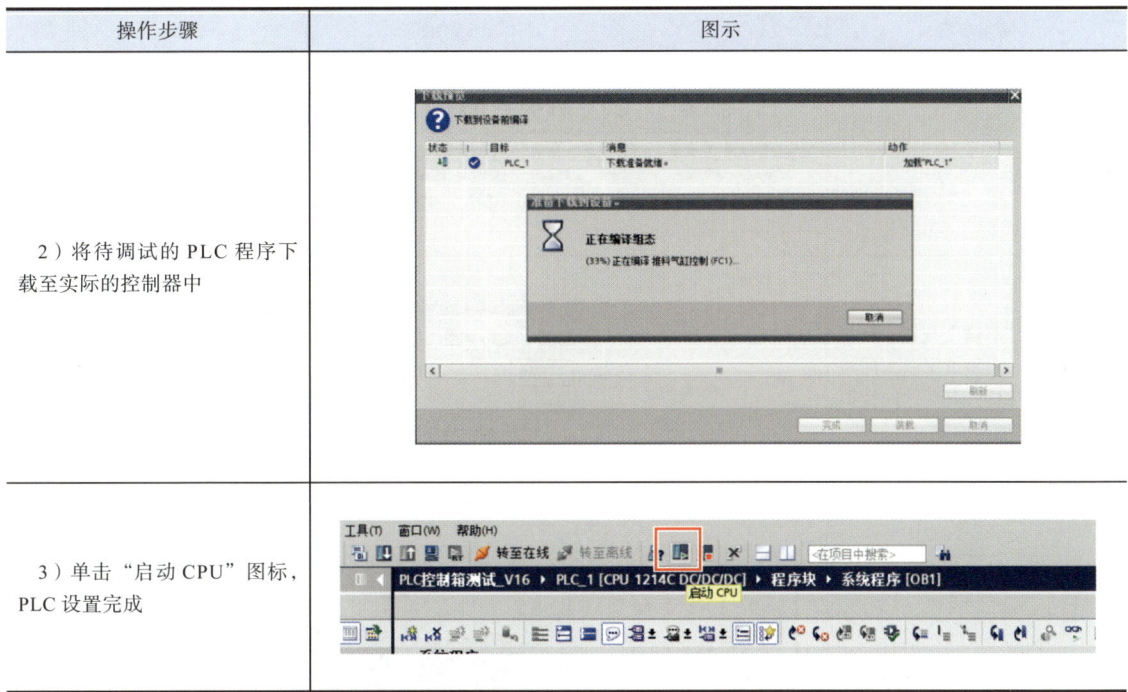
3）单击"启动 CPU"图标，PLC 设置完成	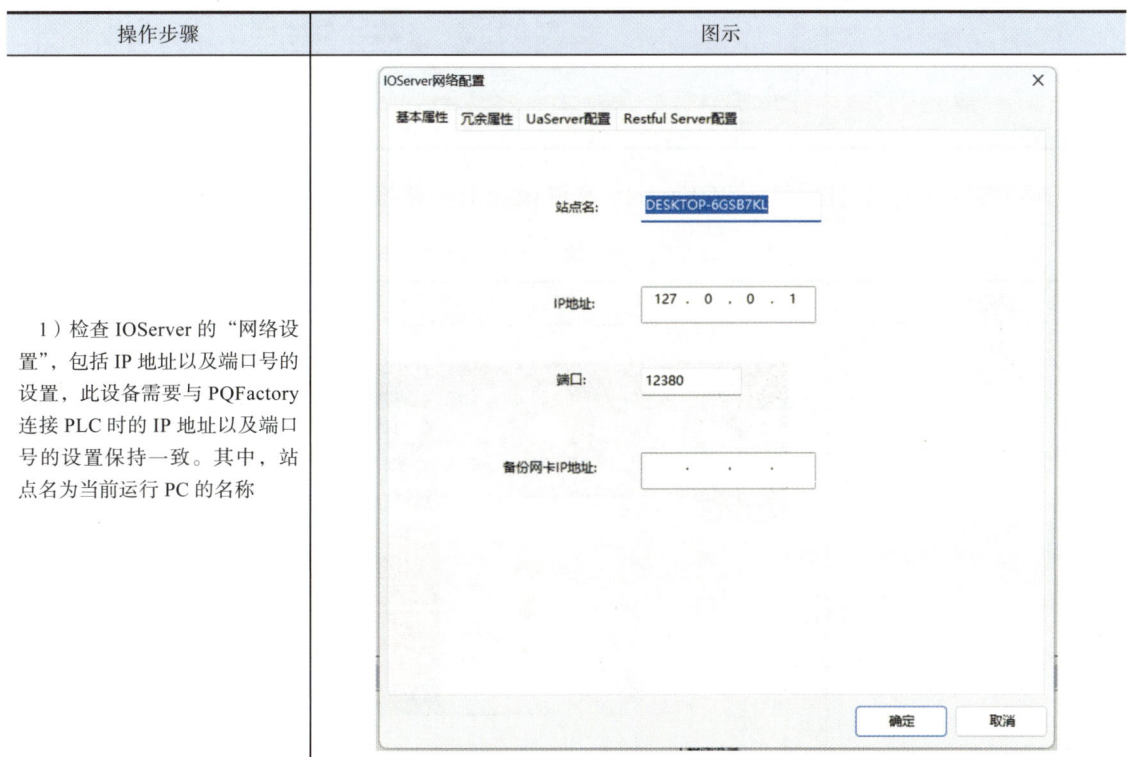

（2）IOServer 设置　　IOServer 设置的具体操作步骤见表 3-20。

表 3-20　IOServer 设置的具体操作步骤

操作步骤	图示
1）检查 IOServer 的"网络设置"，包括 IP 地址以及端口号的设置，此设备需要与 PQFactory 连接 PLC 时的 IP 地址以及端口号的设置保持一致。其中，站点名为当前运行 PC 的名称	

（续）

操作步骤	图示
2）单击"运行"按钮，运行当前的工程应用文件	
3）单击"启动"按钮，开始对PQFactory和指定以太网地址设备（PLC）中运行的数据进行实时采集和传输	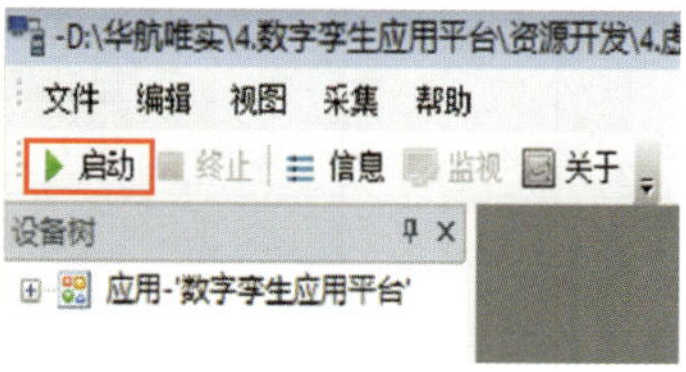
4）当出现"周期读成功"字样时，表示当前IOServer工程文件运行正常	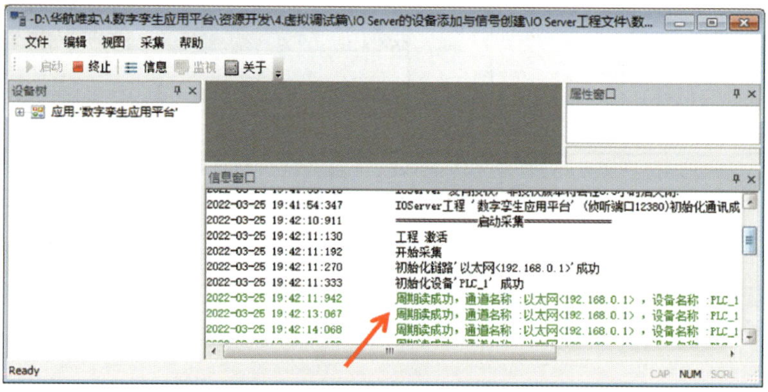

（3）PQFactory 软件设置　PQFactory 软件设置的具体操作步骤见表 3-21。

表 3-21　PQFactory 软件设置的具体操作步骤

操作步骤	图示
1）在"虚拟调试"中，单击"连接PLC"，选择"PLC"	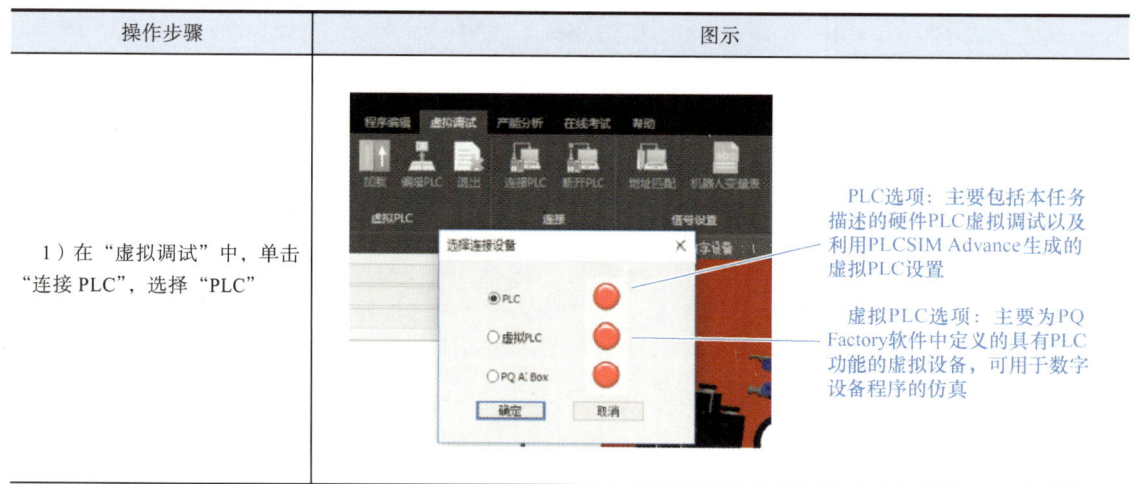

PLC选项：主要包括本任务描述的硬件PLC虚拟调试以及利用PLCSIM Advance生成的虚拟PLC设置

虚拟PLC选项：主要为PQFactory软件中定义的具有PLC功能的虚拟设备，可用于数字设备程序的仿真

项目 3　推料气缸及典型执行机构的虚拟调试

（续）

操作步骤	图示
2）确认即将连接的 IOServer 的 IP 地址和端口号	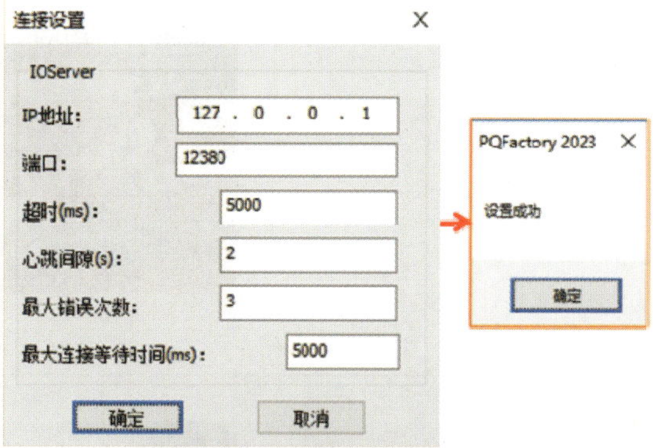
3）在"虚拟调试"中，单击"启动"按钮，即可开始执行场景的虚拟调试	

3. 推料气缸的虚拟调试

（1）实施虚拟调试　完成虚拟场景的通信设置后，可对推料气缸虚拟场景进行虚拟调试，具体操作步骤见表 3-22。

表 3-22　推料气缸虚拟调试具体操作步骤

操作步骤	图示
1）如图所示，当前如果各软件通信正常，PQFactory 中 PLC 连接状态呈现"绿色"状态	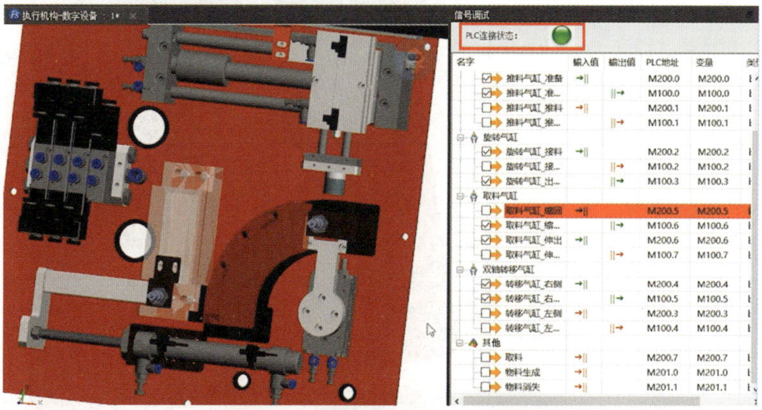
2）根据程序定义，拨动拨钮开关 1，生成数字化零件	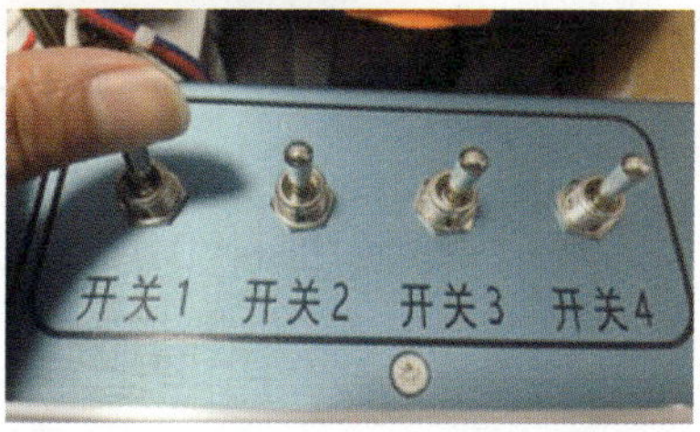

（续）

操作步骤	图示
3）在 PQFactory 软件中生成物料方块	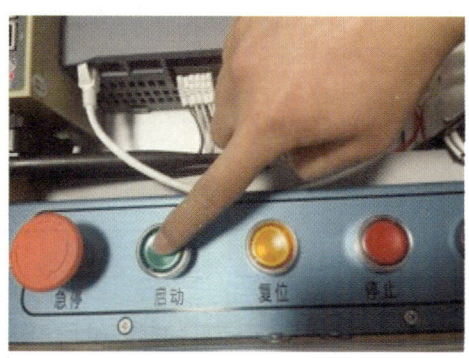 无物料　　生成物料
4）单击"启动"按钮，即可看到软件中的数字设备在 PLC 的控制下进行作业	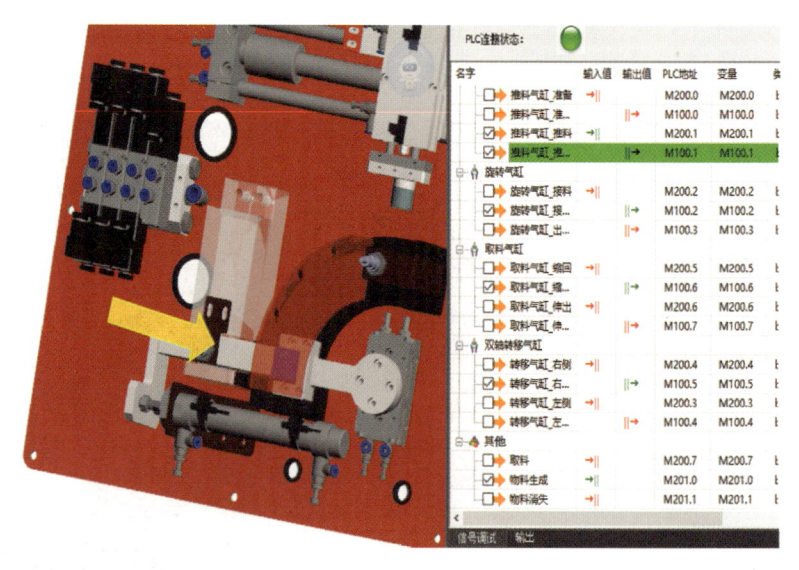

（2）PLC 程序纠错与优化

1）调试现象。推料气缸完成推料动作之后并没有恢复到初始位置，如图 3-30 所示。通过观察信号调试面板发现，相关的准备位信号（M200.0）并未被触发。此时需要返回到博途软件中寻找程序问题所在。

项目 3 推料气缸及典型执行机构的虚拟调试

图 3-30 推料气缸未恢复

2）问题分析。

① 问题分析 1——语句逻辑漏洞。根据运行情况，找到运行异常的程序段进行分析。如图 3-31 所示，发现图示 MOVE 程序块并未正常运行。原因在于推动物料后，"料井物料感知"信号便会断开。待推杆到达退料位，流程标识符并未成功赋值。

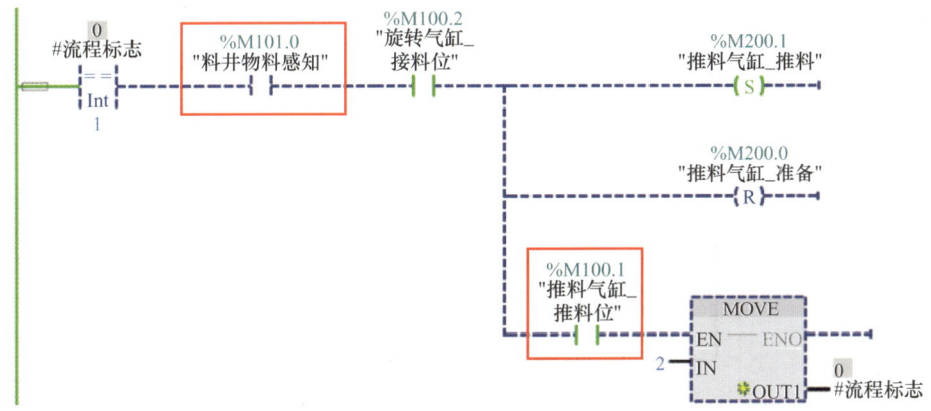

图 3-31 问题程序段

② 问题分析 2——函数块应用错误。如图 3-32 所示，原程序应用函数块没有背景数据块。如图 3-33 所示，由于 Temp 型（临时）变量"流程标志"不能有效存储其变量状态，致使程序运行异常。

3）程序修改及优化。

① 根据程序判定逻辑，对"流程标志"的赋值程序向前移，使其不受"料井物料感知"信号的判定影响即可，改进后的程序段如图 3-34 所示。

② 在 Static 型变量中建立"流程标志"变量，如图 3-35 所示，这样在程序段运行的每一个环节，该变量都可以保存当前运行的状态值。改后程序块调用过程如图 3-36 所示。

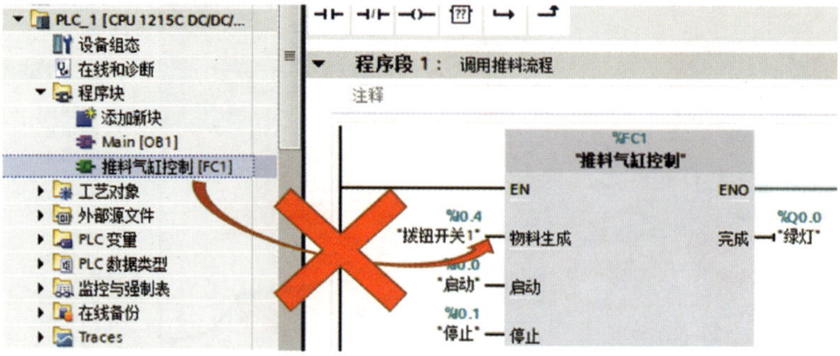

图 3-32　无背景数据块

图 3-33　Temp 型变量

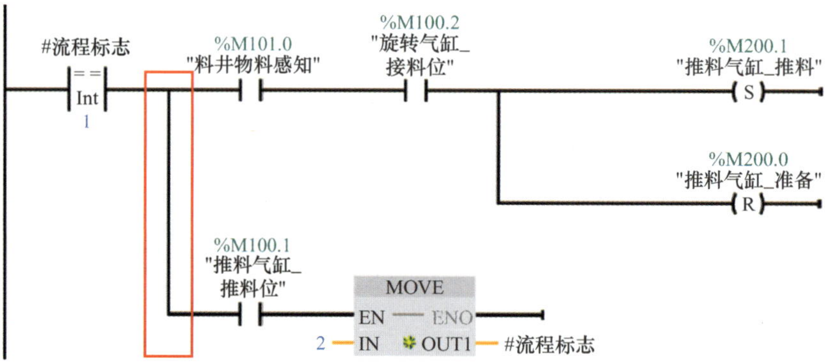

图 3-34　改进后的程序段

图 3-35　Static 型变量

项目3 推料气缸及典型执行机构的虚拟调试

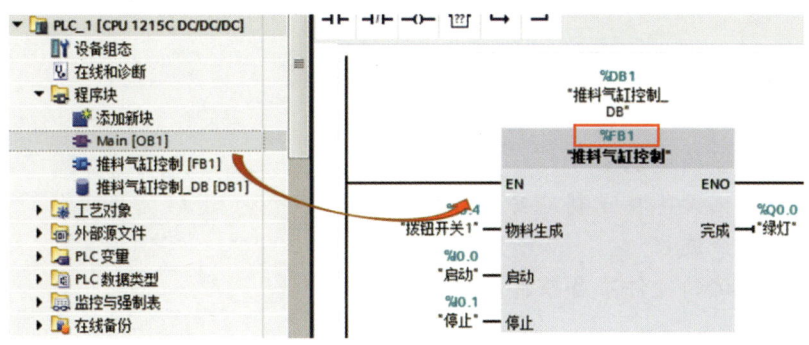

图 3-36 改后程序块调用过程

任务评价

评价项目	配分	序号	评分标准	自评	教师评价
知识掌握	10	①	了解数据采集的概念及定义（5分）		
		②	熟悉 IOServer 的作用及重要性（5分）		
技能掌握	80	③	能在 IOServer 中添加控制设备（16分）		
		④	能在 IOServer 中创建信号变量（16分）		
		⑤	能在 IOServer 中导入信号变量（16分）		
		⑥	能完成 IOServer 和 PQFactory 之间的地址匹配（16分）		
		⑦	能修改虚拟调试过程中出现的程序错误（16分）		
职业素养	10	⑧	积极参与团队任务，分工明确，团队协作高效（3分）		
		⑨	责任心强，勇于承担责任，不推卸问题和责任，对执行结果负责（5分）		
		⑩	任务完成后主动按照6S要求对现场进行管理（2分）		
			合计		

任务4 推料气缸的紧急停止机制与安全编程

任务描述

本任务在已经完成执行机构推料运动控制的编程基础上，继续进行 PLC 程序编程，为执行机构增添以下安全防护功能：

1）按照各安全防护等级编制相应的安全防护程序。
2）编制复位功能，能够消除当前报警状态。
3）工艺流程动作及复位完成后，均有对应的信号提示。

任务目标

知识目标
◇ 了解安全装置的类别。
◇ 了解如何根据设备特点制定安全防护等级。
◇ 熟悉虚拟调试流程。
◇ 了解虚拟调试的硬件准备条件。

能力目标
◇ 能根据虚拟调试的结果完善 PLC 程序。
◇ 能进行不同级别的安全调试。

素养目标
◇ 积极参与团队任务,分工明确,团队协作高效。
◇ 责任心强,勇于承担责任,不推卸问题和责任,对执行结果负责。
◇ 任务完成后主动按照 6S 要求对现场进行管理。

任务设施

PLC 实训箱、博途软件、智能控制数字孪生应用平台。

参考学时

建议 4 学时,其中知识学习建议 2 学时,读者练习建议 2 学时。

知识储备

1. 紧急停止机制及安全编程

(1) 紧急停止机制

1) 紧急停止介绍。紧急停止机制通常指的是一种用于在危险情况下迅速停止机器或设备操作的系统。这种机制在多种工业和商业设备中都非常普遍,旨在提供一种快速而有效的方法阻止或控制潜在的危险情况发生。紧急停止机制的典型特点包括但不限于以下几方面。

① 明显的物理按钮或开关。这是紧急停止系统最常见的形式,如图 3-37 和图 3-38 所示,通常是一个大红色按钮,位于设备的显眼位置,以便在紧急情况下迅速找到并使用。

② 中断所有操作。按下紧急停止按钮时,它会立即中断设备的电源和控制信号,从而停止所有运动和操作。

③ 设计用于紧急情况。它们是为了应对紧急情况而设计的,不应用于正常的停机操作。

2) 紧急停止机制的作用。在任何自动控制系统中,人员的安全是首要考虑的因素。紧急停止机制可确保发生潜在危险时(如设备故障或操作失误)可以立即停止系统,以防止伤害操作人员或其他在场人员。除此之外,主要考虑以下原因。

图 3-37　机床的急停按钮

图 3-38　电梯急停按钮

① 防止设备损坏。在设备发生故障或异常操作时，紧急停止机制可以迅速中断设备运行，防止设备进一步损坏。

② 控制意外事故。在自动控制过程中，不可预见的情况可能导致事故。紧急停止机制可作为一种快速响应措施，以控制和限制可能发生的事故。

③ 简化事故处理流程。发生紧急情况时，快速明确的响应步骤可以使事故处理更为高效和有序。

（2）安全编程　PLC 安全编程指的是在 PLC 系统中实施特定的编程，以确保自动控制系统的安全运行。这种编程应考虑到可能对人员安全、机器安全和生产过程安全产生影响的所有方面。

2. 推料气缸的安全装置

（1）安全装置的结构　图 3-39 所示为 PLC 实训箱中的安全装置，包含紧急停止按钮、三色灯、安全光栅、传感器（可自定义）等。安全光栅、传感器及紧急停止按钮通常作为危险信号的触发源而设置。这些安全装置可以满足常规智能设备的安全防护需求。现使用该安全装置进行安全编程。安全防护等级划分、触发源、警示信号对应的设备动作见表3-23。

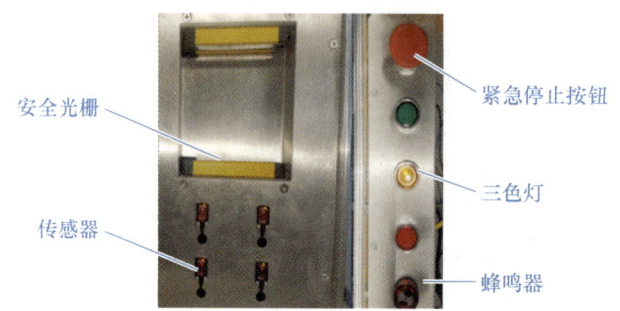

图 3-39　安全装置

表 3-23　安全防护

安全防护等级	触发源	警示信号	设备动作
Ⅰ	安全光栅	红灯、蜂鸣器	停止运行
Ⅰ	紧急停止按钮	红灯、蜂鸣器	停止运行
Ⅱ	传感器	黄灯、蜂鸣器	正常运行

（2）推料气缸安全编程实训条件　通用型硬件实施方案同本项目任务1，实训箱的物理信号分配同本项目任务1。这里主要对数字信号进行规划。

数字设备的信号规划见表3-24～表3-26。

表 3-24　PLC 输入信号分配

序号	控制器地址	信号功能	变量类型	对应控制设备
1	M100.0	推料气缸_准备位	DI	
2	M100.1	推料气缸_推料位	DI	
3	M100.2	旋转气缸_接料位	DI	
4	M100.3	旋转气缸_出料位	DI	
5	M100.4	转移气缸_左侧位	DI	
6	M100.5	转移气缸_右侧位	DI	PLC_1
7	M100.6	取料气缸_缩回位	DI	
8	M100.7	取料气缸_伸出位	DI	
9	M101.0	料井物料感知	DI	
10	M101.1	转移物料感知	DI	

表 3-25 PLC 输出信号分配

序号	控制器地址	信号功能	变量类型	对应控制设备
1	M200.0	推料气缸_准备	DQ	
2	M200.1	推料气缸_推料	DQ	
3	M200.2	旋转气缸_接料	DQ	
4	M200.3	转移气缸_左侧	DQ	
5	M200.4	转移气缸_右侧	DQ	PLC_1
6	M200.5	取料气缸_缩回	DQ	
7	M200.6	取料气缸_伸出	DQ	
8	M200.7	取料	DQ	
9	M201.0	物料生成	DQ	
10	M201.1	物料消失	DQ	

表 3-26 PLC 临时变量

控制器地址	信号功能	变量类型	对应控制设备
M58.0	安全防护标识	Bool	PLC_1

任务实施

本任务是在完成典型执行机构推料工艺虚拟调试的基础上,为典型执行机构添加安全防护功能,其中包括组态搭建、程序总架构、安全防护编程、安全测试等,具体如下。

(1) 组态搭建 将与硬件型号一致的 CPU 添加到 PLC 项目中,这里所基于的硬件设备是 PLC 实训箱,使用的 CPU 型号是 CPU 1214C DC/DC/DC,PLC 组态示意图如图 3-40 所示。

图 3-40 PLC 组态示意图

（2）程序总架构　考虑到后续工艺流程较多，案例架构较为复杂，为使调试便捷，选择单一模块程序单独进行调试。因此，此处采用 OB 调用函数块（FB/FC）的方式进行编程，并在 OB 中进行触发信号的匹配。程序总架构如图 3-41 所示。

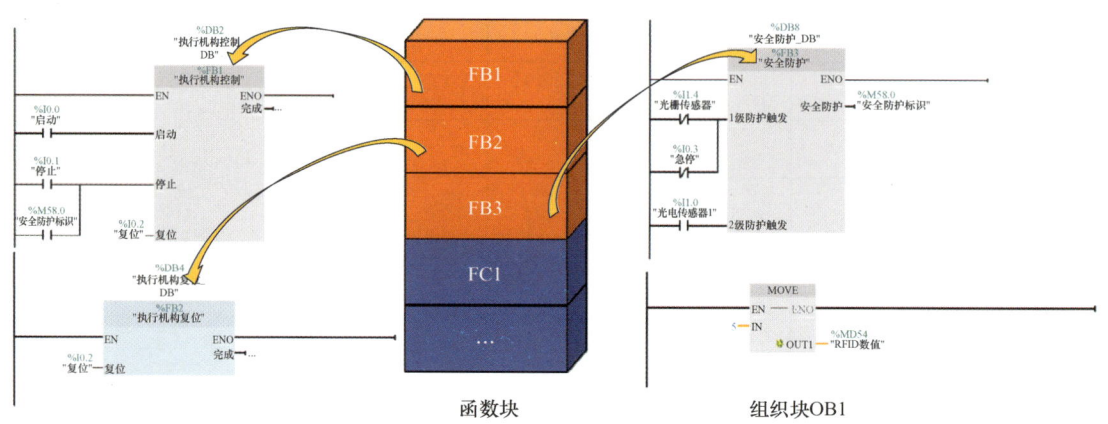

图 3-41　程序总架构

（3）安全防护编程

1）FB 输入/输出变量确认。如图 3-42 所示，根据安全防护等级，将程序块的输入变量（Input）定义为：1 级防护触发、2 级防护触发。对外输出 1 个变量（Output）：安全防护。以上变量名称均可自定义。

图 3-42　FB 输入/输出变量确认

2）声音警示。两种防护等级均可触发蜂鸣器发出异响，示例程序如图 3-43 所示。

图 3-43　声音警示示例程序

3）指示灯警示。1 级防护触发红灯；2 级防护触发黄灯；正常状态触发绿灯。当触发 1、2 级防护时，如果未被复位，即红、黄灯处于亮显状态，绿灯不亮。指示灯警示示例程序如图 3-44 所示。

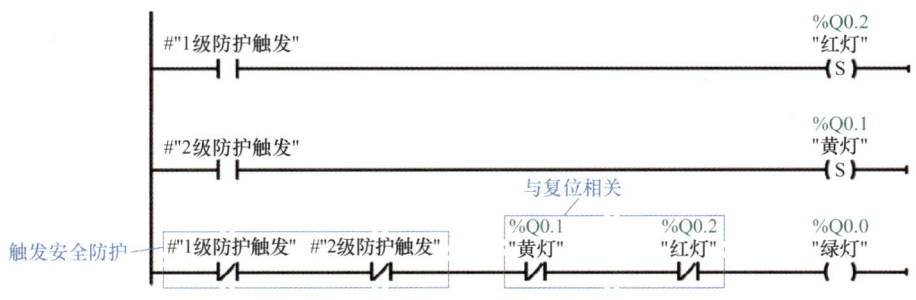

图 3-44 指示灯警示示例程序

4）急停动作警示。1 级防护可分别触发安全防护动作，该信号将使正常运转的设备停止；2 级防护无须触发急停动作。

急停动作警示示例程序如图 3-45 所示。

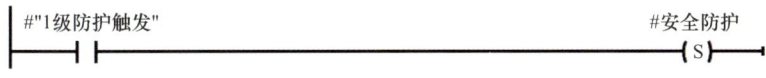

图 3-45 急停动作警示示例程序

5）报警复位。复位按钮触发，复位所有的警示信号及警示动作。

报警复位示例程序如图 3-46 所示。

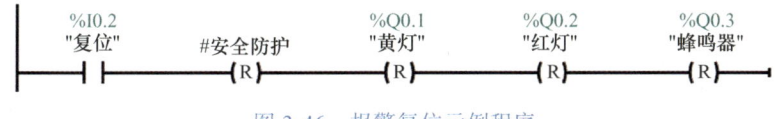

图 3-46 报警复位示例程序

6）Main 程序调用——安全防护。1 级防护触发设备：安全光栅、紧急停止按钮。2 级防护触发设备：光电传感器 1。

安全防护示例程序如图 3-47 所示。

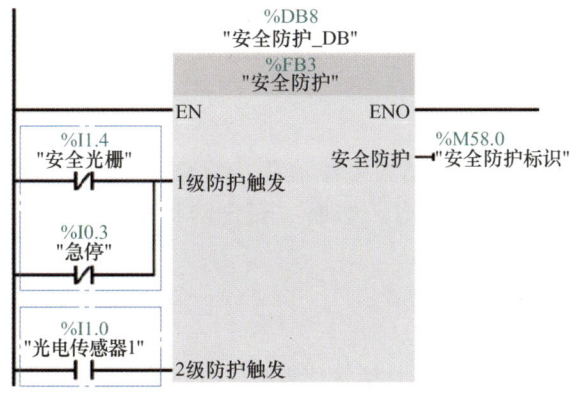

图 3-47 安全防护示例程序

① 复位功能编程。

a）机构控制信号复位。

流程 1：将所有机构动作控制信号全部复位。机构控制信号复位示例程序如图 3-48 所示。

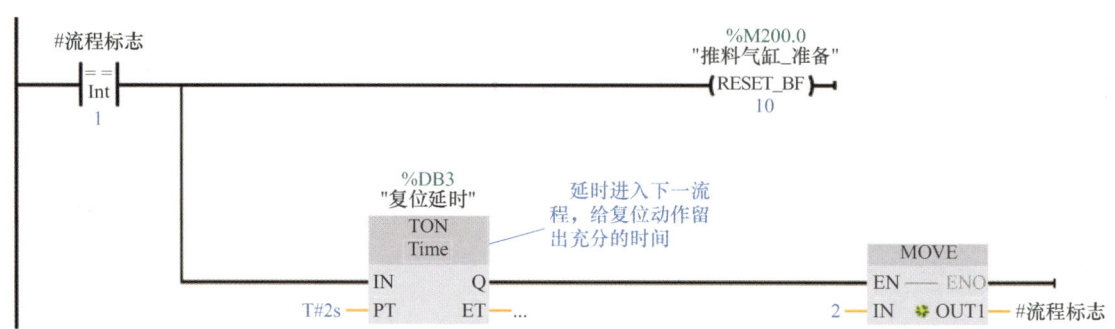

图 3-48　机构控制信号复位示例程序

b）机构位置复位。

流程 2：控制各机构运动至准备位置处，并消除当前生成的物料。机构位置复位示例程序如图 3-49 所示。

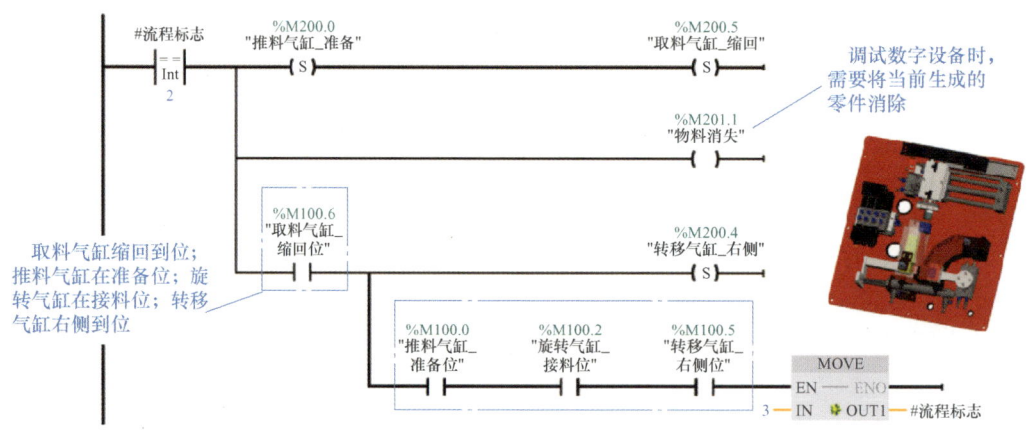

图 3-49　机构位置复位示例程序

c）复位完成。

流程 3：显示复位标志，自动结束复位流程，复位完成示例程序如图 3-50 所示。

② Main 程序调用——执行机构。增加"安全防护标识"，用以触发停止功能，示例程序如图 3-51 所示。

（4）安全测试

1）Ⅰ级防护安全调试。

① Ⅰ级防护触发机制。Ⅰ级防护触发机制测试步骤见表 3-27。

项目3 推料气缸及典型执行机构的虚拟调试

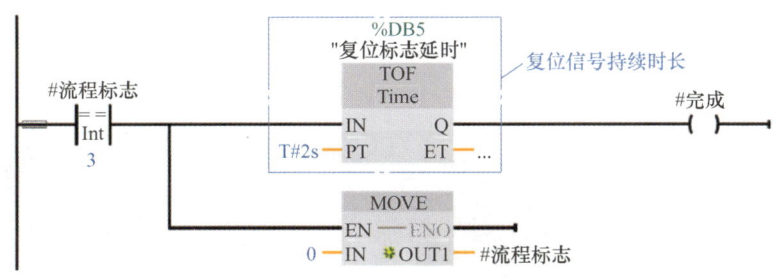

图 3-50 复位完成示例程序

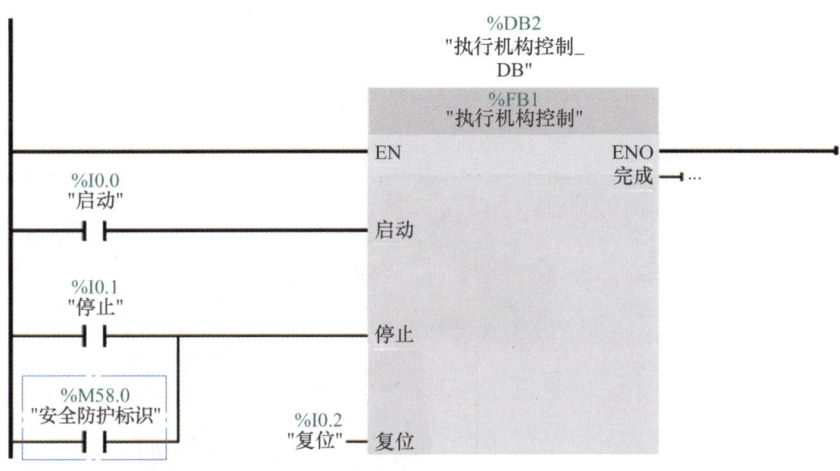

图 3-51 Main 程序调用——执行机构示例程序

表 3-27 Ⅰ级防护触发机制测试步骤

操作步骤	图示
1）运行 PLC 程序及 IOServer 工程文件，使数字设备能够正常运行	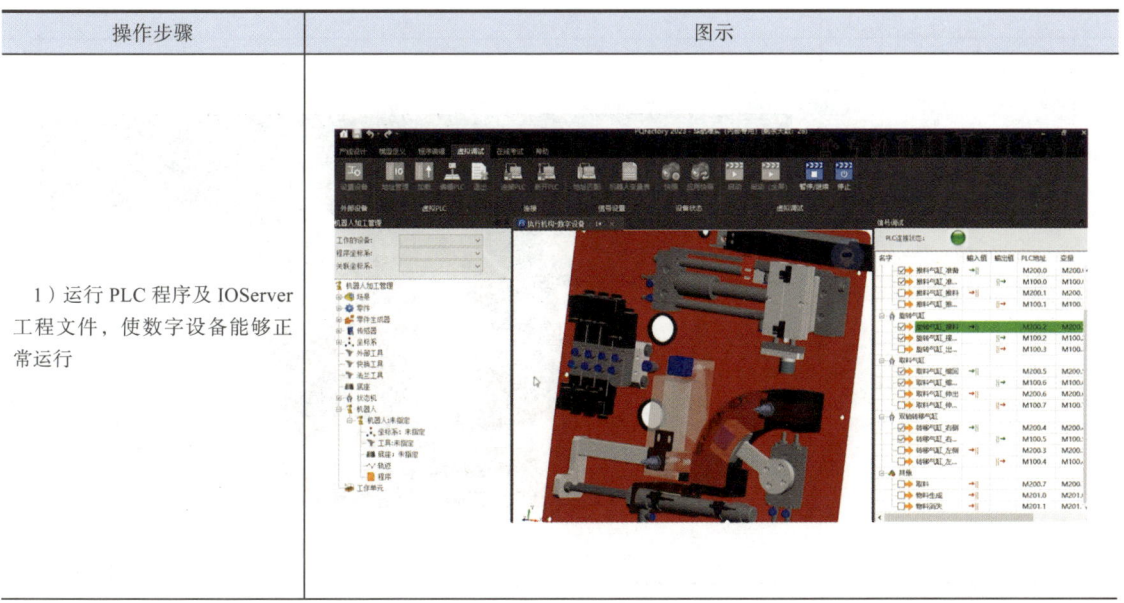

（续）

操作步骤	图示
2）使用异物模拟生产过程中非法闯入的人员，以此触发安全光栅	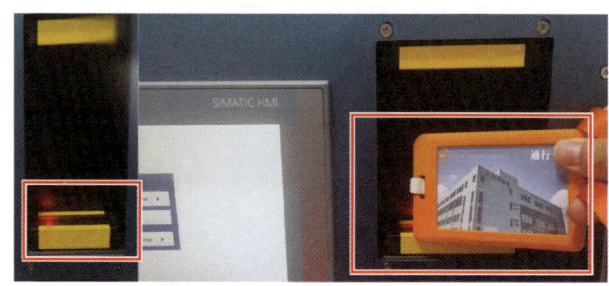
3）可以看到，触发Ⅰ级报警时，数字设备停止运行	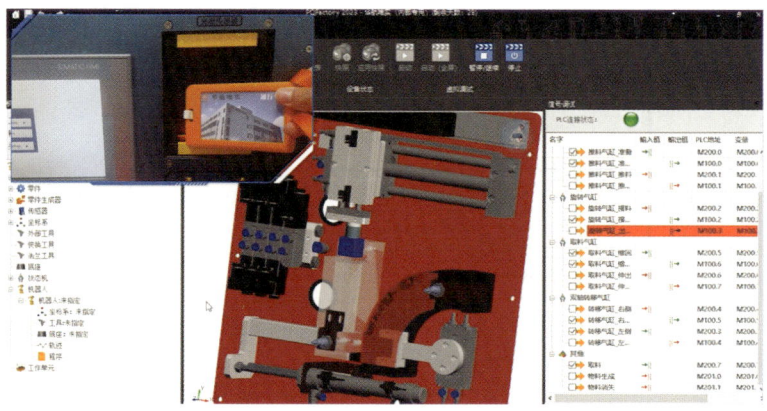
4）同时，红色报警灯及蜂鸣器开始警示	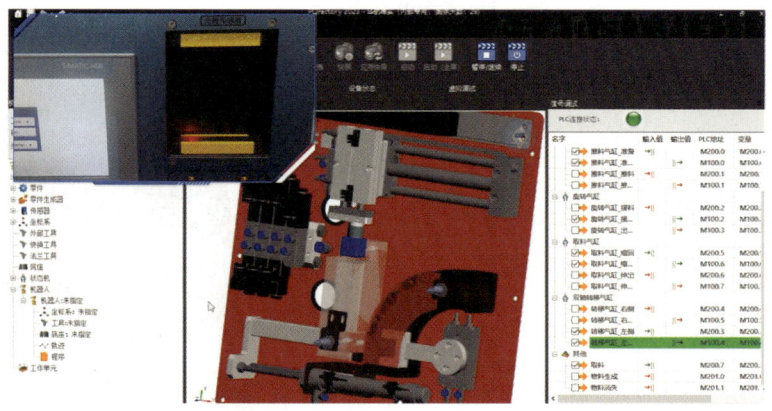

② Ⅰ级防护安全复位。Ⅰ级防护安全复位步骤见表 3-28。

表 3-28　Ⅰ级防护安全复位步骤

操作步骤	图示
1）按下复位按钮，报警即可停止，绿灯亮	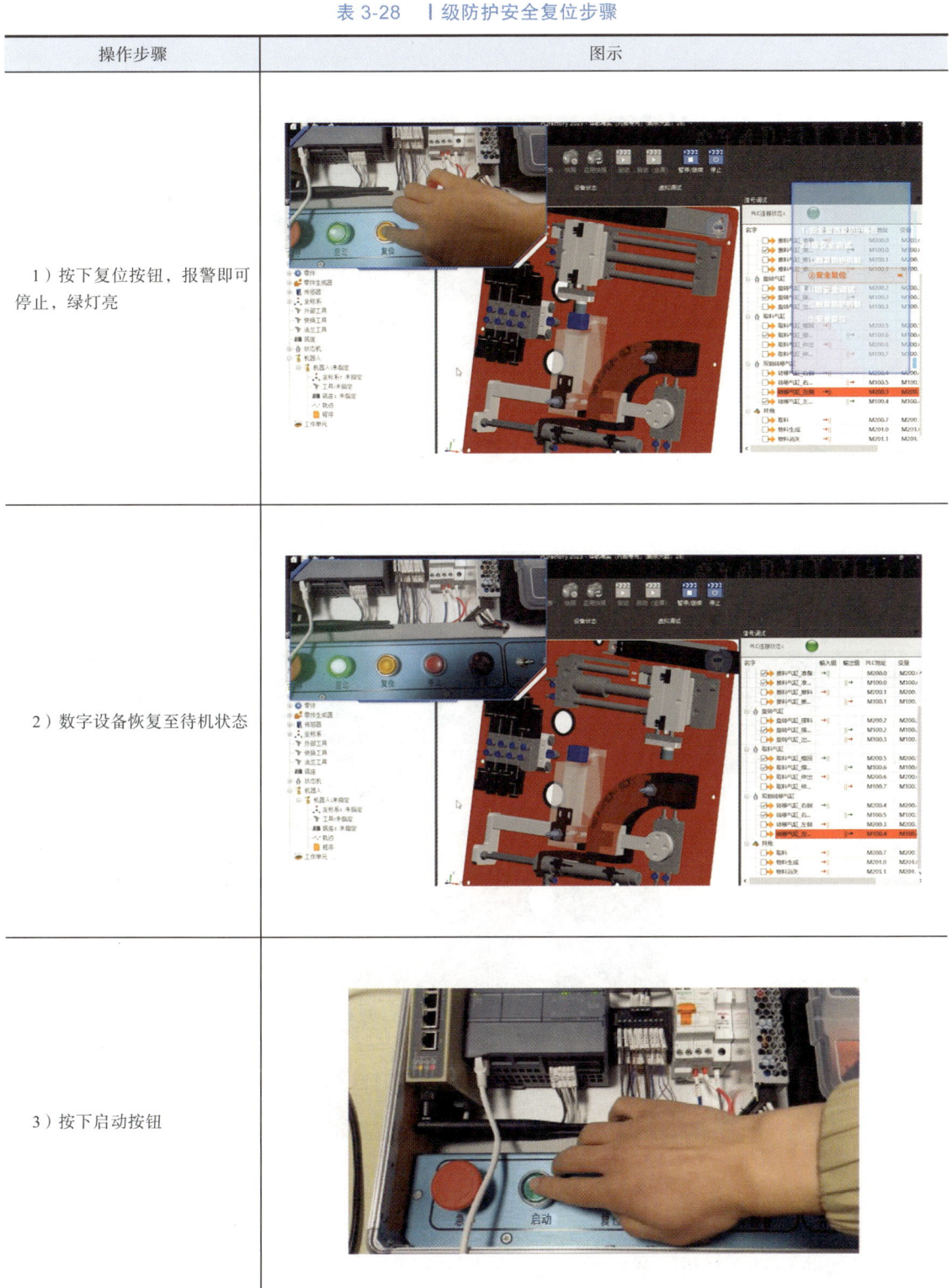
2）数字设备恢复至待机状态	
3）按下启动按钮	

（续）

操作步骤	图示
4）数字设备重新开始正常运行	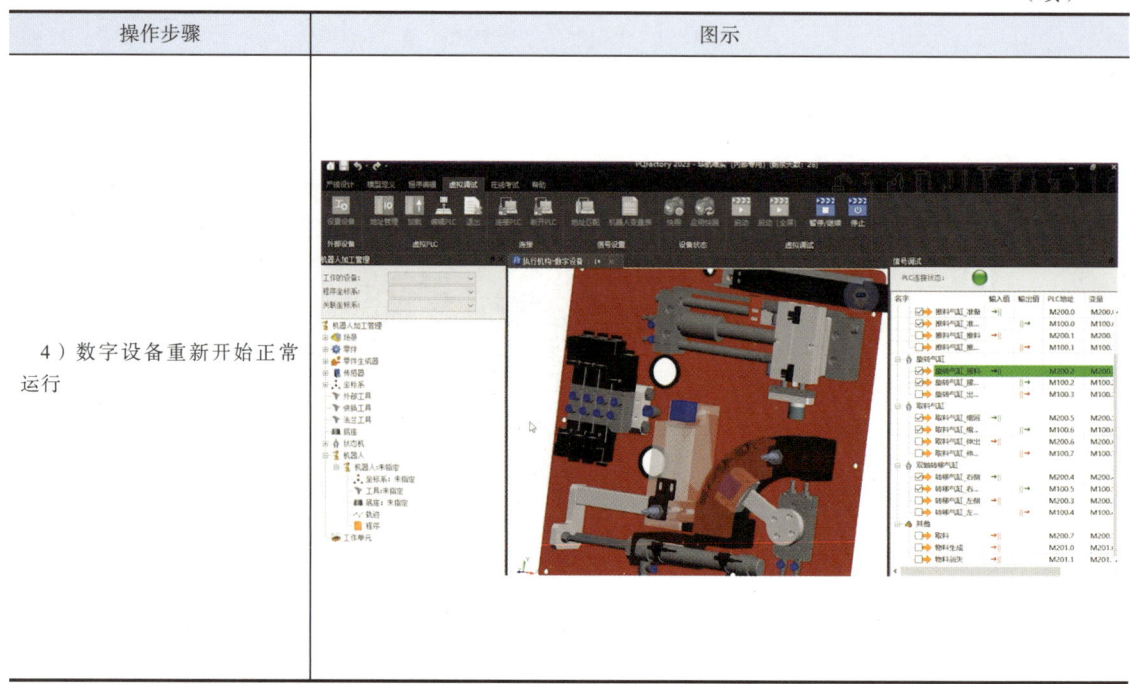

2）Ⅱ级防护安全调试。想要进行安全调试，首先得运行仿真，如图3-52所示。

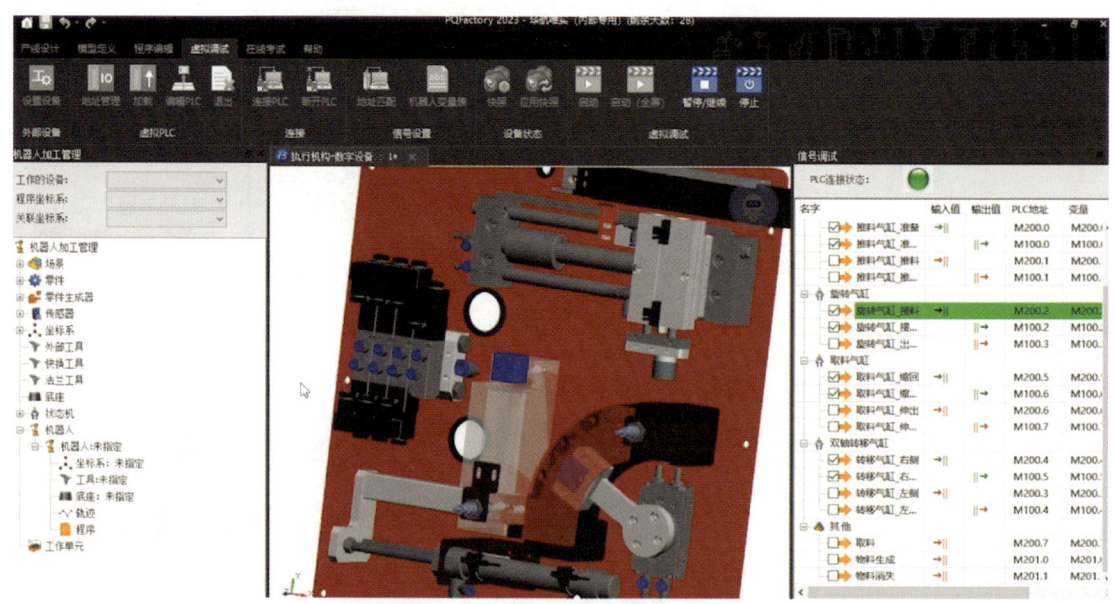

图3-52 启动仿真

① Ⅱ级防护触发机制。Ⅱ级防护触发机制测试步骤见表3-29。

② Ⅱ级防护安全复位。Ⅱ级防护安全复位步骤见表3-30。

项目3 推料气缸及典型执行机构的虚拟调试

表 3-29 Ⅱ级防护触发机制测试步骤

操作步骤	图示
1）使用异物模拟不太严重的异常情况，以此触发传感器	
2）可以看到，触发Ⅱ级防护报警时，黄色报警灯及蜂鸣器开始警示	
3）但是数字设备不会停止运行	

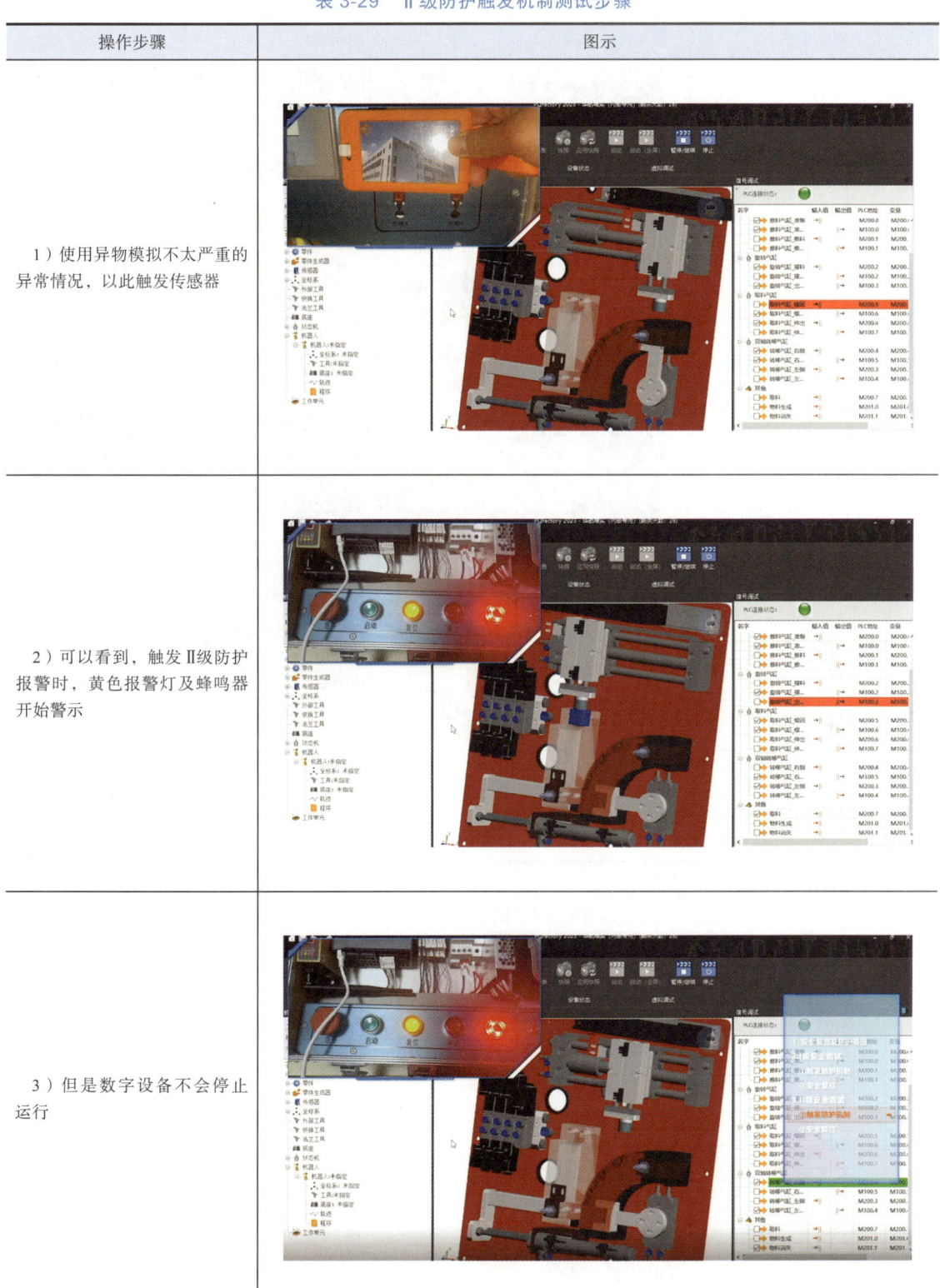

表 3-30　Ⅱ级防护安全复位步骤

操作步骤	图示
1）按下复位按钮，报警即可停止，绿灯亮	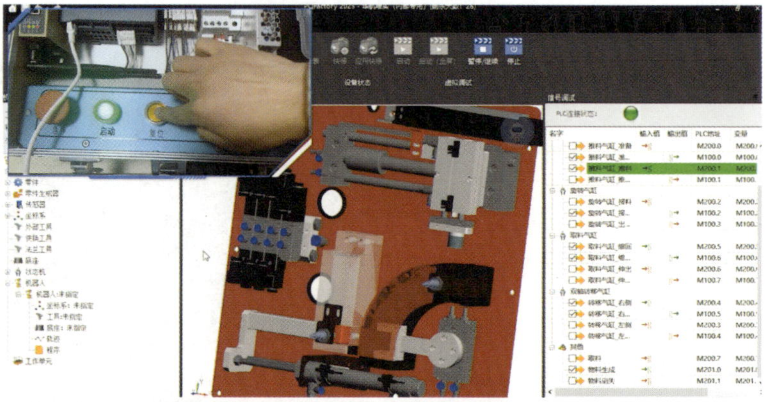
2）系统恢复正常状态	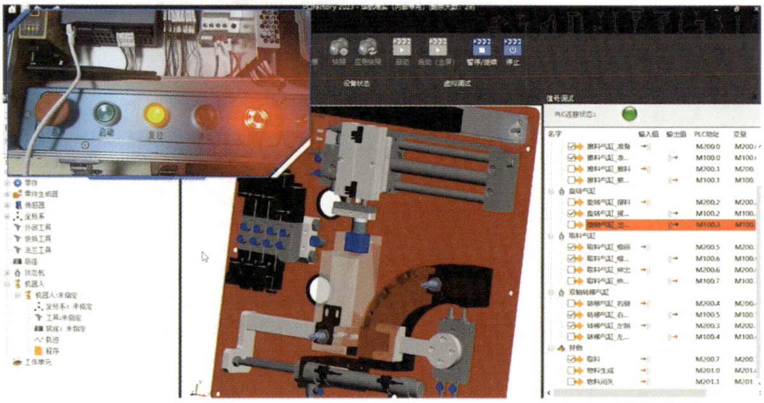

任务评价

评价项目	配分	序号	评分标准	自评	教师评价
知识掌握	30	①	了解常见安全防护装置的类别（10分）		
		②	根据设备特点制定安全防护等级（10分）		
		③	熟悉虚拟调试的流程（10分）		
技能掌握	60	④	能够熟练认知各类安全防护装置（15分）		
		⑤	能完成各软件之间的通信设置（15分）		
		⑥	能完成虚拟调试的实施流程（15分）		
		⑦	能根据安全机制进行安全防护编程（15分）		
职业素养	10	⑧	积极参与团队任务，分工明确，团队协作高效（3分）		
		⑨	责任心强，勇于承担责任，不推卸问题和责任，对执行结果负责（5分）		
		⑩	任务完成后主动按照6S要求对现场进行管理（2分）		
合计					

任务 5　典型执行机构的虚拟调试

任务描述

典型执行机构除了完成推料外,还须进行一系列的工艺流程,如旋转气缸夹持物料旋转至出料位,取料气缸伸出进行取料,取料完成后取料气缸缩回,然后旋转气缸转回接料位等。本任务以典型执行机构完整的工艺流程为例,学习典型执行机构的虚拟调试,旨在帮助学生学会如何处理复杂工艺流程,为后续更复杂的虚拟调试流程做准备。

任务目标

知识目标
◇ 了解基本的 PLC 指令。
◇ 了解梯形图的排错方法。

能力目标
◇ 能针对典型机构的运动工艺进行 PLC 编程控制。
◇ 能对已有的 PLC 程序进行分析、纠错及优化。

素养目标
◇ 积极参与团队任务,分工明确,团队协作高效。
◇ 责任心强,勇于承担责任,不推卸问题和责任,对执行结果负责。
◇ 任务完成后主动按照 6S 要求对现场进行管理。

任务设施

PLC 实训箱、博途软件、智能控制数字孪生应用平台。

参考学时

建议 4 学时,其中知识学习建议 2 学时,读者练习建议 2 学时。

知识储备

1. 典型执行机构的工艺流程

图 3-53 所示为数字化典型执行机构的结构。除了任务 4 已完成的推料工艺外,完整的工艺流程还需完成以下操作。

1)PLC 控制旋转气缸执行旋转动作。
2)旋转到位后,PLC 控制取料气缸伸出,伸出到位后控制电磁吸盘取料。
3)取到物料后,PLC 控制取料气缸缩回。
4)缩回到位后,PLC 控制转移气缸向左运动,旋转气缸转至接料位,为下一次接料做准备。

5)转移气缸左侧到位后,PLC 控制取料气缸伸出。

6)伸出到位后,PLC 控制电磁吸盘放下物料。

7)物料进入料井后,PLC 控制取料气缸缩回。

8)取料气缸缩回到位后,PLC 控制转移气缸向右运动,为下一次转移物料做准备。

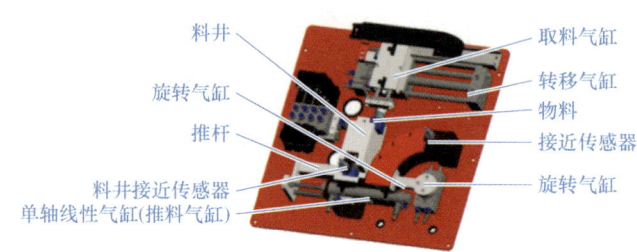

图 3-53　数字化典型执行机构的结构

2. 认识实验平台

通用型的硬件实施方案、实训箱的物理信号分配、数字信号规划同本项目的任务 1。这里不再进行赘述。

3. 控制程序分析与示例

(1) 典型执行机构的全工艺流程程序架构　考虑到后续工艺流程较多,案例架构较为复杂,为使调试便捷,选择单一模块程序单独进行调试。因此,此处采取使用 OB 调用函数块(FB/FC)的方式进行编程,程序主架构如图 3-54 所示。

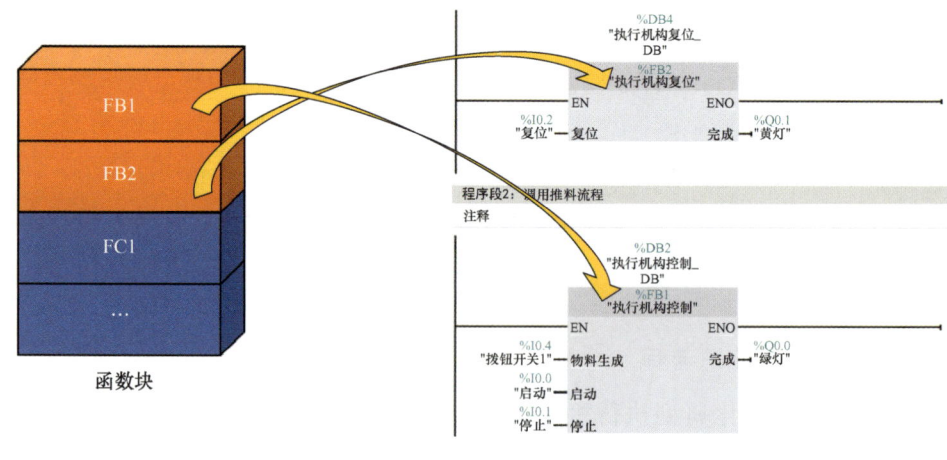

图 3-54　程序主架构

(2) 典型执行机构全工艺流程控制程序

1)物料控制。考虑到数字设备使用两个信号分别控制物料的生成与消失。此处考虑使用拨钮开关触发对物料的控制,物料控制程序如图 3-55 所示。

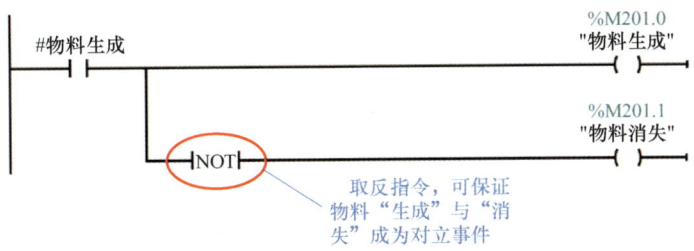

图 3-55 物料控制程序

2）启停控制。

启动：赋值"#流程标志"为 1，从流程 1 开始执行。

停止：赋值"#流程标志"为 0，不执行任何流程。

启停控制程序如图 3-56 所示。

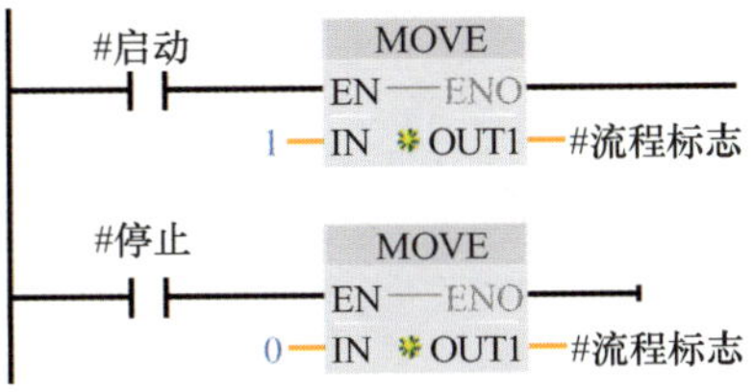

图 3-56 启停控制程序

3）推料功能控制。

流程 1：执行推料。推料程序如图 3-57 所示。

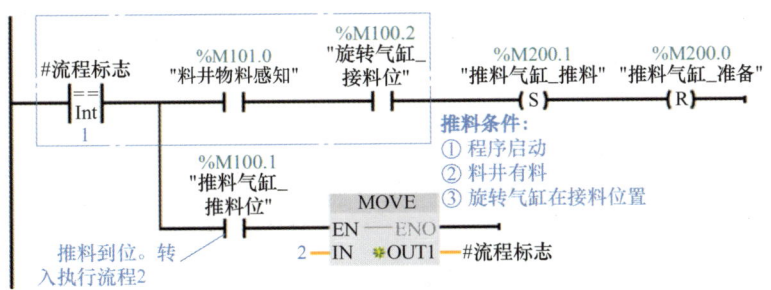

图 3-57 推料程序

流程 2：收回推杆。收回推杆程序如图 3-58 所示。

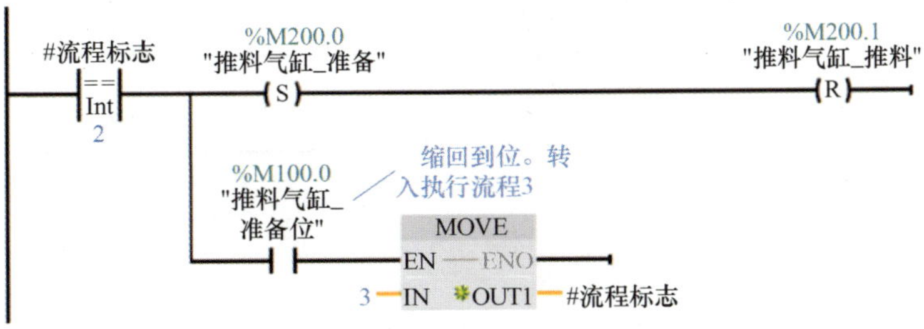

图 3-58 收回推杆程序

4）旋转功能控制。

流程3：旋转气缸执行旋转动作。旋转气缸控制程序如图3-59所示。

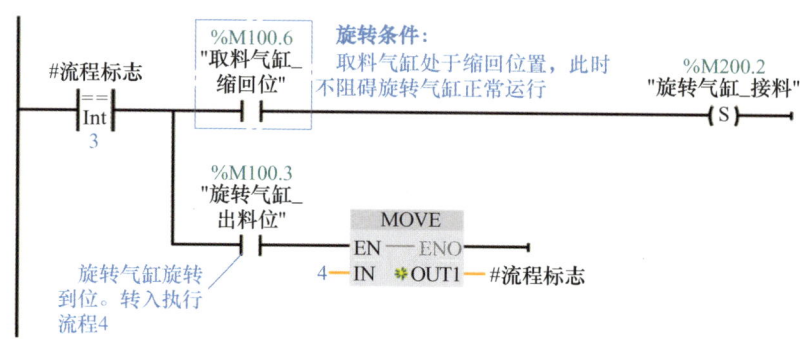

图3-59　旋转气缸控制程序

5）取料功能控制。

流程4：控制转移气缸至右侧。转移气缸右移程序如图3-60所示。

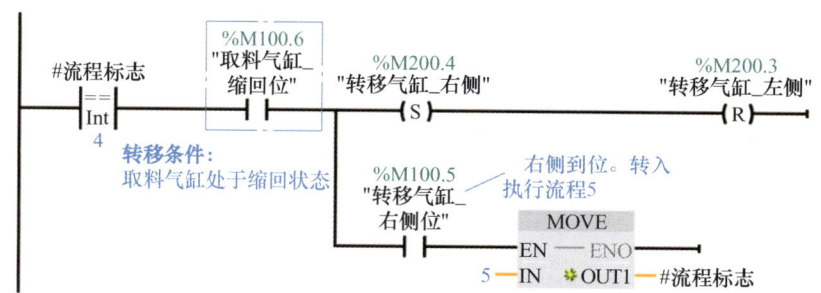

图3-60　转移气缸右移程序

流程5：吸取物料。转移气缸吸取物料程序如图3-61所示。

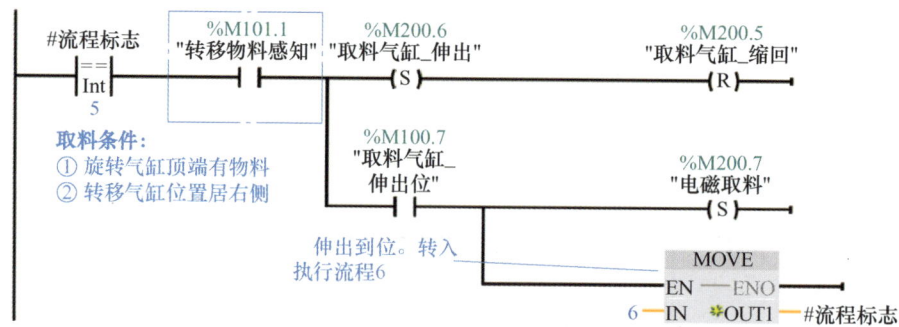

图3-61　转移气缸吸取物料程序

流程6：缩回取料气缸。取料气缸缩回程序如图3-62所示。

项目 3 推料气缸及典型执行机构的虚拟调试

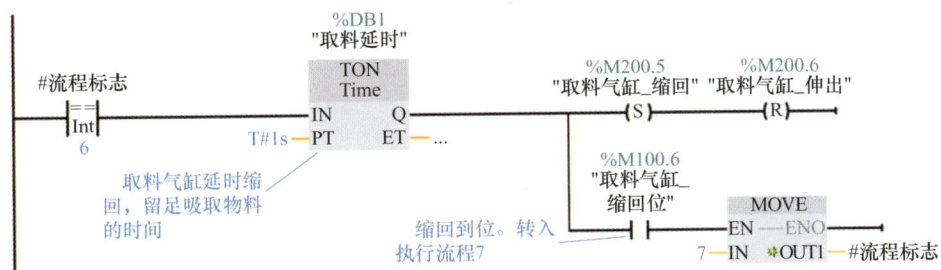

图 3-62 转移气缸缩回程序

6) 转移、卸载物料。

流程 7：①物料自右侧转移至左侧并卸料；②旋转气缸复位。

转移、卸载物料程序如图 3-63 所示。

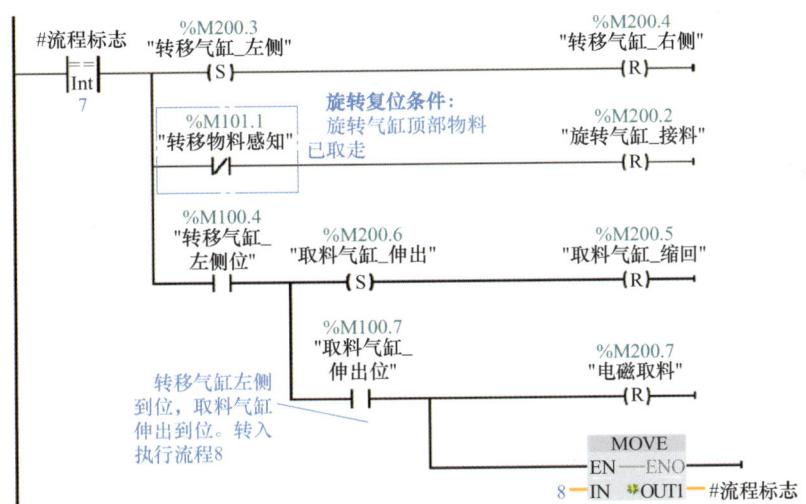

图 3-63 转移、卸载物料程序

流程 8：取料气缸、转移气缸依次复位。复位程序如图 3-64 所示。

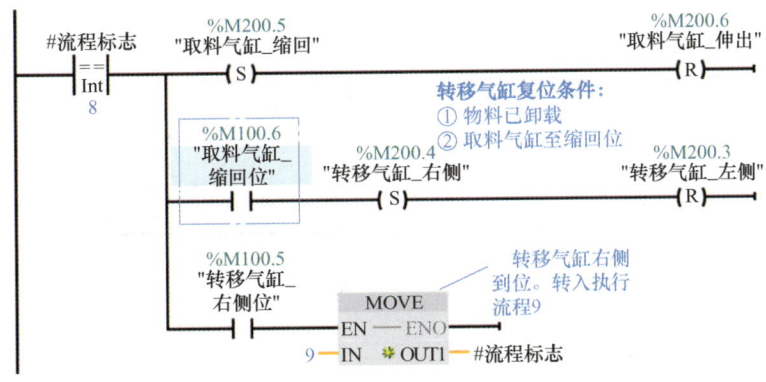

图 3-64 复位程序

7）流程结束。

流程9：流程结束。流程结束程序如图3-65所示。

图3-65　流程结束程序

8）典型执行机构启动复位。启动复位流程，程序如图3-66所示。

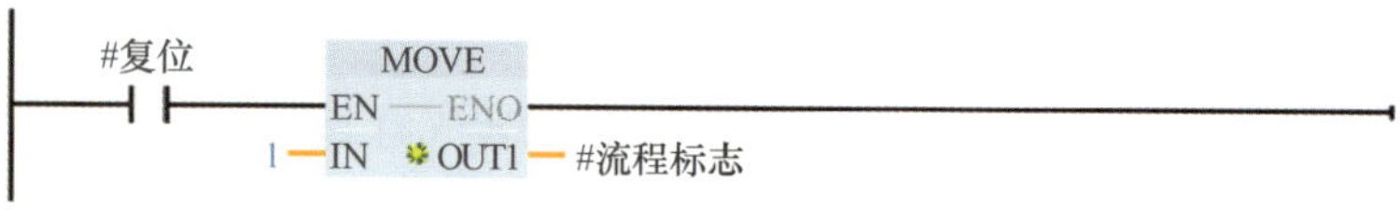

图3-66　启动复位流程程序

9）位置复位。

流程1：将所有机构全部复位。复位控制信号程序如图3-67所示。

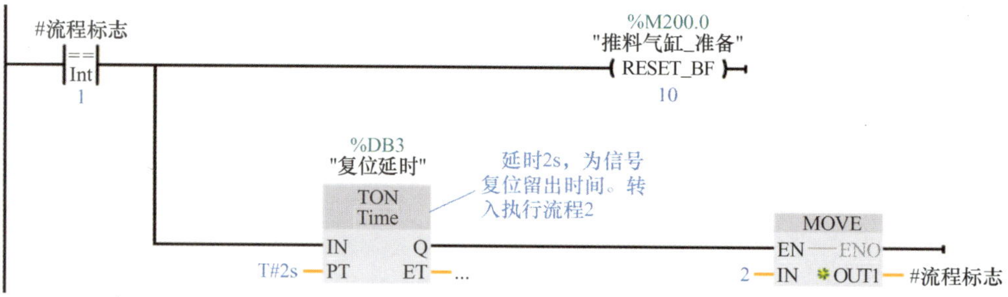

图3-67　复位控制信号程序

流程2：控制各机构运动至准备位置处。复位机构位置程序如图3-68所示。

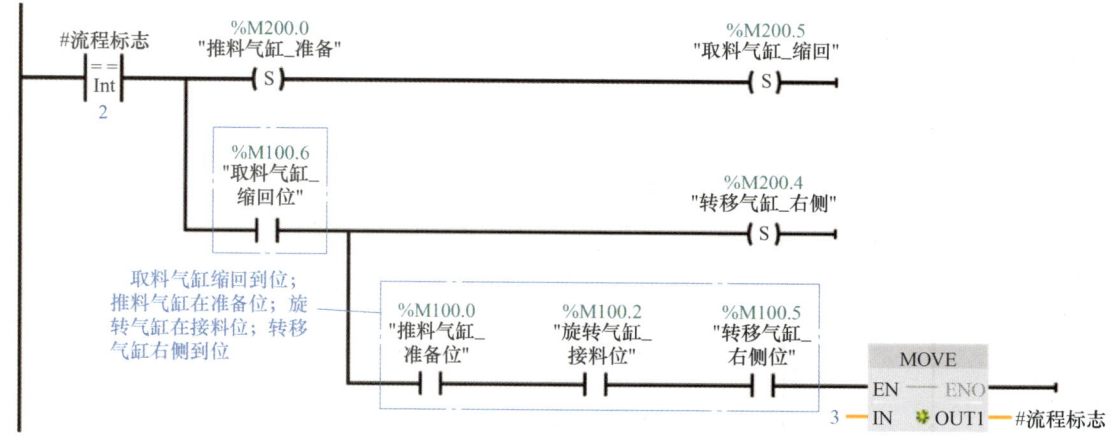

图3-68　复位机构位置程序

10）复位完成，结束复位。

流程3：显示复位标志，自动结束复位流程。自动结束复位流程如图3-69所示。

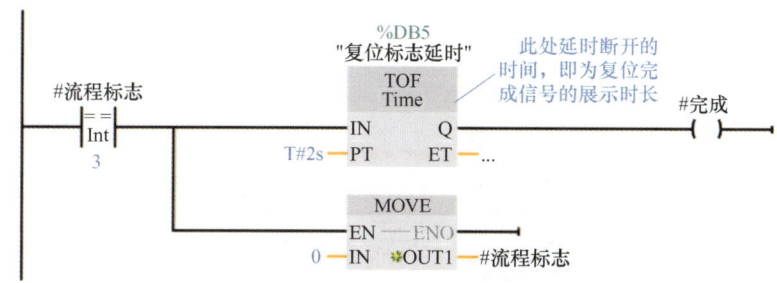

图3-69 自动结束复位流程

任务实施

本任务是在数字孪生设备定义完毕、IOServer工程文件编辑完成、PLC程序编辑完成、设备通信设置完成的基础上补充了完整的工艺流程控制程序，从而完成典型执行机构的虚拟调试任务。典型执行机构的虚拟调试操作步骤见表3-31。

表3-31 典型执行机构的虚拟调试操作步骤

操作步骤	图示
1）按下实训箱启动按钮	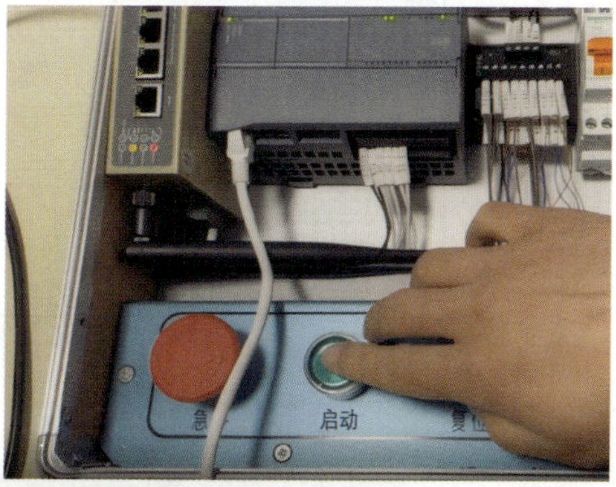
2）零件生成器会自动生成1个物料方块	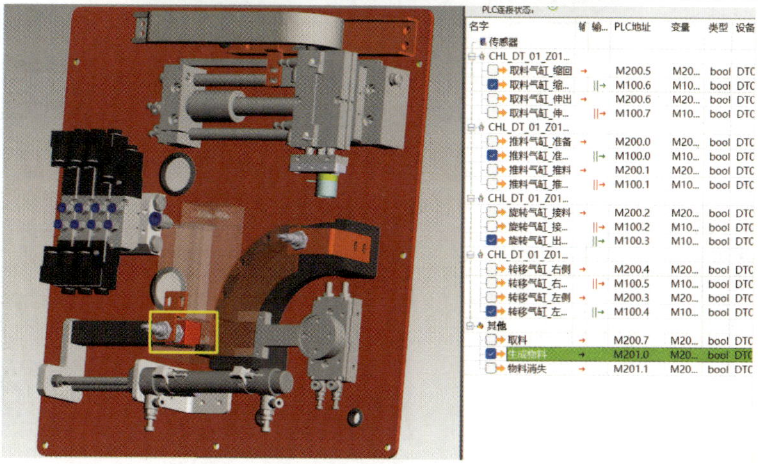

（续）

操作步骤	图示
3）典型执行机构开始按照工艺运行	
4）在运行过程中，可以查看PLC的主要运行参数状态，根据数字设备动作判断编程是否有误	
5）运行完成后，完成信号反馈正常，按下停止按钮，程序调试完毕	

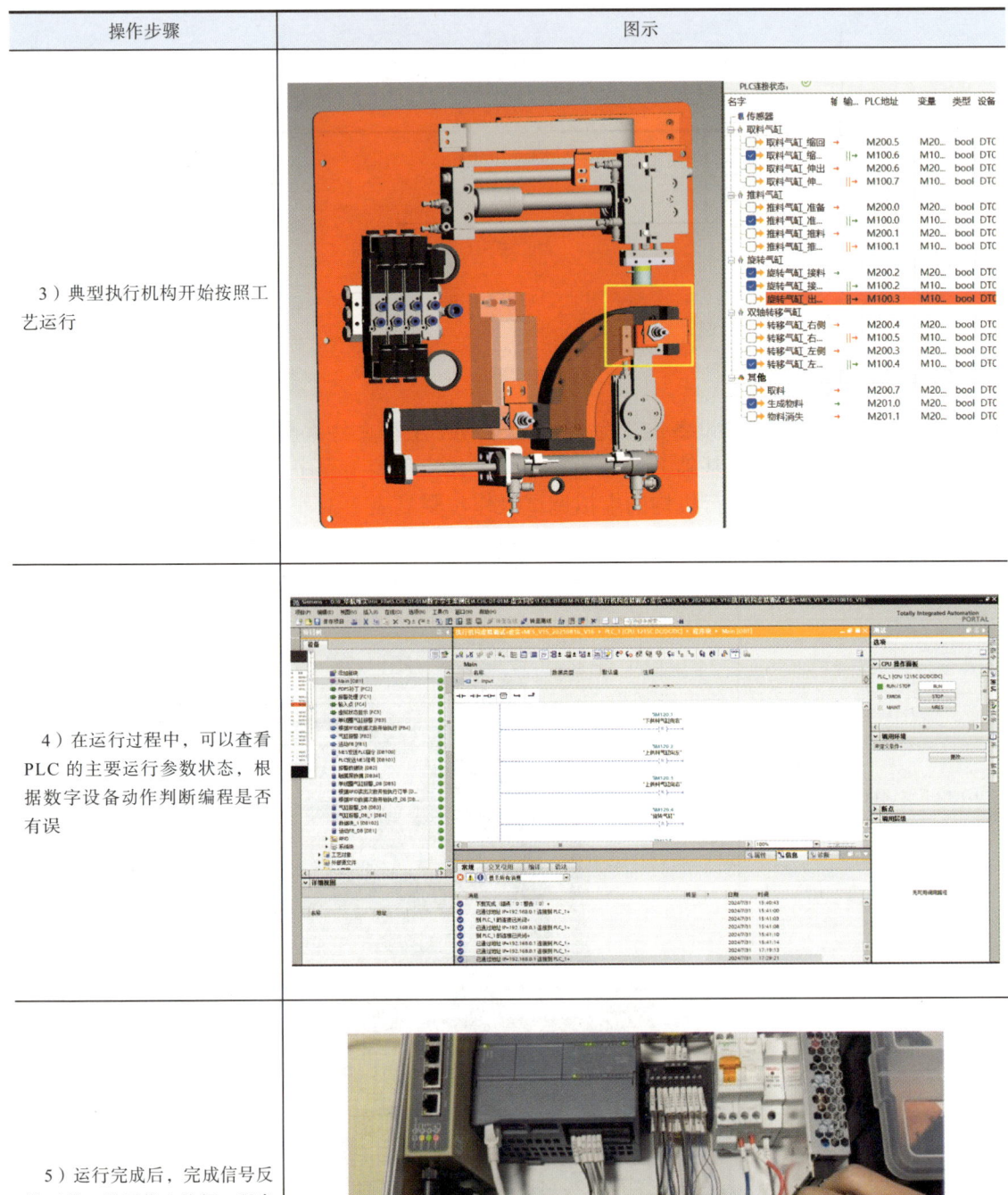

项目3 推料气缸及典型执行机构的虚拟调试

（续）

操作步骤	图示
6）按下复位按钮，恢复PLC变量的原始状态，黄灯亮，复位成功	

任务评价

评价项目	配分	序号	评分标准	自评	教师评价
知识掌握	30	①	了解执行机构的工艺流程（15分）		
		②	了解虚拟调试的硬件情况（15分）		
技能掌握	60	③	能针对典型机构的工艺流程进行PLC编程（30分）		
		④	能根据虚拟调试结果完善PLC程序（30分）		
职业素养	10	⑤	积极参与团队任务，分工明确，团队协作高效（3分）		
		⑥	责任心强，勇于承担责任，不推卸问题和责任，对执行结果负责（5分）		
		⑦	任务完成后主动按照6S要求对现场进行管理（2分）		
合计					

项目 4

虚拟调试综合应用

【项目导言】

　　在现代自动控制系统的开发和维护中,虚拟调试已成为不可或缺的环节。这一过程通过在计算机上模拟 PLC 运行环境,有效地验证、调试和优化 PLC 程序。虚拟调试减少了对硬件的依赖,降低了硬件成本和维护开销。开发人员可以在系统实际部署前发现并解决潜在问题,减少后期的修复难度和成本。在虚拟环境中,调试过程更迅速,无须等待实际硬件设备的搭建。此外,它提供灵活的测试环境,可模拟不同工作条件和输入情景,确保程序在各种情况下正常运行,并有助于验证系统各部分间的通信和协作,这对于大型系统尤为重要。

　　本项目以轮毂为生产对象,使用智能制造单元系统集成应用平台完成轮毂自动生产线的虚拟调试工作,旨在帮助学生全面掌握虚拟调试技术。

任务 智能制造单元系统集成应用平台的虚拟调试

任务描述

智能制造单元系统集成应用平台包含执行单元、工具单元、打磨单元及分拣单元等功能单元，通过工业机器人与其周边设备的配合，能够完成从仓库取料、制造加工、打磨抛光、检测识别、分拣入位等生产工艺步骤。本任务通过完成智能制造单元系统集成应用平台的虚拟调试，旨在帮助学生深入了解智能制造单元系统集成应用平台的组成及功能，并在该平台上完成虚拟调试技术实训，为实际生产中应用虚拟调试技术打下坚实基础。

任务目标

知识目标
◇ 了解智能制造单元系统集成应用平台的组成。
◇ 了解各个单元的工艺。

能力目标
◇ 能完成智能制造单元系统集成应用平台执行单元的虚拟调试。
◇ 能在 PQFactory 软件中使用工业机器人离线编程完成生产工艺。

素养目标
◇ 积极参与团队任务，分工明确，团队协作高效。
◇ 责任心强，勇于承担责任，不推卸问题和责任，对执行结果负责。
◇ 任务完成后主动按照 6S 要求对现场进行管理。

任务设施

智能制造单元系统集成应用平台、IOServer 软件及 PLC 实训箱。

参考学时

建议 8 学时，其中知识学习建议 4 学时，读者练习建议 4 学时。

知识储备

1. 智能制造单元系统集成应用平台的组成

使用一台或多台机器人，配以相应的周边设备完成某一特定工序作业的独立生产系统称为机器人工作单元。它主要由机器人及其控制系统、辅助设备及其他周边设备所构成。图 4-1 所示为智能制造单元系统集成应用平台，通过工业机器人与其周边设备的配合，能够完成从仓库取料、制造加工、打磨抛光、检测识别、分拣入位等生产工艺步骤。

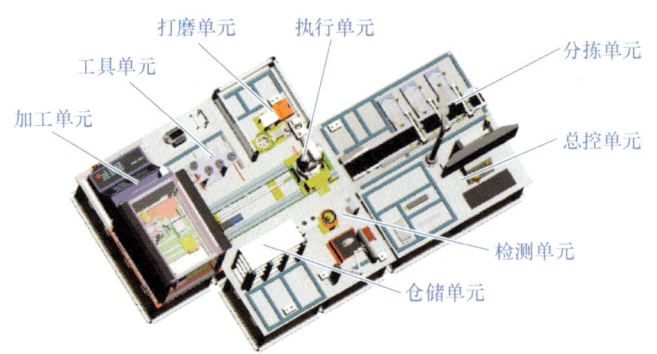

图 4-1 智能制造单元系统集成应用平台

智能制造单元系统集成应用平台主要由以下单元组成。

（1）执行单元 执行单元由工作台、工业机器人、平移滑台、快换模块法兰端、远程 IO 模块等组件构成，如图 4-2 所示。

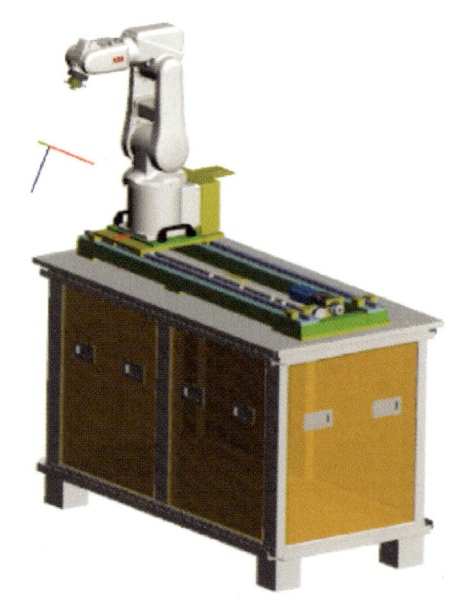

图 4-2 执行单元

执行单元主要实现使用不同工具对零件的拾取和打磨加工，是应用平台的核心单元；工业机器人选用知名品牌的桌面级小型工业机器人，如图 4-3 所示，六自由度可使其在工作空间内自由活动，以不同姿态拾取零件或加工。

图 4-4 所示为平移滑台，作为工业机器人扩展轴，通过扩大工业机器人的可达工作空间，使机器人可以配合更多的功能单元完成复杂的工艺流程；平移滑台的运动参数信息（如速度、位置等）在 PQFactory 软件中可调。

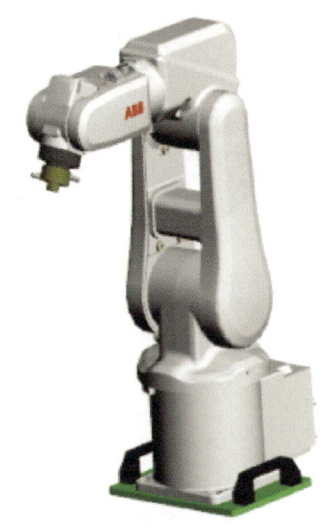
图 4-3　六轴机器人

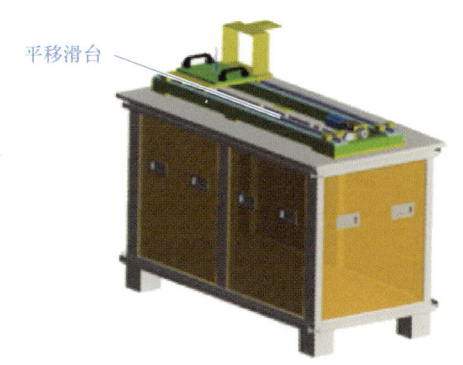
图 4-4　平移滑台

快换模块法兰端安装在工业机器人末端法兰上,可与快换工具匹配,实现工业机器人工具的自动更换,如图 4-5 所示。

(2)工具单元　工具单元由工作台、工具架、工具及示教器支架等组件构成,如图 4-6 所示。工具单元是执行单元的附属单元,用于存放不同功用的工具,工业机器人可通过程序控制到指定工位安装或卸载工具;工具单元提供 5 种不同类型的工具,各种工具功能见表 4-1。每种工具均配置有快换模块工具端,可以与快换模块法兰端匹配。

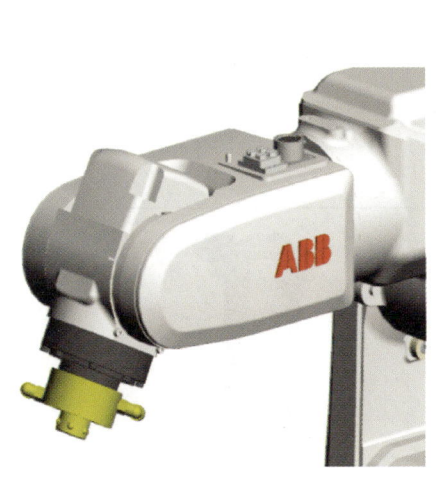
图 4-5　快换模块

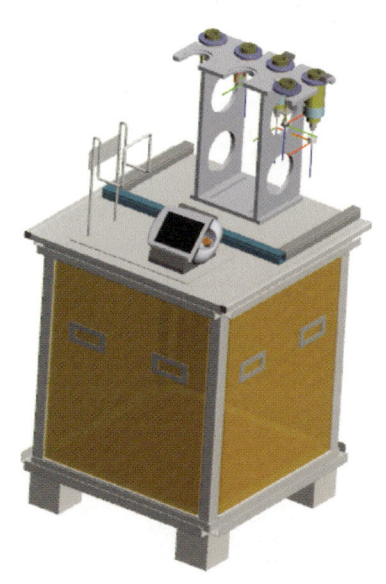
图 4-6　工具单元

表 4-1 各种工具功能

序号	工具名称	功能示意
1	轮辐夹爪	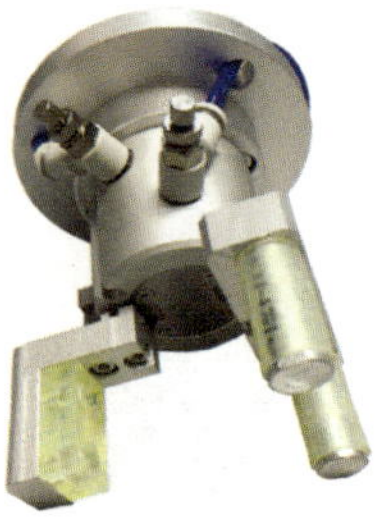
2	轮毂夹爪	
3	轮辋内圈夹爪	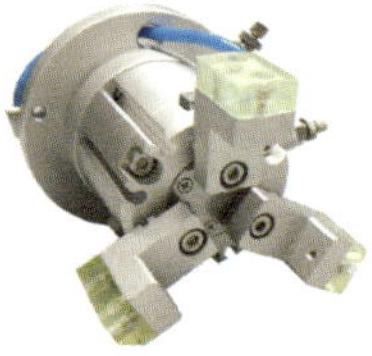
4	端面打磨工具	
5	侧面打磨工具	

（3）仓储单元　仓储单元由工作台、立体仓库等组件构成，如图4-7所示。仓储单元用于临时存放零件，是应用平台的功能单元。立体仓库为双层六仓位结构，每个仓位可存放一个零件；仓位托板可推出，方便工业机器人以不用方式取放零件；每个仓位均设置有传感器和指示灯，可检测当前仓位是否存有零件并将状态显示出来。

（4）打磨单元　打磨单元由工作台、打磨工位、旋转工位、翻转工装、吹屑工位及防护罩等组件构成，如图4-8所示。打磨单元是完成对零件表面打磨的工装夹具，是应用平台的功能单元。打磨工位可准确定位零件并稳定夹持，是实现打磨加工的主要工位；旋转工位可在准确固定零件的同时带动零件实现180°沿其轴线旋转，方便切换打磨加工区域；翻转工装在无执行单元的参与下，实现零件在打磨工位和旋转工位之间的转移，并完成零件的翻面；吹屑工位可以实现在零件完成打磨工序后吹除碎屑的功能。

图4-7　仓储单元

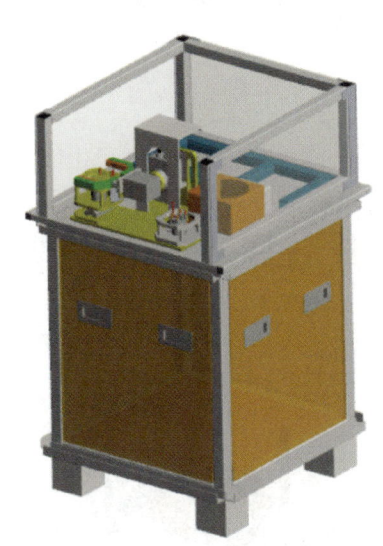
图4-8　打磨单元

（5）加工单元　加工单元可对零件表面指定位置进行雕刻加工，是应用平台的功能单元，由工作台、数控机床、刀库及数控系统等组件构成，如图4-9所示。

（6）分拣单元　分拣单元由工作台、传送带、分拣机构、分拣工位及远程IO模块等组件构成，如图4-10所示。分拣单元可根据程序实现对不同零件的分拣动作，是应用平台的功能单元。传送带可将放置到起始位的零件传输到分拣机构前；分拣机构根据程序要求在不同位置拦截传送带上的零件，并将其推入指定的分拣工位；分拣工位通过定位机构实现对滑入零件的准确定位，并设置传感器检测当前工位是否存在零件；分拣单元共有3个分拣工位，每个工位可存放一个零件。

（7）检测单元　检测单元由工作台、智能视觉、光源及结果显示器等组件构成，如图4-11所示。检测单元可根据不同需求对零件进行检测、识别，是应用平台的功能单元。智能视觉可根据不同的程序设置实现条码识别、形状匹配、颜色检测及尺寸测量等功能，操作过程和结果通过结果显示器显示。

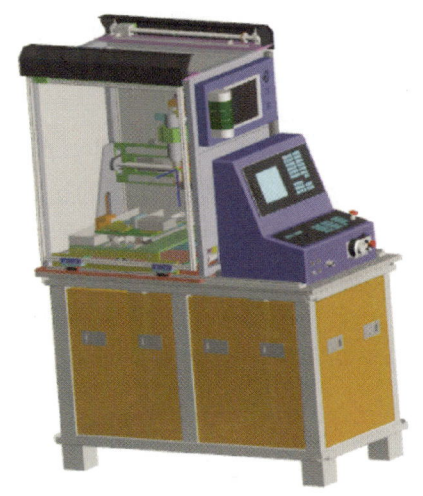

图 4-9　加工单元

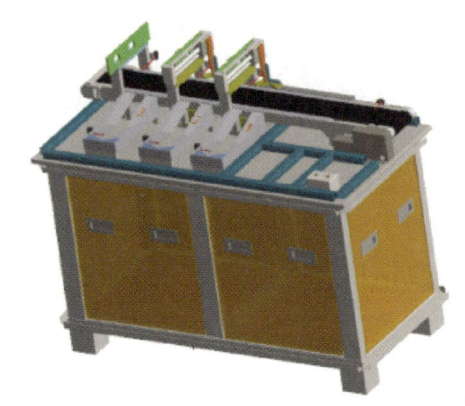

图 4-10　分拣单元

（8）总控单元　总控单元由工作台、控制模块、操作面板、电源模块、气源模块、显示终端及移动终端等组件构成，如图 4-12 所示。总控单元是各单元程序执行和动作流程的总控制端，是应用平台的核心单元。

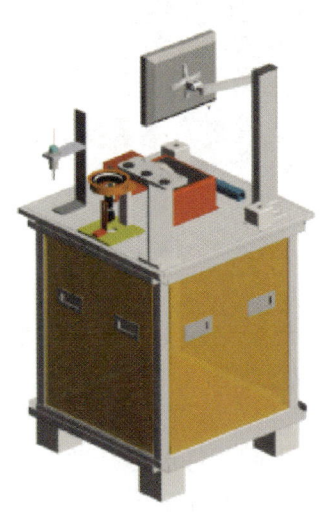

图 4-11　检测单元

图 4-12　总控单元

2. 集成应用平台的生产对象

企业需要对现有机器人系统进行集成，以满足产品零件的生产单元升级改造和不同类型产品零件的共线生产。企业以智能制造技术为基础，在现有设备单元的基础上，结合工业机器人、视觉、数控系统、射频识别（Radio Frequency Identification，RFID）等设备，实现柔性化生产。为了避免因现场环境混乱造成损失及节省现场调试时间，须在现场安装实施前,在仿真环境中搭建相应的虚拟场景进行仿真。

本任务以汽车轮毂零件(完成粗加工后的半成品铸造铝制零件)为生产对象,如图4-13所示。轮毂零件在其正面、背面布置有定位基准、RFID电子信息区域、零件缺陷表征区域和数控加工区域等。

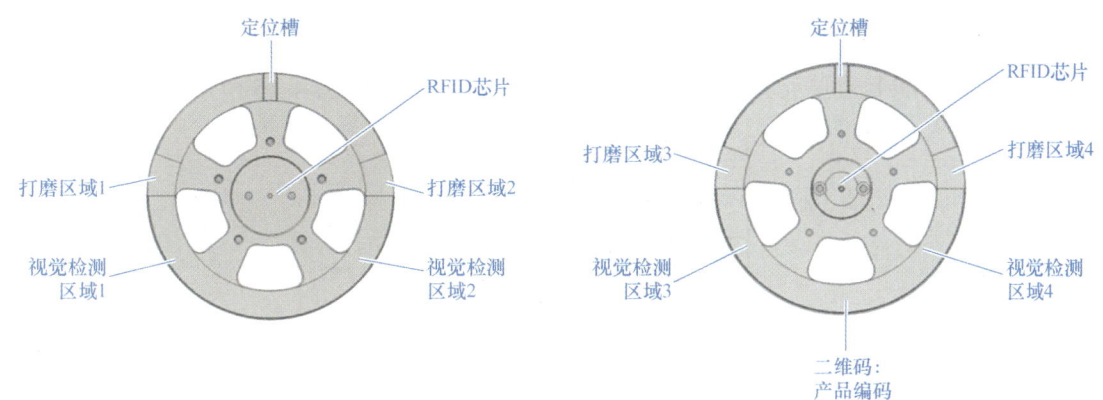

图4-13 待加工轮毂

3. 集成应用平台的轮毂自动生产工艺规划

图4-14所示为智能制造单元系统集成应用平台轮毂自动生产的工艺流程。

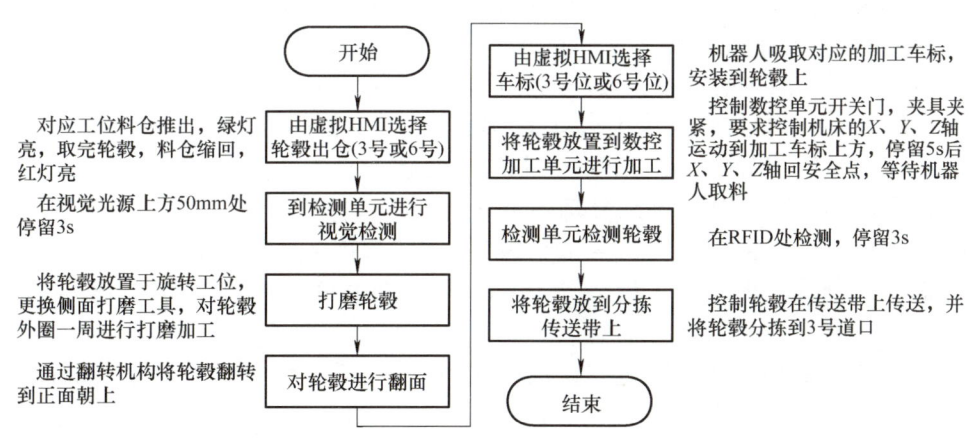

图4-14 智能制造单元系统集成应用平台轮毂自动生产的工艺流程

工艺描述:

1)由虚拟HMI选择出仓的轮毂,对应料仓推出轮毂,仓储单元对应工位指示灯亮。

2)机器人移至视觉检测单元上方50mm处,停留3s。

3)机器人抓取轮毂放至打磨单元,后更换相应刀具打磨相应的需打磨区域。

4)由虚拟HMI选择车标后,机器人更换工具,抓取车标,并安装至轮毂的车标安装位置。

5）机器人更换工具，将零件送至加工单元进行加工。

6）机器人夹取轮毂至检测单元进行检测。

7）机器人将轮毂送至分拣单元，分拣单元对其进行分拣，分拣完成后生产流程结束。

4. 集成应用平台方案设计和虚拟仿真调试要求

（1）系统方案设计　使用框图并添加文字标识表示智能制造单元系统集成平台各个单元。绘制的智能制造单元系统集成应用平台系统布局草图如图4-15所示。

图4-15　智能制造单元系统集成应用平台布局草图

（2）搭建仿真系统的要求　为能在集成应用平台上完成轮毂自动生产虚拟调试的任务，须对应用平台进行设置，设置要求如下。

1）根据系统布局方案设计结果，在虚拟调试软件中搭建工业机器人、加工单元、工具单元、仓储单元、分拣单元、检测单元、打磨单元等组成机器人集成应用系统。

2）在虚拟仿真系统中，定义仓储单元3号、6号工位的光电传感器，使其具备传感器检测功能，可以检测对应工位上的产品零件，并关联对应变量。

3）在虚拟仿真系统中，定义仓储单元3号、6号工位的红、绿指示灯颜色状态，要求仓位有料显示绿色，无料显示红色，关联对应变量。

4）在虚拟仿真系统中，定义分拣单元3号道口3个气缸状态机。在模型"场景"下，找到"分拣-横挡板3""分拣-上推板3"和"分拣-下推板3"装配体，定义为状态机，命名为"分拣-横挡板3状态机""分拣-上推板3状态机"和"分拣-下推板3状态机"。

设定"分拣-横挡板3状态机"运动模式为"平移"，运动最小值为"0mm"，最大值为"52mm"，方向与实际气缸运动方向一致。设定两个状态：状态1为抬起状态，运动时间为0s，关节值为0mm；状态2为落下状态，运动时间为1s，关节值为52mm。

设定"分拣-上推板3状态机"运动模式为"平移"，运动最小值为"0mm"，最大值为"110mm"，方向与实际气缸运动方向一致。设定3个状态：状态1为回位状态，运动时间为0s，关节值为0mm；状态2为伸出状态，运动时间为1s，关节值为16mm；状态3为推出状态，运动时间为3s，关节值为110mm。

设定"分拣-下推板3状态机"运动模式为"平移"，运动最小值为"0mm"，最大值为"147mm"，方向与实际气缸运动方向一致。设定3个状态：状态1为回位状态，运动时间为0s，关节值为0mm；状态2为伸出状态，运动时间为2s，关节值为131mm；状态 3 为推出状态，运动时间为 3s，关节值为 147mm。

5）在虚拟仿真系统中，定义加工单元前门状态机。在模型"场景"下，找到"加工-左侧滑动门"装配体，对装配体部件进行重命名，并且定义为状态机，命名为"加工-左侧滑动门状态机"，设定状态机运动模式为"平移"，运动最小值为"0mm"，最大值为"550mm"，方向与实际气缸运动方向一致。设定两个状态：状态 1 为关门状态，运动时间为 0s，关节值为 0mm；状态 2 为开门状态，运动时间为 1s，关节值为 550mm。完成状态机定义后，用"加工-左侧滑动门状态机"抓取"加工-左侧滑动门-传感器遮挡板"。

6）对虚拟仿真工作站的状态机、指示灯、传感器及导轨等进行变量关联，涉及的变量按表 4-2 进行配置。

表 4-2 变量地址

序号	地址	功能注释	序号	地址	功能注释
1	M200	仓储单元_托盘 3	17	M214	夹紧钳松开位
2	M203	仓储单元_托盘 6	18	M215	夹紧钳夹紧位
3	M340	仓储工位 3 传感器	19	M216	加工_工台导轨
4	M360	仓储工位 6 传感器	20	M217	工台导轨左侧到位
5	M201	托盘 3 伸出位	21	M218	工台导轨右侧到位
6	M202	托盘 3 缩回位	22	M220	打磨_转位升降机构
7	M204	托盘 6 伸出位	23	M221	升降机构上升位
8	M205	托盘 6 缩回位	24	M222	升降机构下降位
9	M330	仓储工位 3 指示灯	25	M230	打磨_转位夹具
10	M350	仓储工位 6 指示灯	26	M231	转位夹具逆时针 180°
11	M1000	机器人导轨地址	27	M232	转位夹具顺时针 180°
12	M1100	机器人导轨位置反馈	28	M240	打磨_转位夹具夹爪 1、2
13	M210	加工_左侧滑动门	29	M241	转位夹具夹爪 1、2 松开位
14	M211	左侧滑动门开门位	30	M242	转位夹具夹爪 1、2 夹紧位
15	M212	左侧滑动门关门位	31	M270	转台夹具
16	M213	加工_夹紧钳	32	M271	转台夹具顺时针 180°

（续）

序号	地址	功能注释	序号	地址	功能注释
33	M272	转台夹具逆时针180°	52	M321	分拣_下推板3伸出
34	M260	转台夹具夹爪1、2	53	M324	下推板3伸出到位
35	M281	转台传感器	54	M322	分拣_下推板3推出
36	M261	转台夹具夹爪1、2松开位	55	M325	下推板3推出到位
37	M262	转台夹具夹爪1、2夹紧位	56	M326	分拣_传送带传感器
38	M250	打磨_工台夹具夹爪1、2	57	M327	上推板传感器1
39	M251	工台夹具夹爪1、2松开位	58	M328	上推板传感器2
40	M252	工台夹具夹爪1、2夹紧位	59	M329	上推板传感器3
41	M300	分拣_横挡板3	60	M330	下推板传感器1
42	M301	横挡板3抬起到位	61	M331	下推板传感器2
43	M302	横挡板3落下到位	62	M332	下推板传感器3
44	M310	分拣_上推板3回位	63	RGO	机器人_组输出信号
45	M313	上推板3回位到位	64	RGI	机器人_组输入信号
46	M311	分拣_上推板3伸出	65	QC1	安装工具
47	M314	上推板3伸出到位	66	QC2	卸载工具
48	M312	分拣_上推板3推出	67	HMI1	选取轮毂号
49	M315	上推板3推出到位	68	HMI2	选取车标号
50	M320	分拣_下推板3回位	69	M280	工台传感器
51	M323	下推板3回位到位			

7）正确设置虚拟仿真工作站的"快照"，快照为工作站初始状态。

（3）虚拟调试要求

1）编写虚拟HMI程序：实现通过虚拟HMI选择仓储工位出轮毂（可选3号工位或6号工位），选择装配车标号（可选3号车标或6号车标）。

2）在虚拟HMI界面中监控机床安全前门的打开、关闭状态；监控仓储单元3号、6

号轮毂有无。

3）通过 IOServer 软件添加"设备"，创建相应的信号，单击运行，启动该 IOServer 过程文件。

4）根据轮毂零件的生产工艺流程，编写 PLC 程序，编写虚拟仿真系统中工业机器人仿真程序，最终实现虚拟调试，验证设备布局方案和工艺流程的合理性。须结合表 4-3 所示的初始状态信息调整工作站轮毂、车标摆放位置，完成一个轮毂零件的生产流程虚拟联调。

注：虚拟 HMI 型号可在博途软件内自行选择。

表 4-3 虚拟调试过程轮毂初始状态

轮毂放置初始位置	是否安装车标	轮毂放置方向
3 号仓	无	正面朝下
6 号仓	无	正面朝下

5. 编程要求及实训硬件条件

（1）编程要求　编写 PLC 程序，需要为智能制造单元系统集成应用平台添加以下功能：

1）机器人和机器人导轨交互，可以移动至各个工艺的工位。

2）机器人与检测单元、仓储单元、工具单元、打磨单元及分拣单元交互。

（2）案例实训条件　通用型的硬件实施方案同项目 3 的任务 1。这里主要进行数字信号规划。

表 4-4 所示为实际 PLC 中的变量、寄存器地址，同时还包含了 PLC 变量在 IOServer 中对应的变量、寄存器地址。后续在 PQFactory 地址匹配时参考此表。

表 4-4 PLC 输出信号分配

变量名称	PLC 中的 数据类型	PLC 中的 寄存器地址	IOServer 中的 寄存器地址	IOServer 中的 数据类型
左侧滑动门开门位	Bool	%DB6.DBX0.1	DB6.0.1	IODisc
左侧滑动门关门位	Bool	%DB6.DBX0.2	DB6.0.2	IODisc
转位夹具顺时针 180°	Bool	%DB8.DBX0.5	DB8.0.5	IODisc
转位夹具逆时针 180°	Bool	%DB8.DBX0.4	DB8.0.4	IODisc
转位夹具夹爪 1、2 松开位	Bool	%DB8.DBX0.7	DB8.0.7	IODisc
转位夹具夹爪 1、2 夹紧位	Bool	%DB8.DBX1.0	DB8.1.0	IODisc
转台夹具顺时针 180°	Bool	%DB8.DBX1.2	DB8.1.2	IODisc

（续）

变量名称	PLC 中的数据类型	PLC 中的寄存器地址	IOServer 中的寄存器地址	IOServer 中的数据类型
转台夹具逆时针180°	Bool	%DB8.DBX1.3	DB8.1.3	IODisc
转台夹具夹爪1、2松开位	Bool	%DB8.DBX1.5	DB8.1.5	IODisc
转台夹具夹爪1、2夹紧位	Bool	%DB8.DBX1.6	DB8.1.6	IODisc
转台夹具夹爪1、2	Bool	%DB8.DBX1.4	DB8.1.4	IODisc
转台夹具	Bool	%DB8.DBX1.1	DB8.1.1	IODisc
转台传感器	Bool	%DB8.DBX2.3	DB8.2.3	IODisc
选取轮毂号	Byte	%DB1.DBB10	DB1.10	IOByte
选取车标号	Byte	%DB1.DBB11	DB1.11	IOByte
卸载工具	Bool	%DB5.DBX8.1	DB5.8.1	IODisc
下推板传感器3	Bool	%DB10.DBX34.3	DB10.34.3	IODisc
下推板传感器2	Bool	%DB10.DBX34.2	DB10.34.2	IODisc
下推板传感器1	Bool	%DB10.DBX34.1	DB10.34.1	IODisc
下推板3推出到位	Bool	%DB10.DBX28.3	DB10.28.3	IODisc
下推板3伸出到位	Bool	%DB10.DBX24.3	DB10.24.3	IODisc
下推板3回位到位	Bool	%DB10.DBX20.3	DB10.20.3	IODisc
托盘6缩回位	Bool	%DB1.DBX4.6	DB1.4.6	IODisc
托盘6伸出位	Bool	%DB1.DBX2.6	DB1.2.6	IODisc
托盘3缩回位	Bool	%DB1.DBX4.3	DB1.4.3	IODisc
托盘3伸出位	Bool	%DB1.DBX2.3	DB1.2.3	IODisc
升降机构下降位	Bool	%DB8.DBX0.2	DB8.0.2	IODisc
升降机构上升位	Bool	%DB8.DBX0.1	DB8.0.1	IODisc
上推板传感器3	Bool	%DB10.DBX32.3	DB10.32.3	IODisc

（续）

变量名称	PLC中的数据类型	PLC中的寄存器地址	IOServer中的寄存器地址	IOServer中的数据类型
上推板传感器2	Bool	%DB10.DBX32.2	DB10.32.2	IODisc
上推板传感器1	Bool	%DB10.DBX32.1	DB10.32.1	IODisc
上推板3推出到位	Bool	%DB10.DBX16.3	DB10.16.3	IODisc
上推板3伸出到位	Bool	%DB10.DBX12.3	DB10.12.3	IODisc
上推板3回位到位	Bool	%DB10.DBX8.3	DB10.8.3	IODisc
加工_左侧滑动门	Bool	%DB6.DBX0.0	DB6.0.0	IODisc
加工_夹紧钳	Bool	%DB6.DBX0.3	DB6.0.3	IODisc
加工_工台导轨	Bool	%DB6.DBX0.6	DB6.0.6	IODisc
夹紧钳松开位	Bool	%DB6.DBX0.4	DB6.0.4	IODisc
夹紧钳夹紧位	Bool	%DB6.DBX0.5	DB6.0.5	IODisc
机器人导轨位置反馈	Real	%DB5.DBD4	DB5.4	IOFloat
机器人导轨地址	Real	%DB5.DBD0	DB5.0	IOFloat
机器人_组输入信号	Byte	%DB4.DBB0	DB4.0	IOByte
机器人_组输出信号	Byte	%DB4.DBB1	DB4.1	IOByte
横挡板3抬起到位	Bool	%DB10.DBX2.3	DB10.2.3	IODisc
横挡板3落下到位	Bool	%DB10.DBX4.3	DB10.4.3	IODisc
工台夹具夹爪1、2松开位	Bool	%DB8.DBX2.0	DB8.2.0	IODisc
工台夹具夹爪1、2夹紧位	Bool	%DB8.DBX2.1	DB8.2.1	IODisc
工台导轨左侧到位	Bool	%DB6.DBX0.7	DB6.0.7	IODisc

（续）

变量名称	PLC 中的数据类型	PLC 中的寄存器地址	IOServer 中的寄存器地址	IOServer 中的数据类型
工台导轨右侧到位	Bool	%DB6.DBX1.0	DB6.1.0	IODisc
工台传感器	Bool	%DB8.DBX2.2	DB8.2.2	IODisc
分拣_下推板3推出	Bool	%DB10.DBX26.3	DB10.26.3	IODisc
分拣_下推板3伸出	Bool	%DB10.DBX22.3	DB10.22.3	IODisc
分拣_下推板3回位	Bool	%DB10.DBX18.3	DB10.18.3	IODisc
分拣_上推板3推出	Bool	%DB10.DBX14.3	DB10.14.3	IODisc
分拣_上推板3伸出	Bool	%DB10.DBX10.3	DB10.10.3	IODisc
分拣_上推板3回位	Bool	%DB10.DBX6.3	DB10.6.3	IODisc
分拣_横挡板3	Bool	%DB10.DBX0.3	DB10.0.3	IODisc
分拣_传送带传感器	Bool	%DB10.DBX30.0	DB10.30.0	IODisc
打磨_转位升降机构	Bool	%DB8.DBX0.0	DB8.0.0	IODisc
打磨_转位夹具夹爪1、2	Bool	%DB8.DBX0.6	DB8.0.6	IODisc
打磨_转位夹具	Bool	%DB8.DBX0.3	DB8.0.3	IODisc
打磨_工台夹具夹爪1、2	Bool	%DB8.DBX1.7	DB8.1.7	IODisc
仓储工位6指示灯	Bool	%DB1.DBX8.6	DB1.8.6	IODisc
仓储工位6传感器	Bool	%DB1.DBX6.6	DB1.6.6	IODisc
仓储工位3指示灯	Bool	%DB1.DBX8.3	DB1.8.3	IODisc
仓储工位3传感器	Bool	%DB1.DBX6.3	DB1.6.3	IODisc
仓储单元_托盘6	Bool	%DB1.DBX0.6	DB1.0.6	IODisc
仓储单元_托盘3	Bool	%DB1.DBX0.3	DB1.0.3	IODisc
安装工具	Bool	%DB5.DBX8.0	DB5.8.0	IODisc

项目 4 虚拟调试综合应用

任务实施

智能制造单元系统集成应用平台的虚拟调试任务主要包括场景搭建、HMI 画面搭建、PLC 控制程序编写与下载、通信设置及虚拟调试。

1. 搭建集成应用平台的虚拟场景

（1）布局 智能制造单元系统集成应用平台的初始系统布局如图 4-16 所示，根据绘制完成的布局方案草图完成场景搭建，使用万向球功能调整各个单元的位置，具体步骤见表 4-5。

图 4-16 初始系统布局

表 4-5 搭建集成应用平台的虚拟场景操作步骤

操作步骤	图示
1）单击"新建"图标，进入新的场景	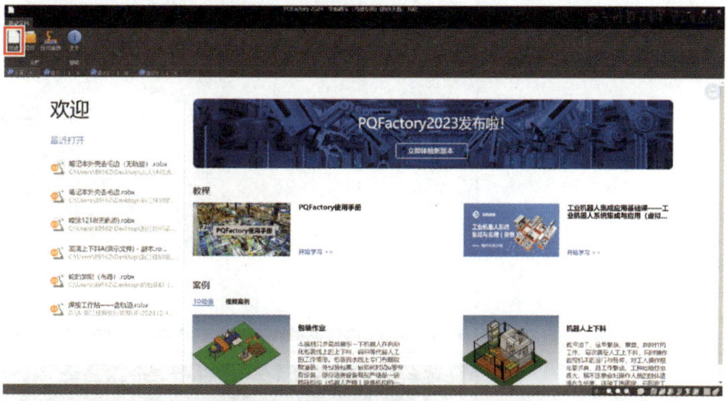 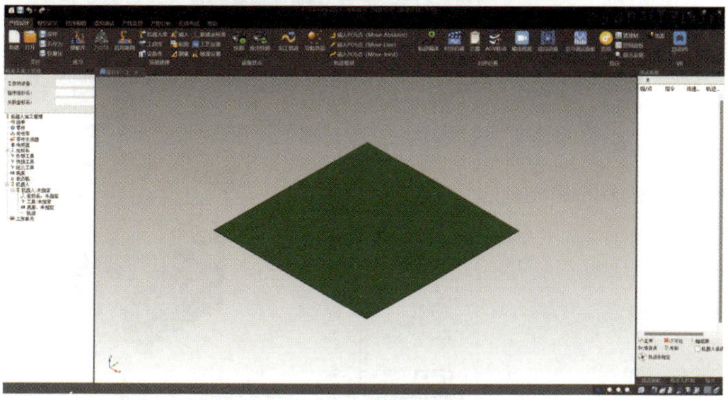

（续）

操作步骤	图示
2）单击"模板库"，在弹出对话框的搜索框中输入"CHL-DS-18"，选中搜索结果的场景，单击"插入"按钮	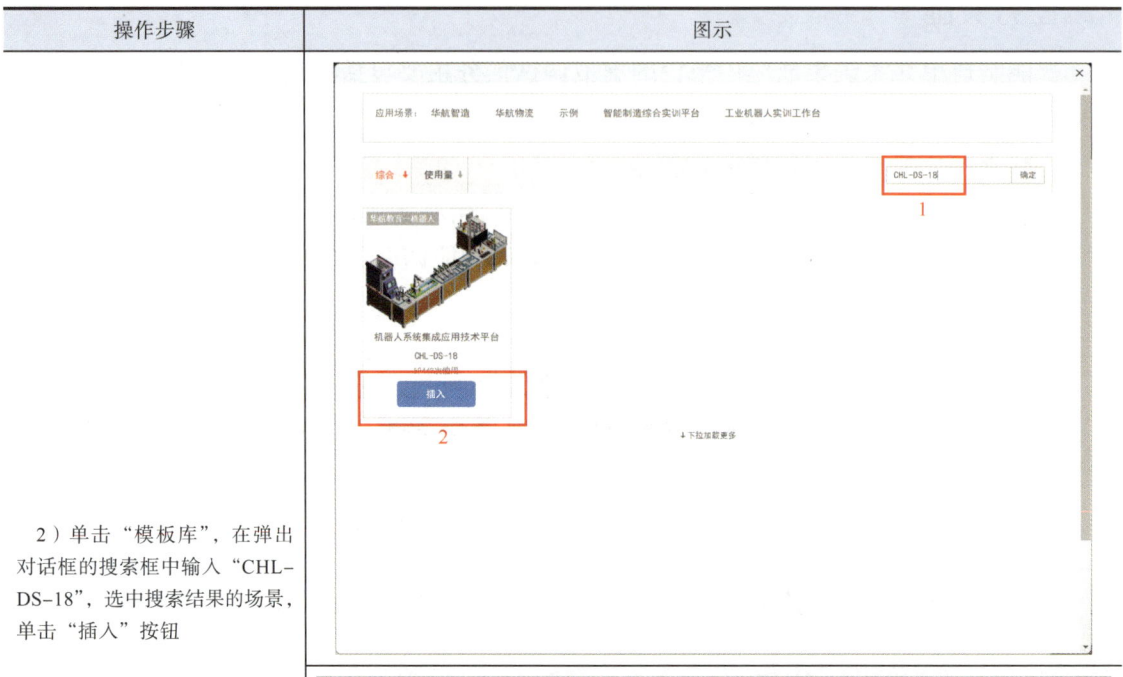
	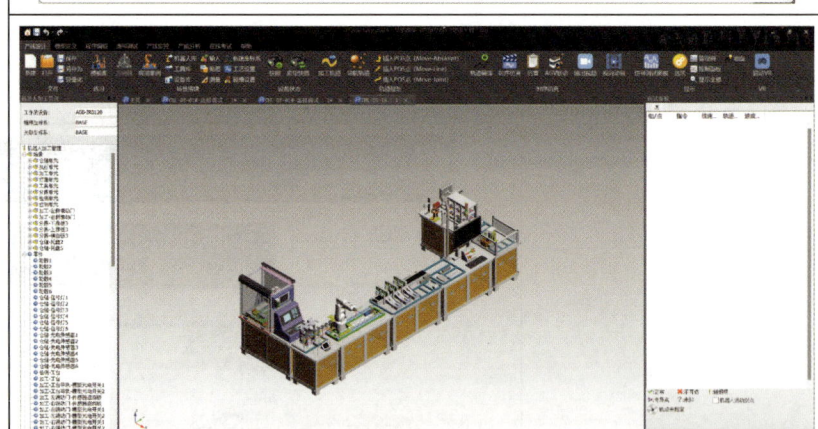
3）以执行单元作为场景布局的参考，选中执行单元，单击万向球，拖动万向球的移动轴，将执行单元移出	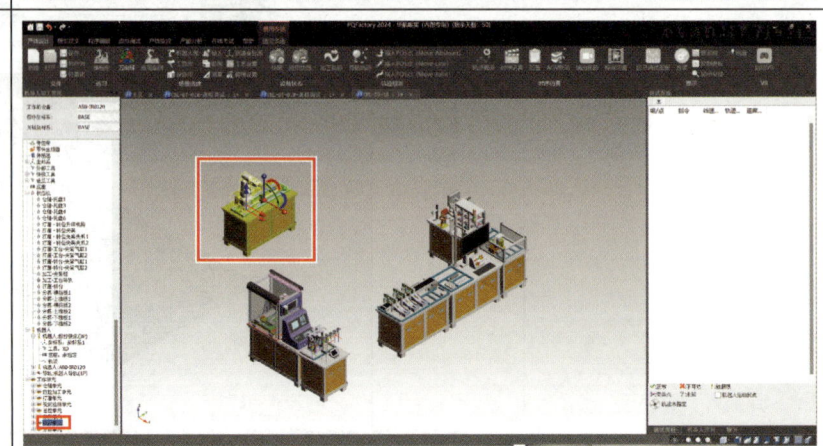

项目4 虚拟调试综合应用

（续）

操作步骤	图示
4）这里以工具单元为例，展示使用万向球调整至合适位置。选中工具单元，单击万向球，拖动万向球的轴，将工具单元移动至空旷的位置	
5）按空格键，万向球颜色变白。右击万向球中心点，选择"到点"，将万向球移至右图中的左上角 注意：若选不中目标点，则需将状态栏中的绘图模式选为"默认模式"	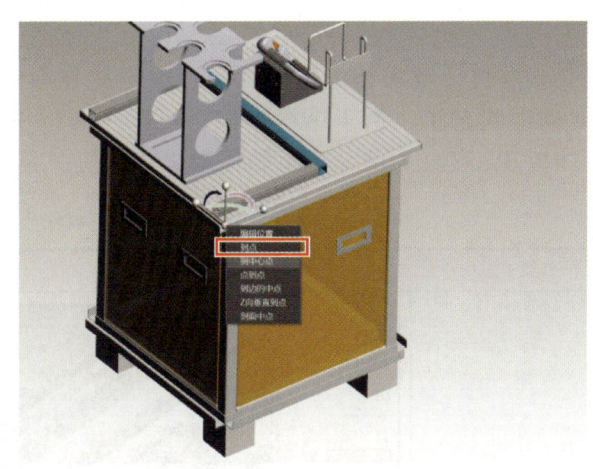
6）右击工具单元的万向球中心点，选择"到点"功能，再选中执行单元上即将重合的点来布置工具单元与执行单元的相对位置	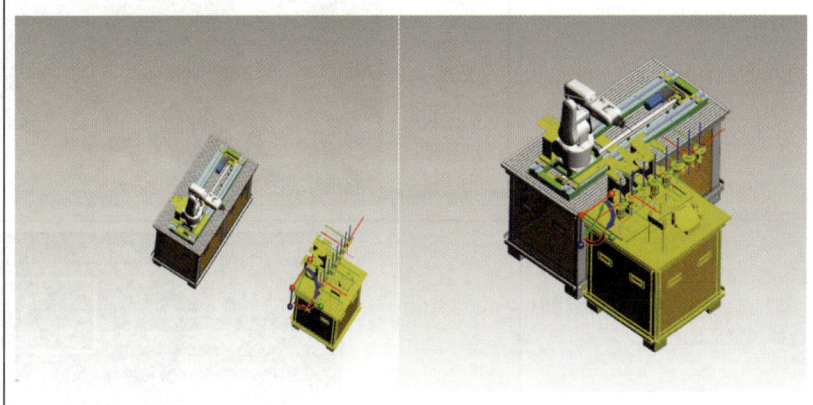

(续)

操作步骤	图示
7）其他单元的操作与调整工具单元类似，可以尝试独立完成。智能制造生产线最终布局如右图所示	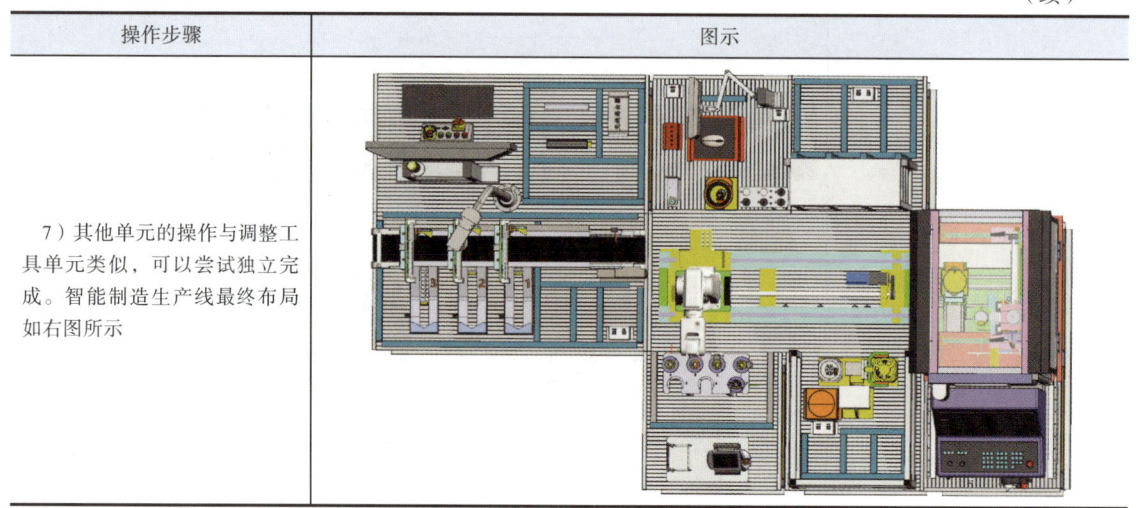

（2）定义数字设备　虚拟场景中需要定义的数字设备主要包括状态机、传感器，定义完成的机构需要添加对应的信号，如导轨位置反馈信号、机器人自身信号。具体定义步骤如下。

1）定义状态机。要求在虚拟仿真系统中定义分拣单元3号道口3个气缸状态机及加工的左侧滑动门状态机，由于结构类似，可以参照以下示例定义其他状态机，现以定义"分拣-横挡板3"气缸为例，演示如何定义状态机，具体操作步骤见表4-6。

表4-6　定义状态机的操作步骤

操作步骤	图示
1）单击"分拣-横挡板3"的某一组件，以便找到该组件在管理树中的位置	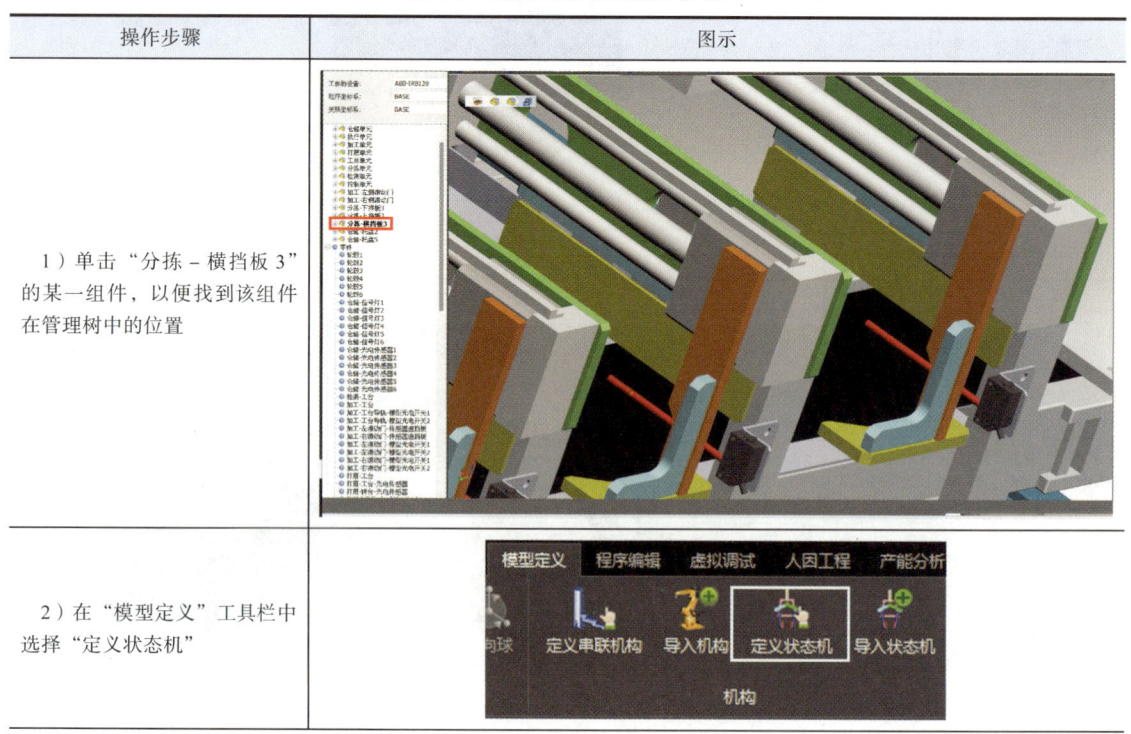
2）在"模型定义"工具栏中选择"定义状态机"	

项目4 虚拟调试综合应用

（续）

操作步骤	图示
3）在"选择模型"对话框中选择"场景"，选择"分拣–横挡板3"，然后单击"确认"按钮	
4）在弹出的"定义状态机"对话框中设置状态机的运动方式、方向及运动范围	
5）在选择运动方向时，使用万向球到点、垂直、反向等工具，调整J1方向如右图所示	

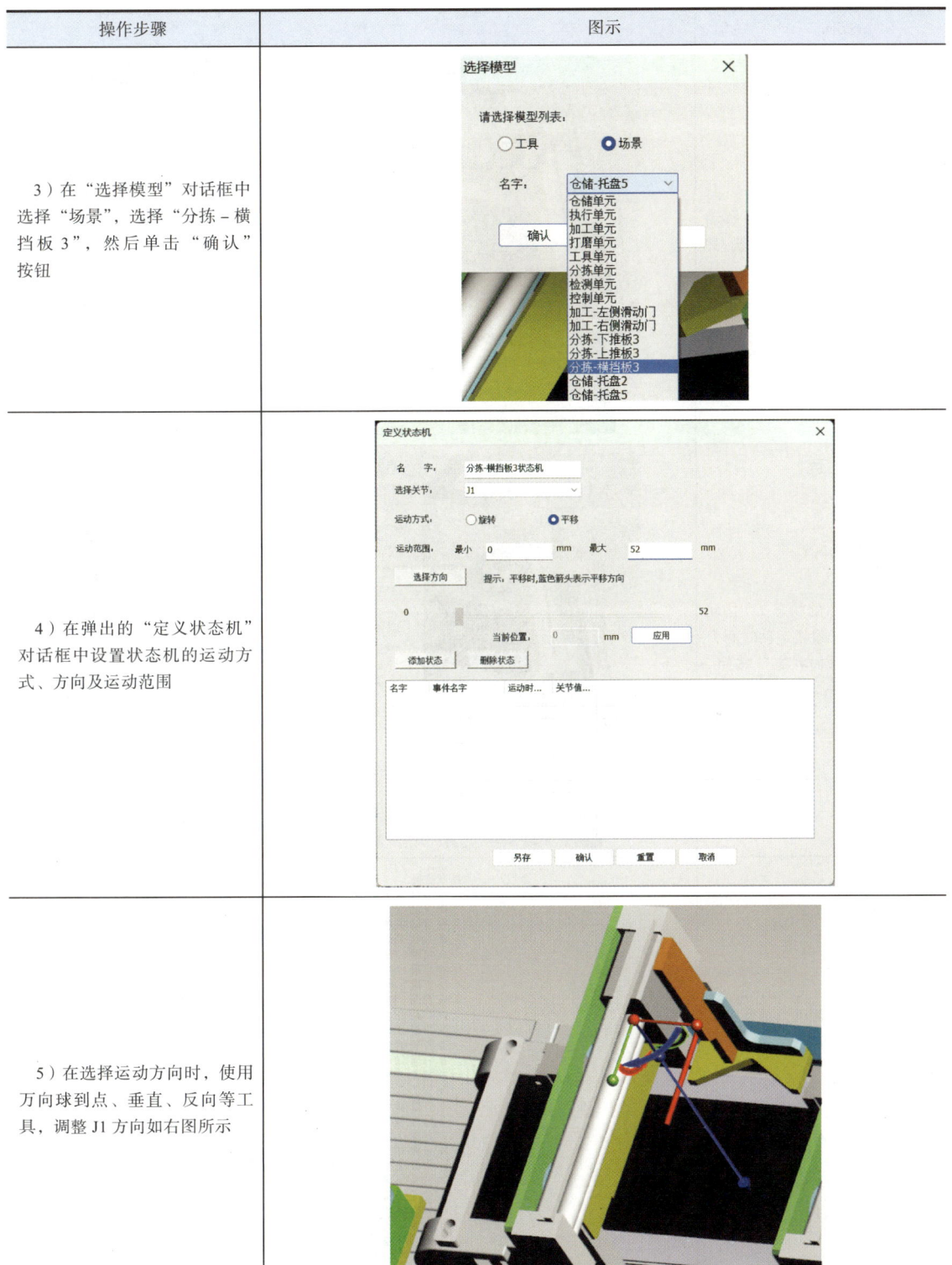

（续）

操作步骤	图示
6）添加具体的状态 1。移动 J1 位置至 0。单击"添加状态"按钮，记录此位置	
7）添加具体的状态 2。移动 J1 位置至 52，设置运动时间为 1s。单击"添加状态"按钮，记录此位置	
8）通过管理树可以看到定义后的状态机已在"状态机"栏目下 其余状态机与定义"分拣-横挡板 3"类似，请自行尝试	

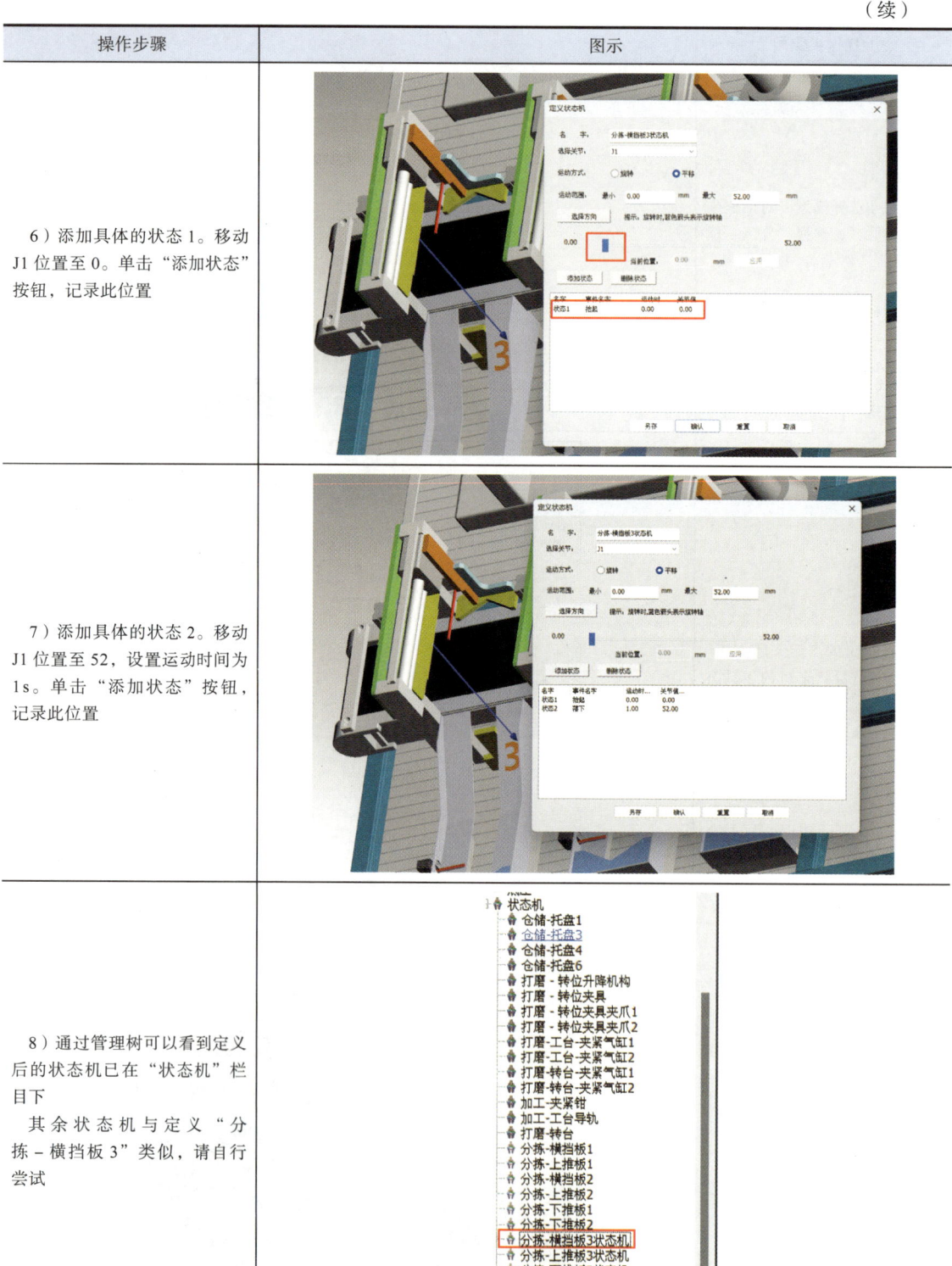

2）定义传感器。以场景中的"仓储－光电传感器3"为例，定义数字化设备光电传感器。具体操作步骤见表4-7。

表 4-7　定义传感器的操作步骤

操作步骤	图示
1）在场景中选中零件"仓储－光电传感器3"	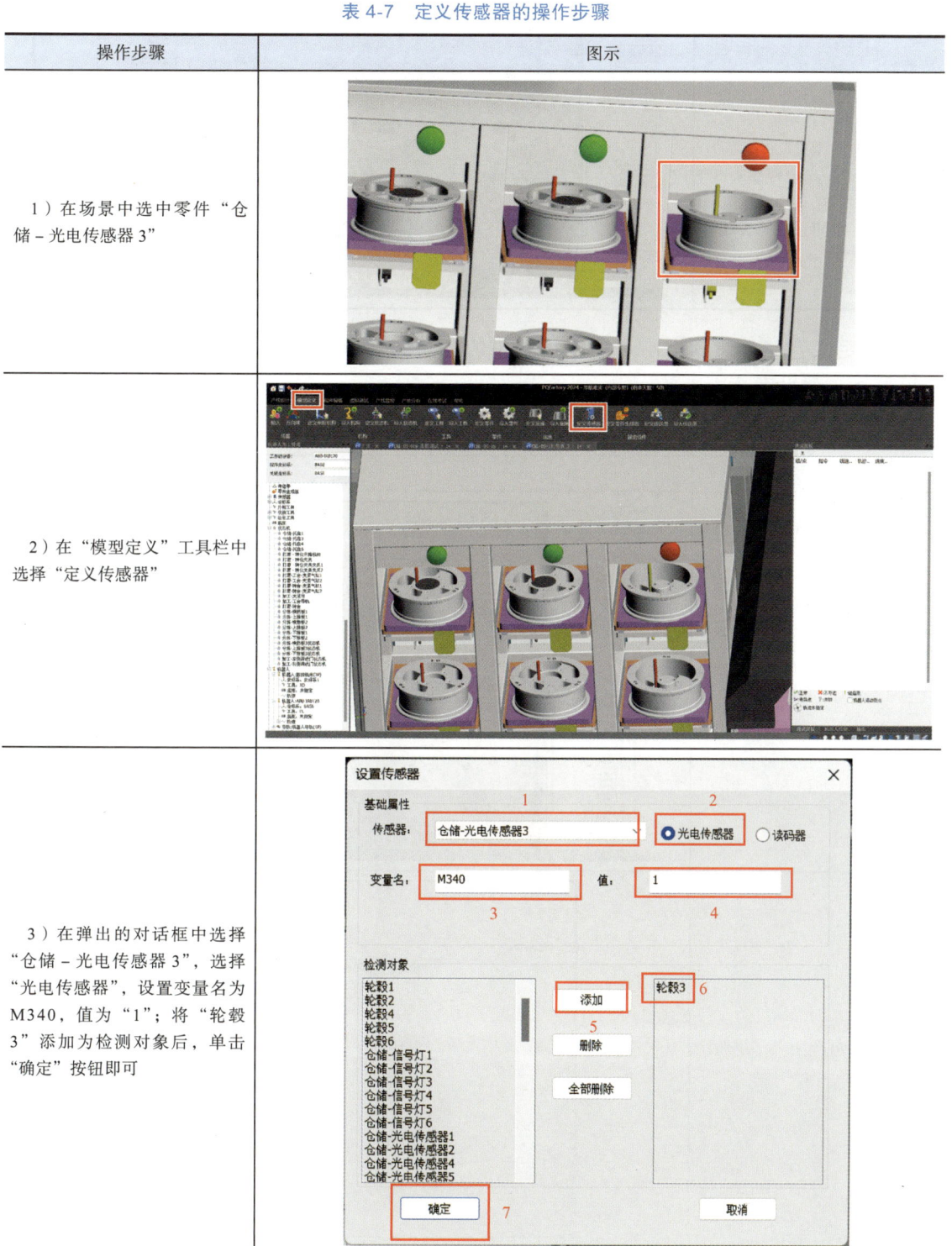
2）在"模型定义"工具栏中选择"定义传感器"	
3）在弹出的对话框中选择"仓储－光电传感器3"，选择"光电传感器"，设置变量名为M340，值为"1"；将"轮毂3"添加为检测对象后，单击"确定"按钮即可	

(续)

操作步骤	图示
4）在传感器的管理树下可以看到定义好的传感器。定义"仓储–光电传感器6""工台传感器""转台传感器""上推板传感器1""上推板传感器2"等与"仓储–光电传感器3"类似，请自行尝试。具体需要定义的传感器可以查看管理树中的零件一栏	

3）定义仓储工位3指示灯。以场景中的"仓储工位3指示灯"为例，定义指示灯。具体操作步骤见表4-8。

表4-8 定义仓储工位3指示灯的操作步骤

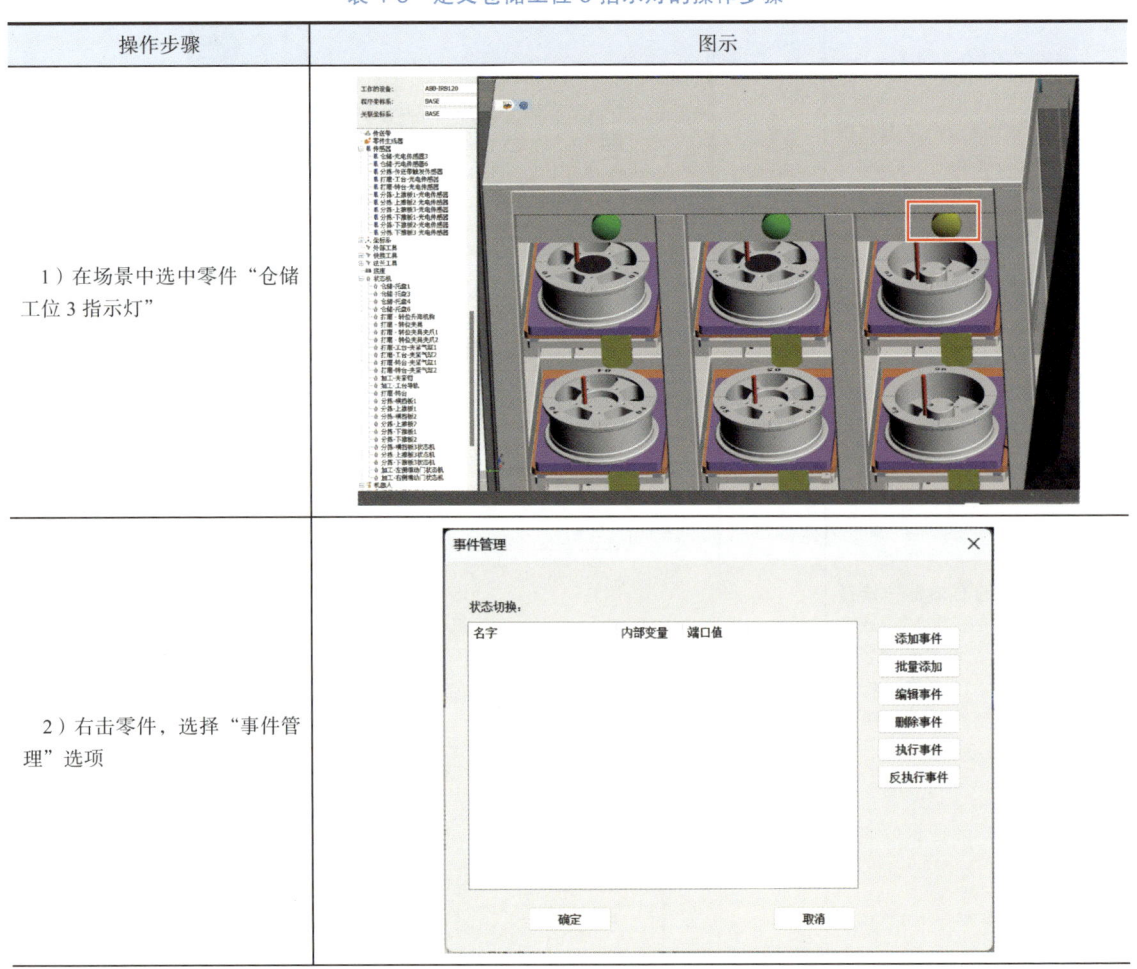

操作步骤	图示
1）在场景中选中零件"仓储工位3指示灯"	
2）右击零件，选择"事件管理"选项	

项目 4　虚拟调试综合应用

（续）

操作步骤	图示
3）单击"添加事件"，在弹出的对话框中设置参数，如右图所示，单击"确认"按钮即可	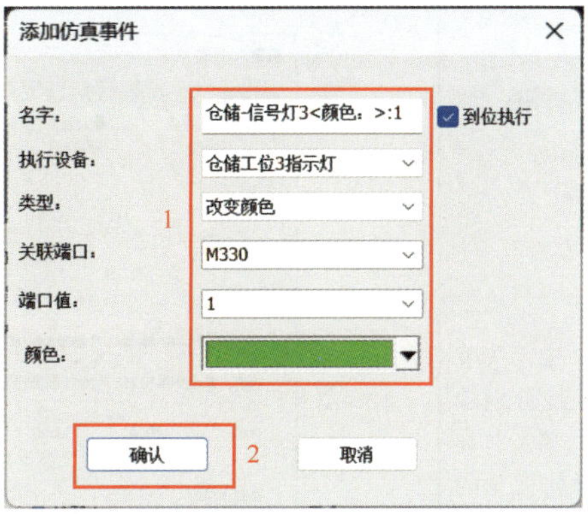 添加仿真事件 名字：仓储-信号灯3<颜色：>:1　☑到位执行 执行设备：仓储工位3指示灯 类型：改变颜色 关联端口：M330 端口值：1 颜色：（绿色） 确认　取消
4）同理，添加颜色改变事件如右图所示 "仓储工位 6 指示灯"定义同上	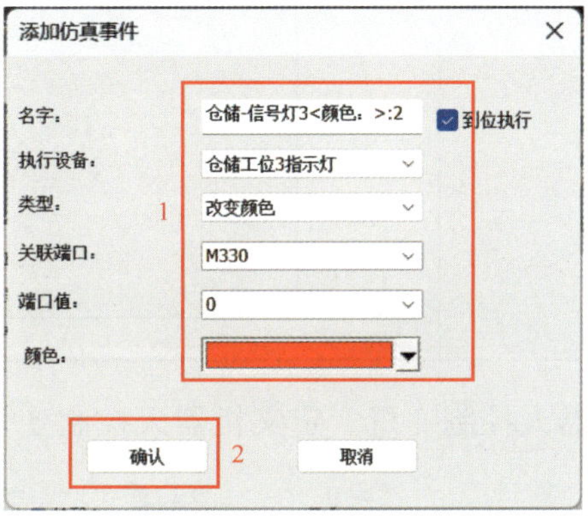 添加仿真事件 名字：仓储-信号灯3<颜色：>:2　☑到位执行 执行设备：仓储工位3指示灯 类型：改变颜色 关联端口：M330 端口值：0 颜色：（红色） 确认　取消

4）定义机器人导轨变量。定义机器人导轨变量的操作步骤见表 4-9。

表 4-9　定义机器人导轨变量的操作步骤

操作步骤	图示
1）在场景中选中机器人导轨，在右键菜单中选择"设置机器人"	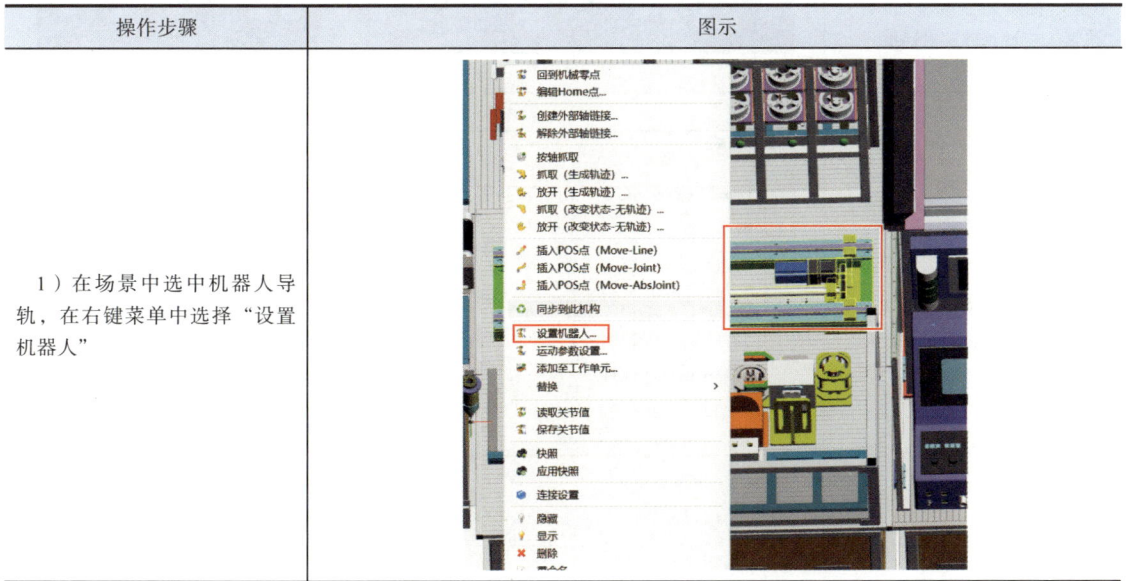

（续）

操作步骤	图示
2）在弹出的对话框中，关节配置的地址和反馈地址分别填写M1000和M1100，单击"确认"按钮即可完成导轨变量的定义	

5）定义机器人控制变量。定义机器人控制变量的具体操作步骤见表4-10。

表4-10　定义机器人控制变量的操作步骤

操作步骤	图示
1）选择"虚拟调试"工具栏中的"机器人变量表"，打开"机器人变量管理"对话框	
2）在"机器人变量管理"对话框中填写机器人变量，如右图所示，单击"确认"即可	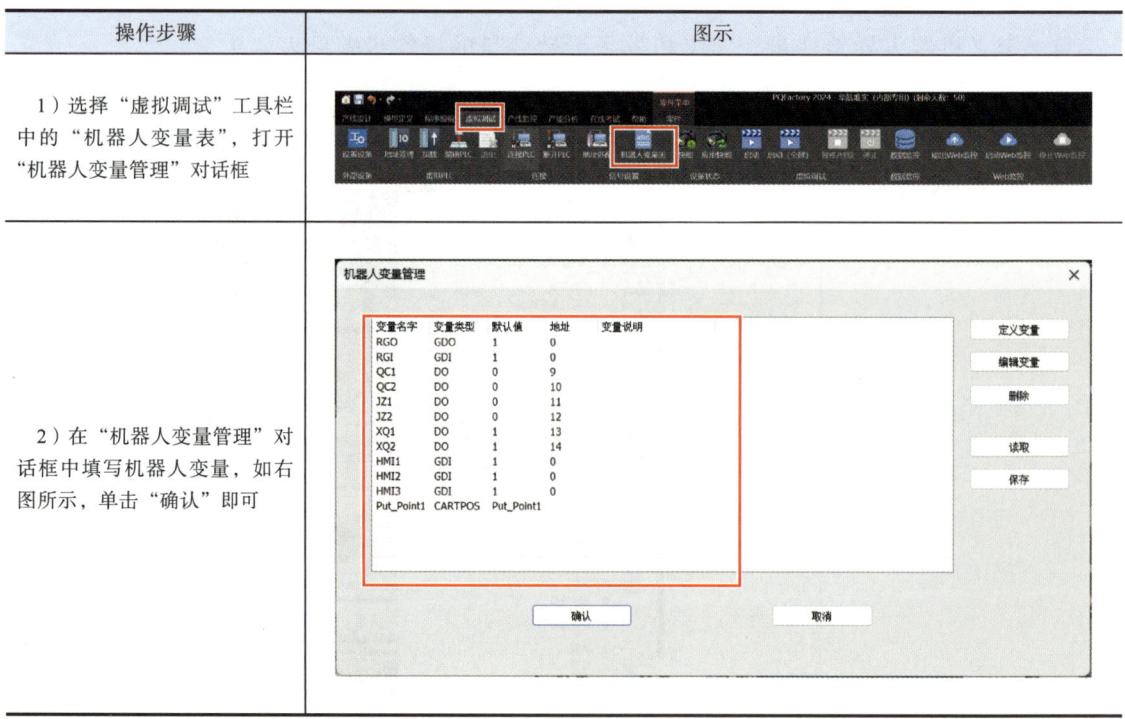

（3）建立机器人与导轨链接　机器人与导轨添加信号完成后，要想让导轨带动机器人按指定路线进行运动，须为两者建立链接，具体操作步骤见表 4-11。

表 4-11　定义机器人与导轨的操作步骤

操作步骤	图示
1）选中机器人后，在右键菜单中选择"创建外部轴链接"，进入"链接外部轴"对话框	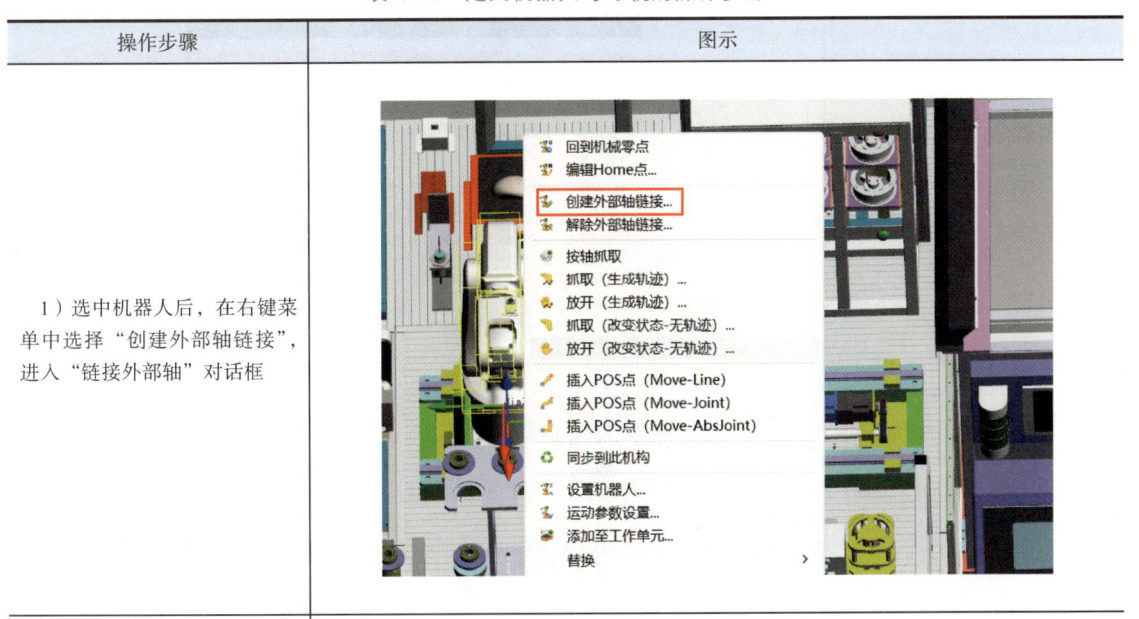
2）在"链接外部轴"对话框中，直线导轨选择"机器人导轨"，勾选同步位置，如图所示。单击"确定"按钮即可	

（续）

操作步骤	图示
3）打开"机器人控制"，可以看到关节空间多了"E1"，表示导轨与机器人已建立链接	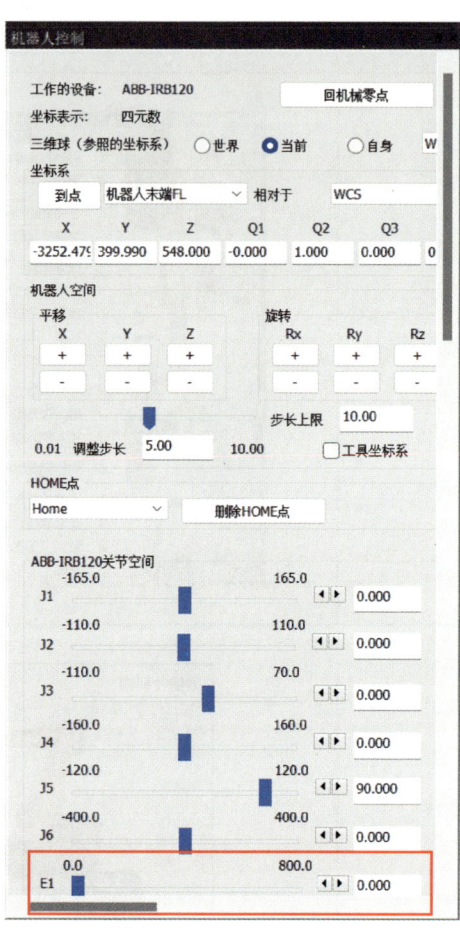
4）滑动E1轴，可以观察到机器人在导轨上进行直线运动。至此，机器人与导轨链接建立完成	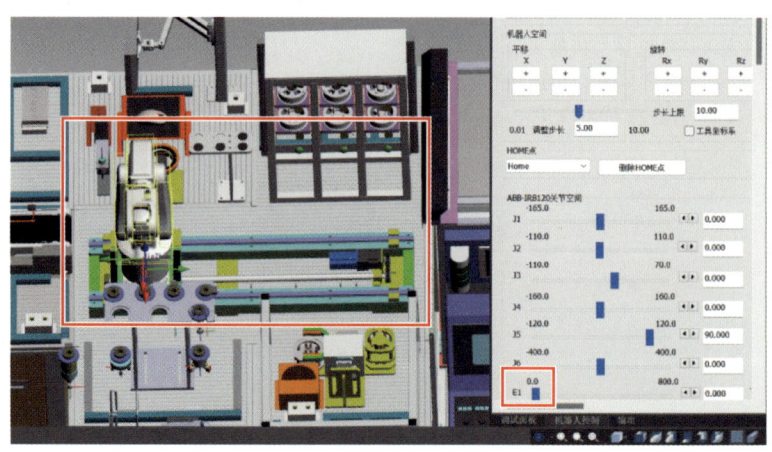

（续）

操作步骤	图示
4）滑动 E1 轴，可以观察到机器人在导轨上进行直线运动。至此，机器人与导轨链接建立完成	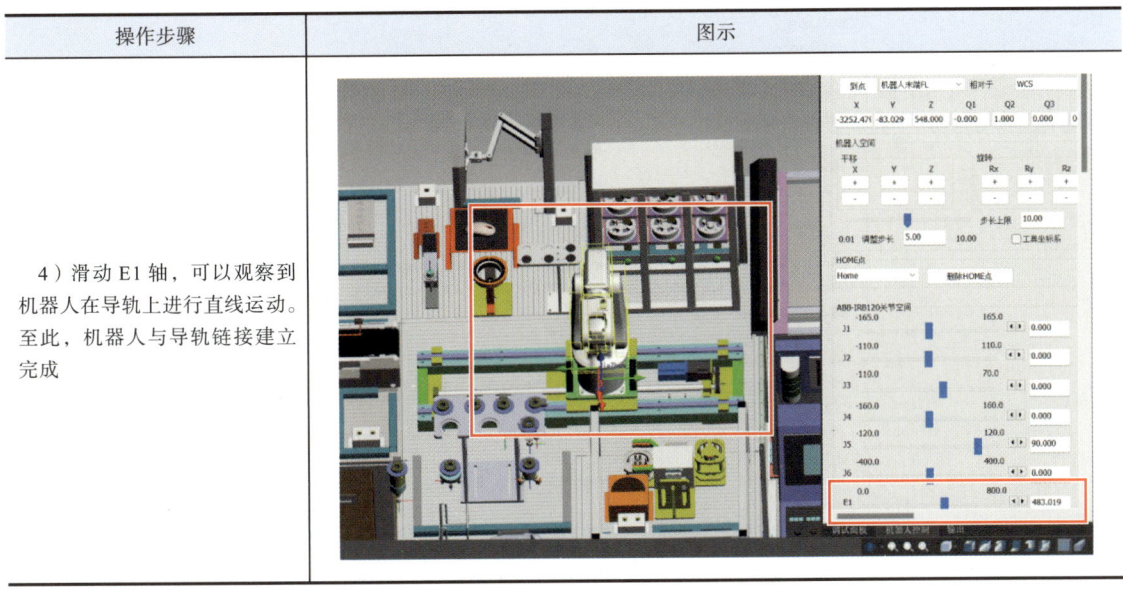

至此，集成系统应用平台的虚拟场景搭建完成。

（4）仿真程序编写　智能制造单元系统集成应用平台需要完成给定的工作流程，现根据工作流程在 PQFactory 软件中完成仿真。编写的仿真程序如图 4-17 所示，主程序由方框标出，下部分为调用的子程序，调用的装配子程序如图 4-18 所示。

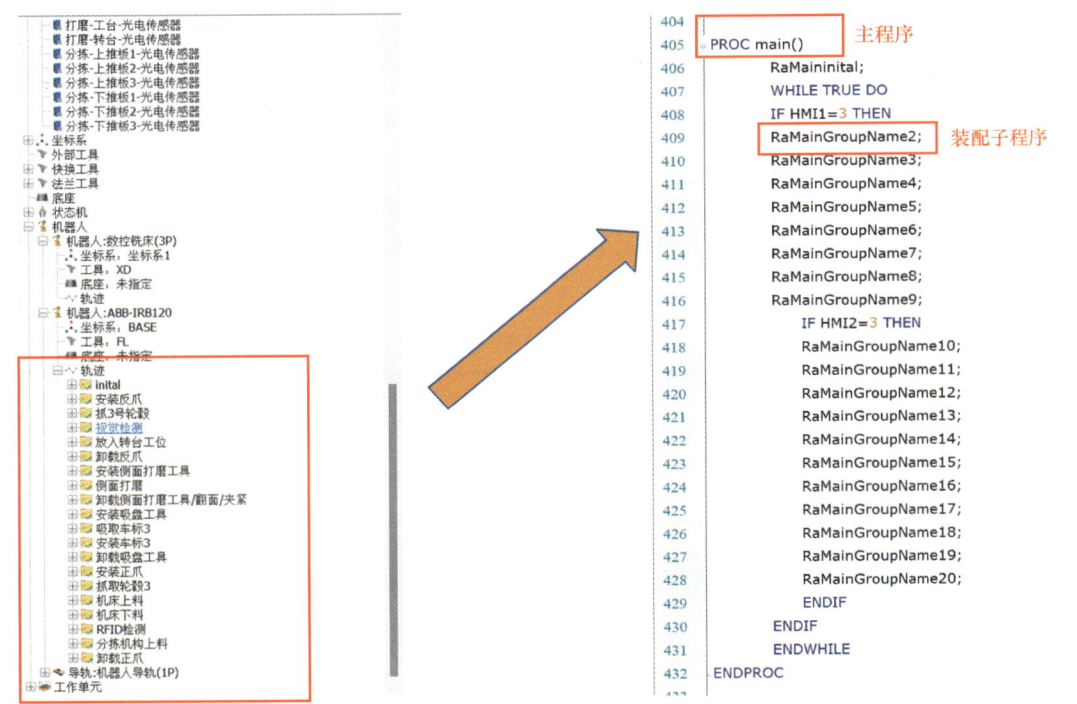

图 4-17　仿真程序

```
446
447   PROC RaMainGroupName2()
448     ConfL\on;
449     ConfJ\on;
450
451     !!工作原点
452     MoveAbsJ JointTarget_2,v200,fine,RaMainFLTCP0;
453       SetGo RGO,91;
454       WaitTime 0.8;
455         WaitGI RGI,91;
456
457     !!装配_JiaZhua_B
458     MoveL Target_3,v100,Z2,RaMainFLTCP0\WObj:=RaMainBASE;
459     MoveL Target_4,v100,Z2,RaMainFLTCP0\WObj:=RaMainBASE;
460     WaitTime 0.8;
461       Set  QC1;
462     WaitTime 0.8;
463     MoveL Target_5,v100,Z2,RaMainFLTCP0\WObj:=RaMainBASE;
464     !!过渡点4
465     MoveL Target_6,v100,Z2,RaMainFLJiaZhua_B_TCP0\WObj:=RaMainBASE;
466     !!过渡点5
467     MoveL Target_7,v200,fine,RaMainFLJiaZhua_B_TCP0\WObj:=RaMainBASE;
468     !!过渡点6
469     MoveL Target_8,v200,fine,RaMainFLJiaZhua_B_TCP0\WObj:=RaMainBASE;
470     !!工作原点
471     MoveJ Target_9,v200,fine,RaMainFLJiaZhua_B_TCP0\WObj:=RaMainBASE;
472
473   ENDPROC
```

图 4-18　装配子程序

2. 集成应用平台的 HMI 画面搭建

（1）工艺描述

1）编写虚拟 HMI 程序，自行设计 HMI 界面，实现通过 HMI 选择仓储工位出轮毂（可选 3 号或 6 号工位），选择装配车标号（可选 3 号车标或 6 号车标）。

2）监控机床安全门的状态。

3）监控仓储单元 3、6 号轮毂有无。

（2）信号分配　PLC 实训箱中有部分硬件，在任务实施中可能会被用到，信号分配的具体情况见表 4-12 和表 4-13。

表 4-12　HMI 应用信号分配

序号	控制器地址	关联设备	对应功能
1	%DB3.DBX0.0	HMI	HMI-启动
2	%DB3.DBX0.1	HMI	HMI-停止
3	%DB3.DBX2.3	HMI	选择轮毂 3
4	%DB3.DBX2.6	HMI	选择轮毂 6
5	%DB3.DBX4.3	HMI	选择轮车标 3
6	%DB3.DBX4.6	HMI	选择轮车标 6
7	%DB3.DBX6.5	HMI	左侧滑门开

表 4-13 数字设备应用信号分配

序号	控制器地址	信号功能	变量类型	对应控制设备
1	%DB1.DBX6.3	仓储工位 3 物料感知	DI	PLC_1
2	%DB1.DBX6.6	仓储工位 6 物料感知	DI	

1）触摸屏的硬件组态。将与硬件型号一致的 HMI 添加到 PLC 编程项目中，这里基于的硬件设备是 PLC 实训箱，使用的型号是 KTP900 Basic PN，触摸屏的硬件组态具体操作见表 4-14。

表 4-14 触摸屏的硬件组态操作步骤

操作步骤	图示
1）在项目文件的项目树中单击"添加新设备"，新增一个硬件组态	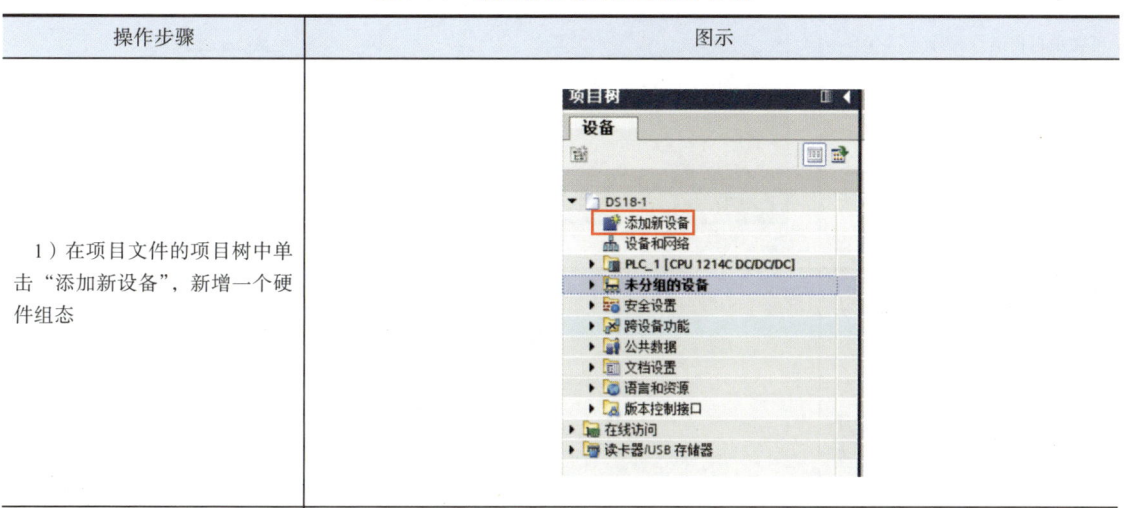
2）选择 HMI。根据具体的硬件型号选择经济系列 9 显示屏"KTP900 Basic"，然后单击"确定"按钮	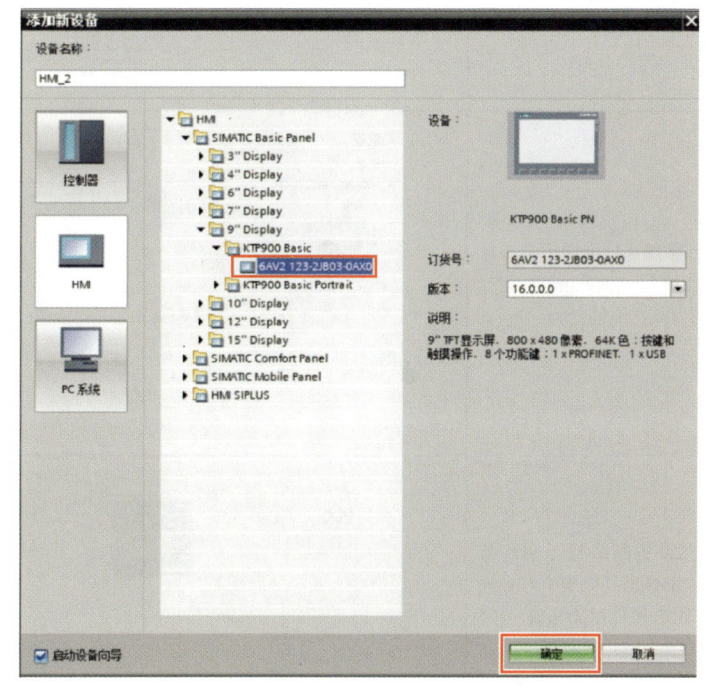

（续）

操作步骤	图示
3）在设备向导中单击"浏览"，为 HMI 选择 PLC_1，然后单击"√"按钮。其余参数可在项目树继续操作	
4）在项目树中单击 HMI 下的"设备组态"，更改其基本属性	
5）在常规选项卡中单击"以太网地址"，在此可以更改 HMI 的以太网地址	
6）在设备网络视图中确认 PLC 与 HMI 已经处于 PN/IE 连接中。HMI 硬件组态完成	

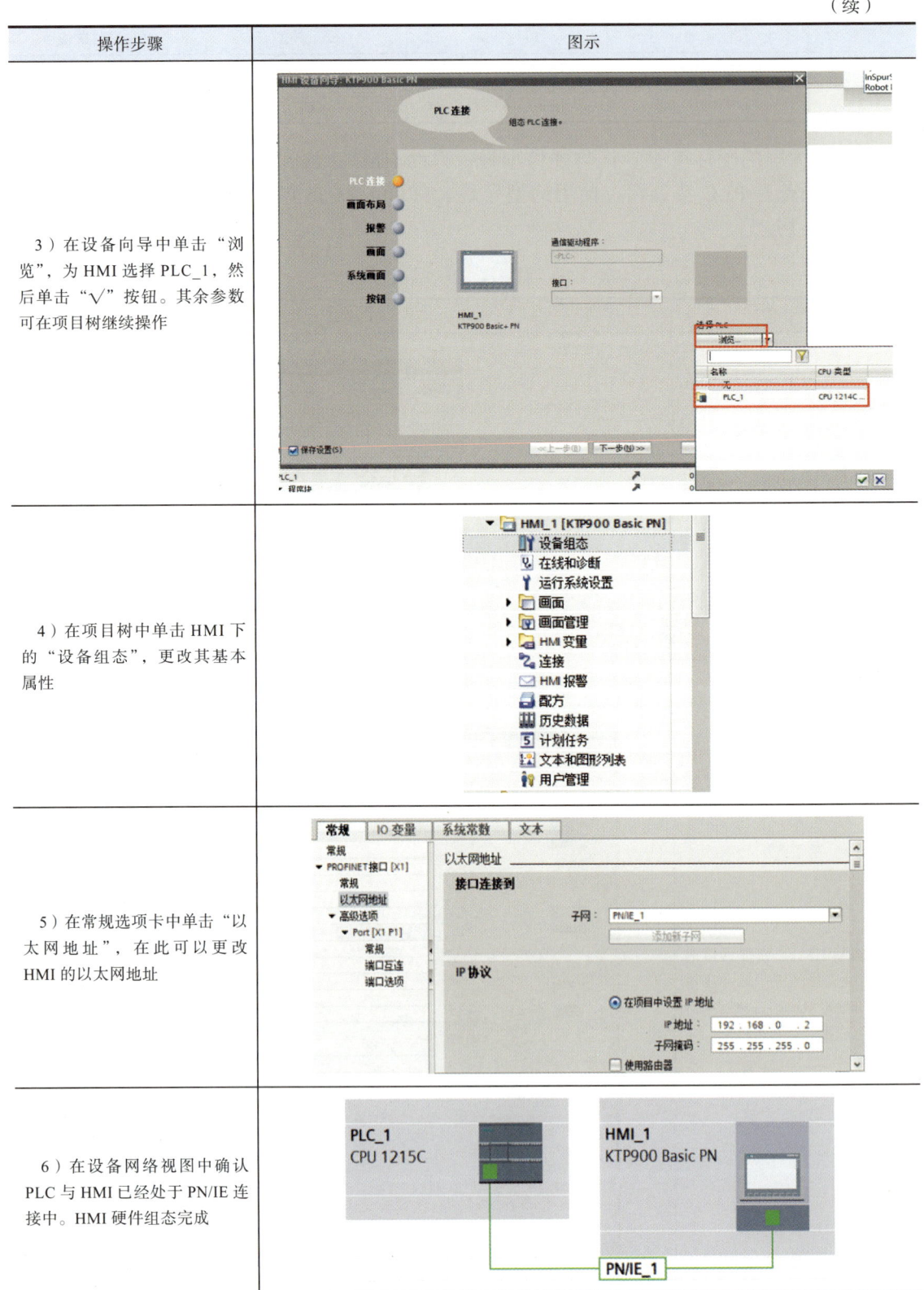

2）HMI 画面绘制及信号关联。HMI 画面绘制及信号关联的具体操作见表 4-15。

表 4-15　HMI 画面绘制及信号关联的操作步骤

操作步骤	图示
1）在"工具箱"→"元素"栏目中，将"开关"元素拖拽至画面中	
2）为便于标识，调整开关按键的文字及大小。然后选中该按钮，在右键菜单中选择"事件"	
3）在该按钮的"事件"选项卡中，选择"按下"，然后双击"添加函数"，在输入框中输入"置位位"，即可选择"置位位"	
4）单击变量后的"…"键，选择关联的 PLC 变量"HMI-开始运行"。单击"√"按钮确认	

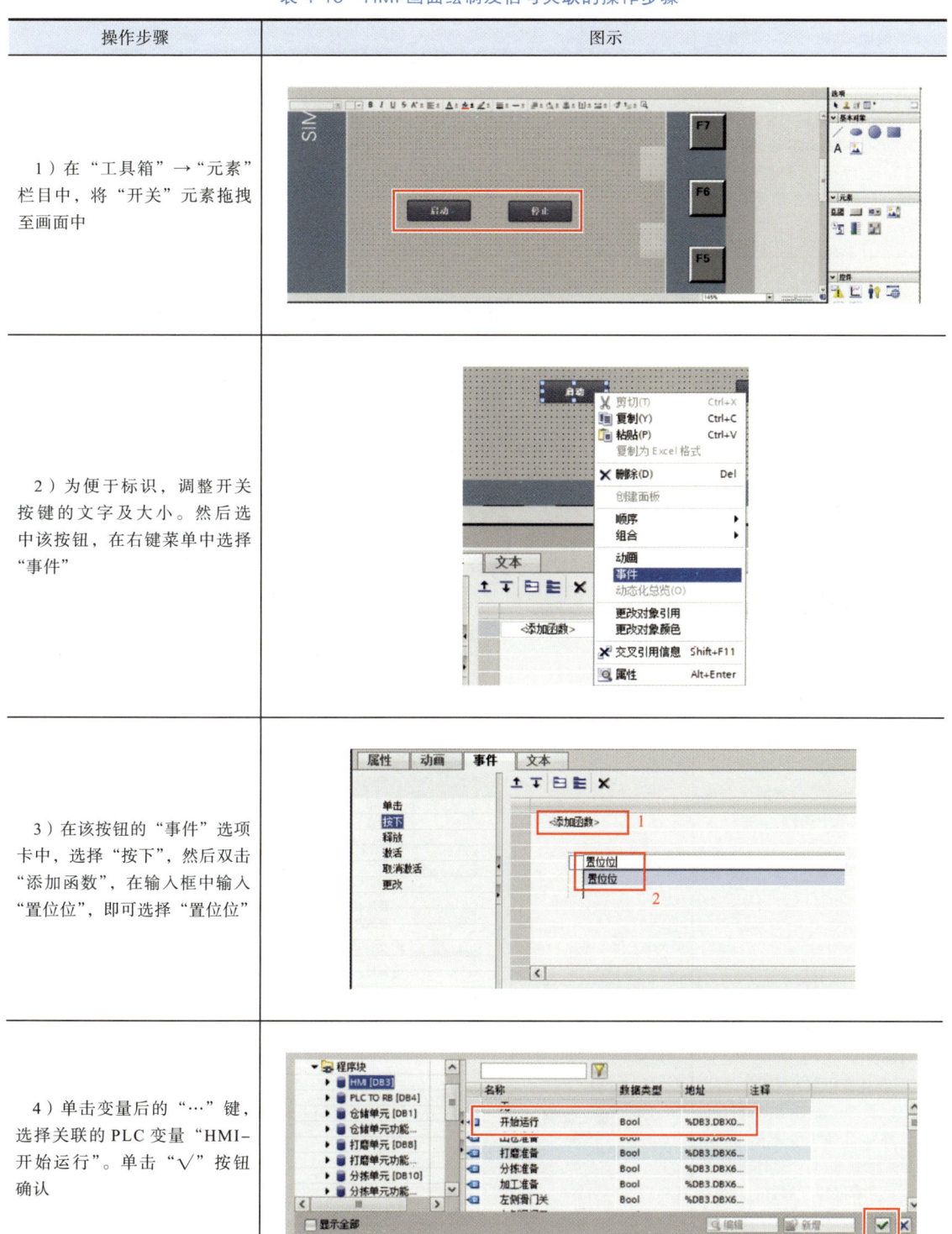

（续）

操作步骤	图示
5）关联之后，"按下"操作匹配的功能完成，置位变量："HMI- 开始运行" 参照上述方式，可以依次匹配复位变量"HMI- 停止""轮毂3""轮毂6""车标3""车标6"。功能设置之后，开关设置完毕	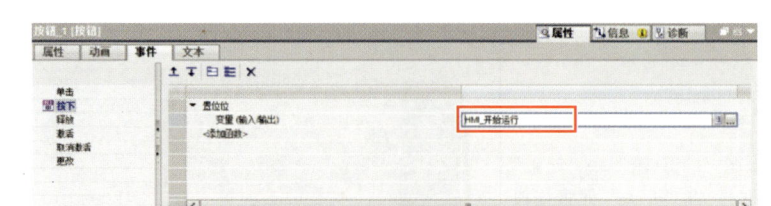
6）接着完成监控状态类型设置。这里以仓储工位3为例，示范状态变化的设置过程：在"工具箱"→"元素"栏目中，将"圆"元素拖拽至画面中	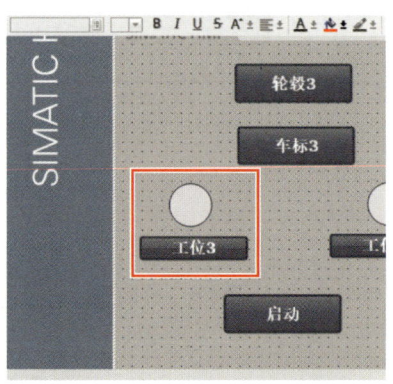
7）调整至合适位置后，在该元素右键菜单中选择"动画"	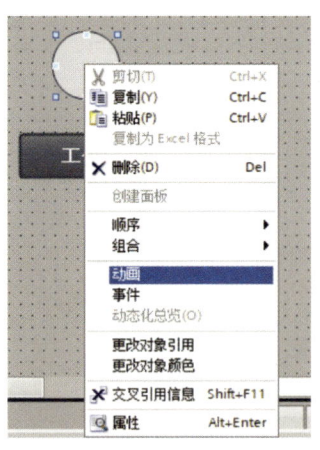
8）在该按钮的"动画"选项卡中，选择"添加新动画"功能，然后选择"外观"，添加变量"仓储单元_物料传感器{3}"，并设置相应的背景颜色	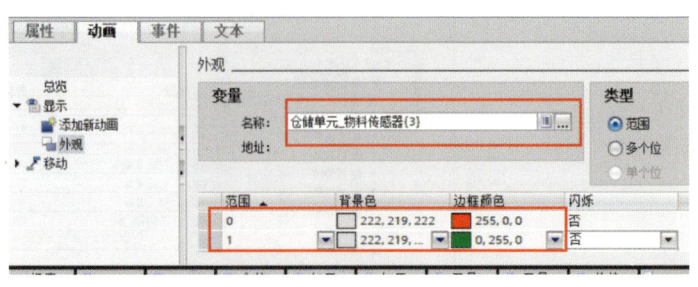

（续）

操作步骤	图示
9）参照上述方式，可以依次匹配"工位6检测""机床安全门检测"功能设置，至此，状态设置完毕	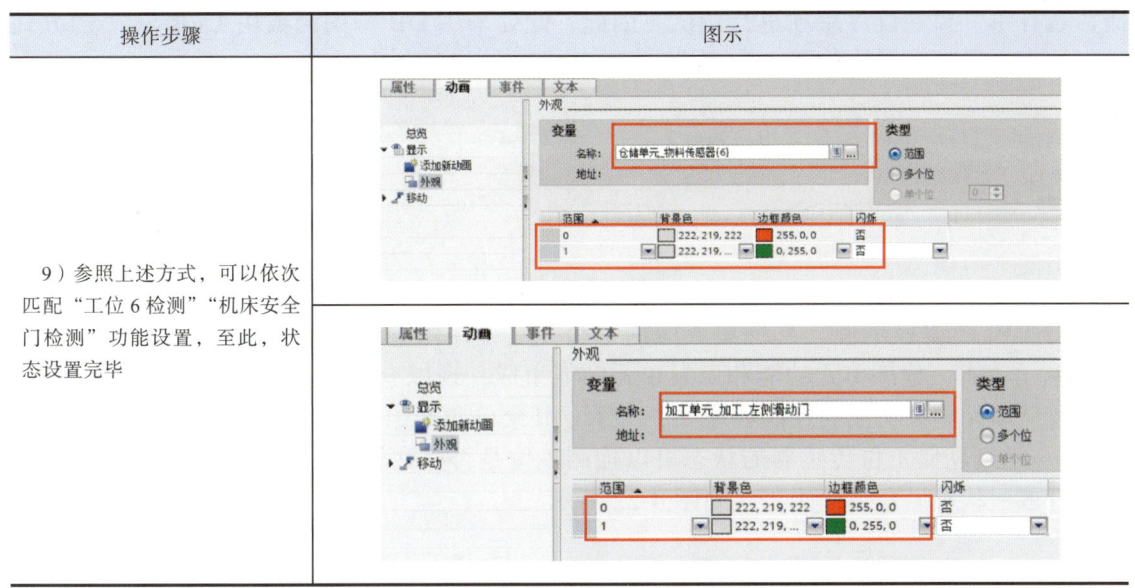

3）最终画面展示。如图 4-19 所示，HMI 界面的最终设置结果包括图片、文字、按钮、开关和圆（指示灯）等元素。

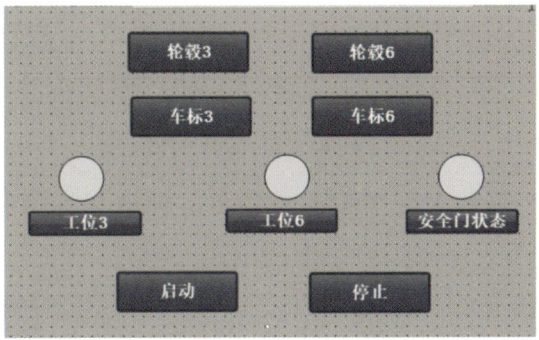

图 4-19　HMI 界面

3. 集成应用平台的 PLC 控制程序编写

（1）组态搭建　将与硬件型号一致的 CPU 添加到 PLC 项目中，这里硬件设备 PLC 实训箱使用的 CPU 型号是 CPU 1214C DC/DC/DC，PLC 组态如图 4-20 所示。

图 4-20　PLC 组态

（2）程序架构及示例　考虑到后续工艺流程较多，案例架构较为复杂，为使调试便捷，选择单一模块程序单独进行调试。因此，此处采用 DB 调用函数块（FB/FC）的方式进行编程。程序主架构如图 4-21 所示。

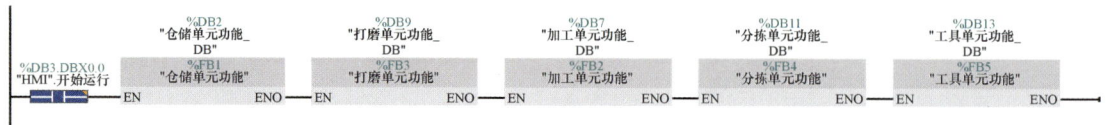

图 4-21　程序主架构

（3）PLC 编程示例　系统集成应用平台控制程序由仓储单元功能、打磨单元功能、加工单元功能、分拣单元功能和工具单元功能组成。现以仓储单元功能的控制程序为例，涉及仓储单元相关功能的控制程序如下所示（其余单元参照资源包）。

1）通过仓储工位传感器的状态可以检测工位是否存在轮毂，并通过仓储单元的仓位指示灯展示状态。仓位检测程序如图 4-22 所示。

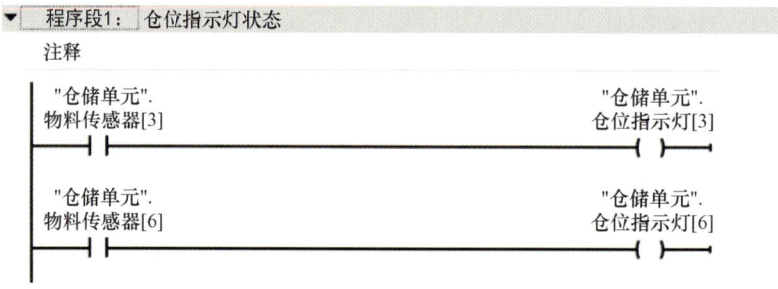

图 4-22　仓位检测程序

2）通过出仓准备程序，复位抓取轮毂信号、抓取车标信号等。出仓准备程序如图 4-23 所示。

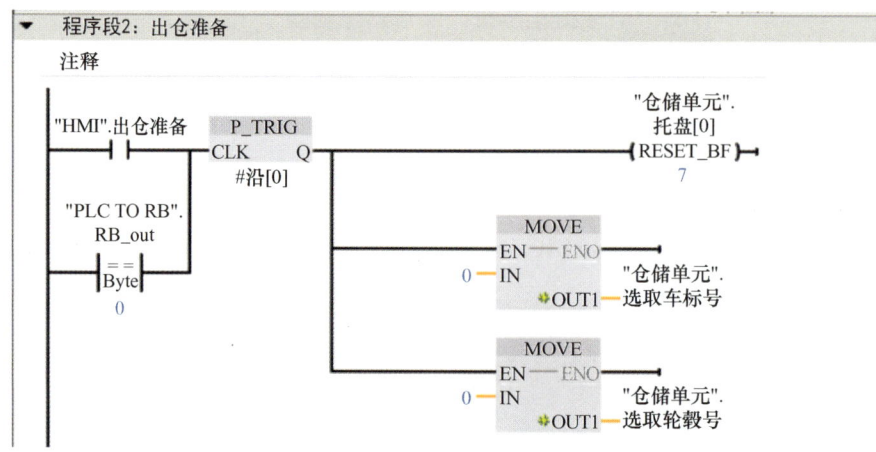

图 4-23　出仓准备程序

3）通过 HMI 页面选择要加工的轮毂。选择加工轮毂程序如图 4-24 所示。

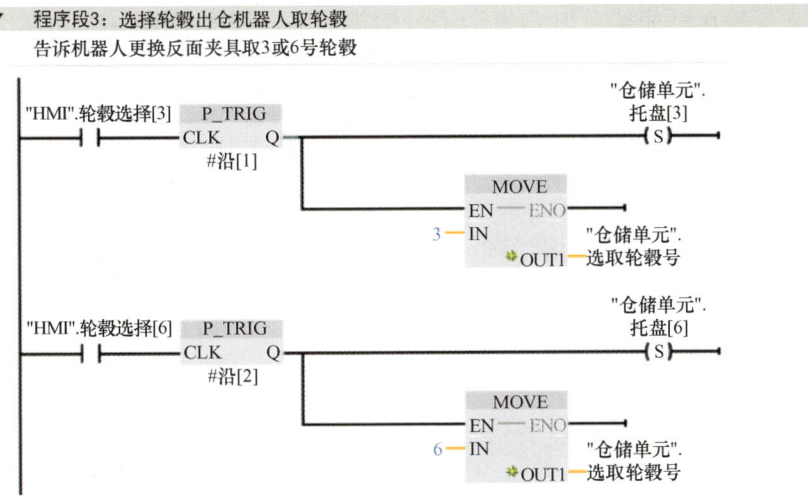

图 4-24 选择加工轮毂程序

4）机器人抓取轮毂完成，发信号复位仓储托盘信号，让其回到初始状态。仓储托盘复位程序如图 4-25 所示。

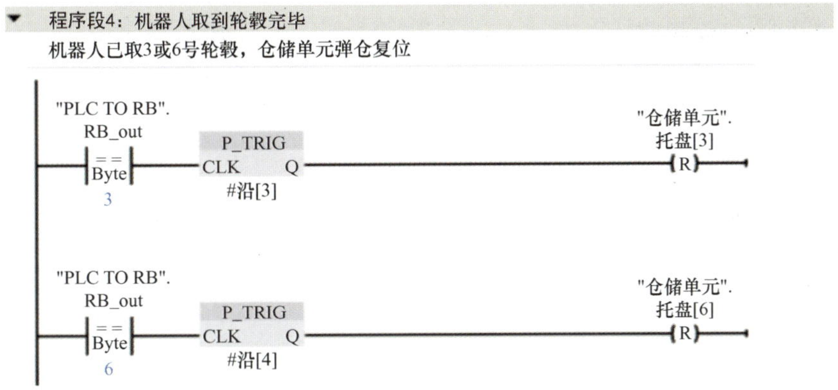

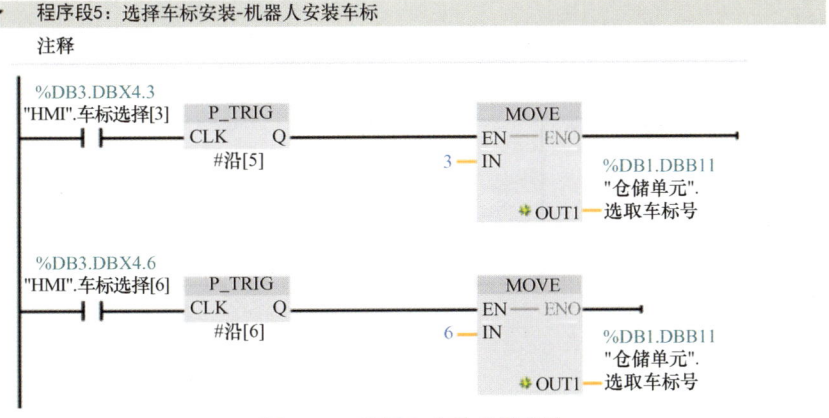

图 4-25 仓储托盘复位程序

5）使用 HMI 选择车标，机器人安装车标。机器人安装车标程序如图 4-26 所示。

图 4-26 机器人安装车标程序

6）机器人安装车标完毕，PLC 发送信号给机器人。程序如图 4-27 所示。

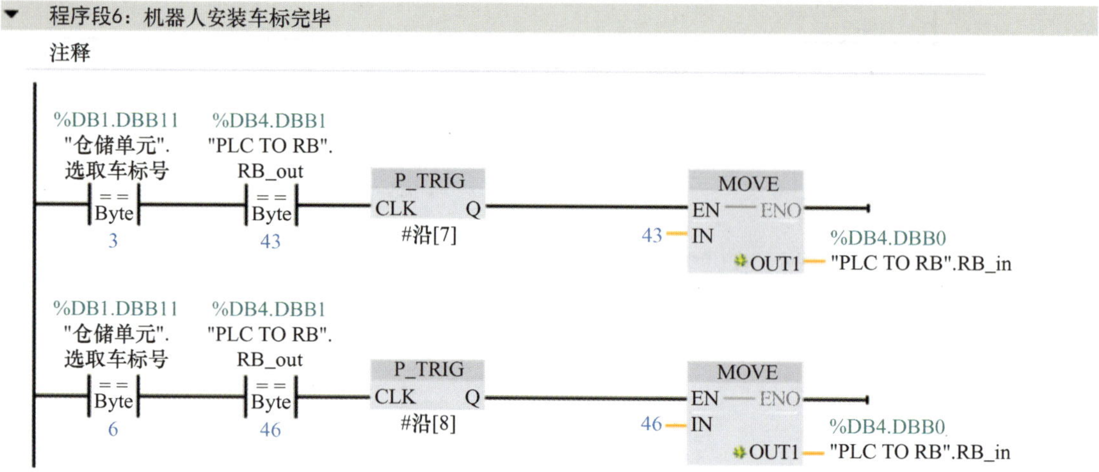

图 4-27 机器人安装车标完毕程序

7）机器人将轮毂送至 RFID 检测台，读取芯片。控制程序如图 4-28 所示。

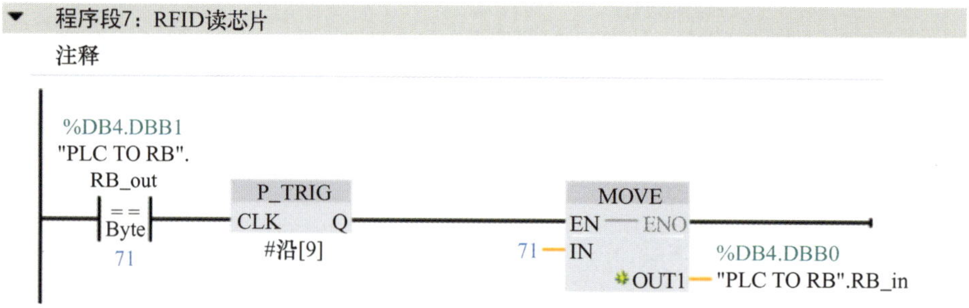

图 4-28 RFID 读取芯片控制程序

8）完成所有流程后清空选取的车标号和轮毂编号。控制程序如图 4-29 所示。

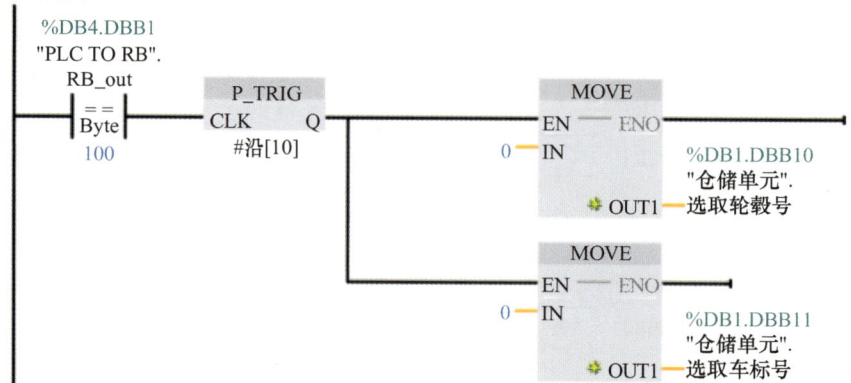

图 4-29 清空选取的车标号和轮毂编号控制程序

项目 4　虚拟调试综合应用

4. PLC 程序下载及设置

完成整体的 PLC 程序编写后，将 PLC 程序、HMI 画面下载至 PLC 实训箱中，下载步骤如下。

（1）PLC 程序下载　PLC 程序下载的具体操作步骤见表 4-16。

表 4-16　PLC 程序下载的操作步骤

操作步骤	图示
1）打开待调试的程序	
2）右击 PLC，选择"属性"	

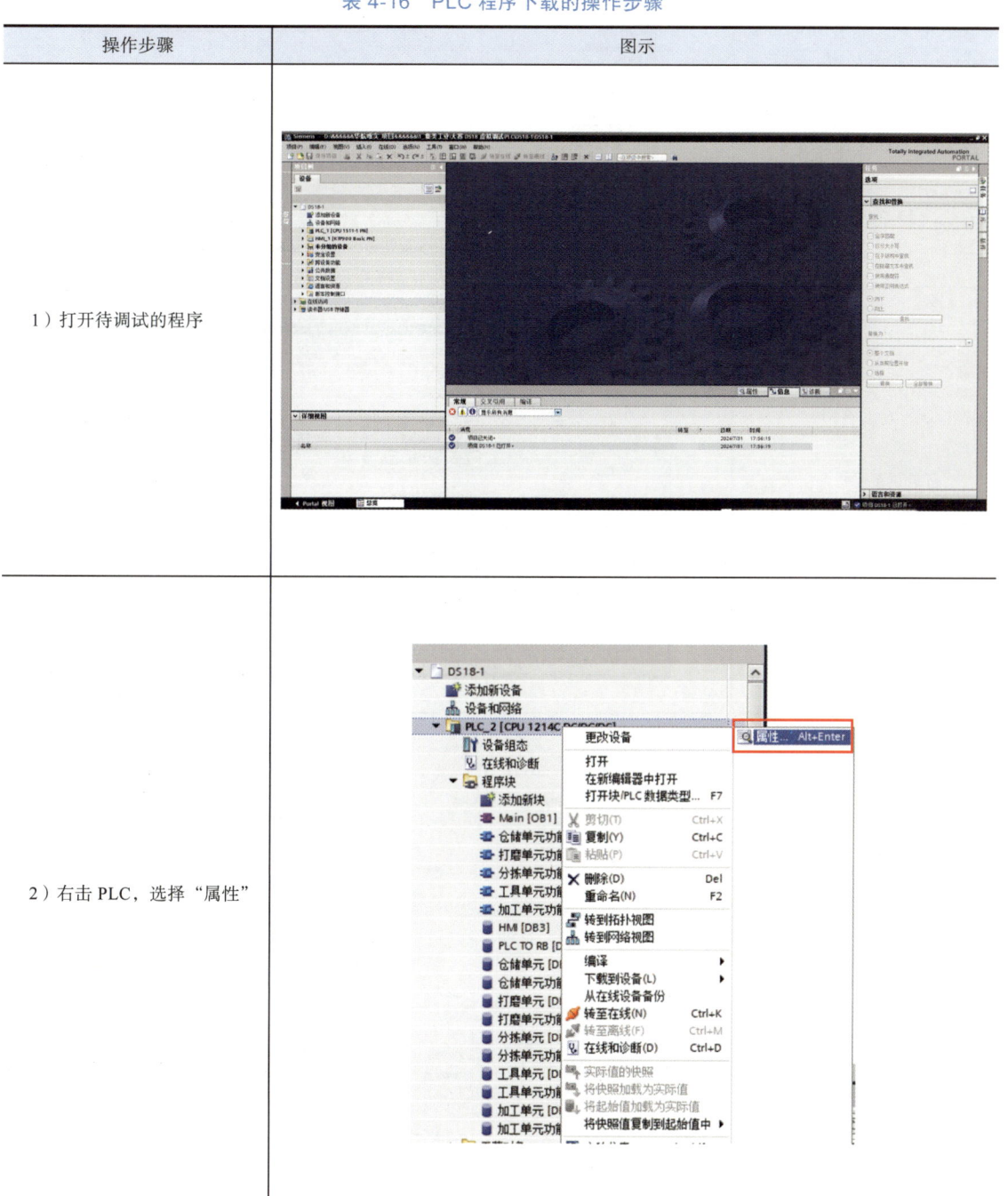

（续）

操作步骤	图示
3）按照"属性"→"常规"→"防护与安全"→"连接机制"路径，查看 PLC 的连接机制，并勾选"允许来自远程对象的 PUT/GET 通信访问"	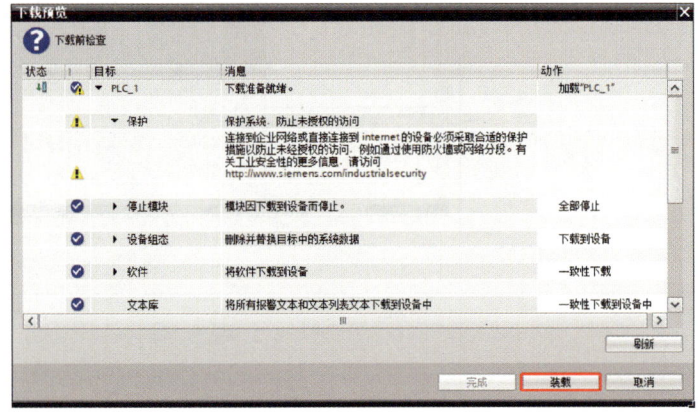
4）单击"装载"按钮下载至实训箱的 PLC 控制器中	
5）启用监视，有助于调试过程中随时查看 PLC 程序的执行情况及变量的状态变化	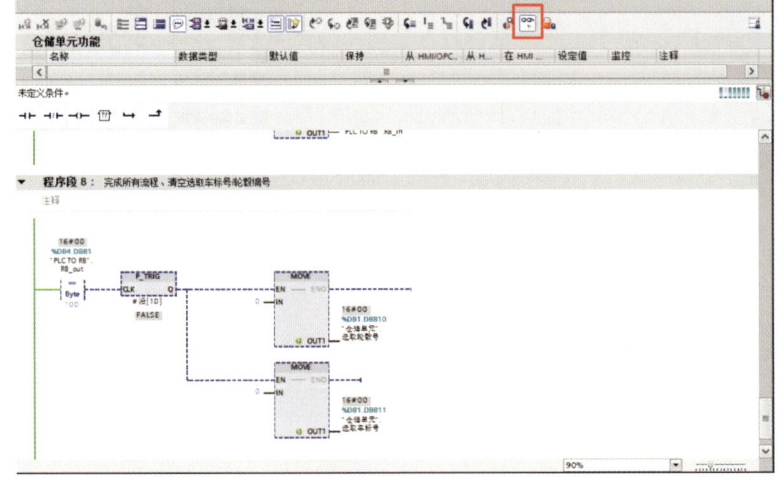

（2）上传 HMI 画面　上传 HMI 画面的具体操作步骤见表 4-17。

表 4-17　上传 HMI 画面的操作步骤

操作步骤	图示
1）单击下载图标	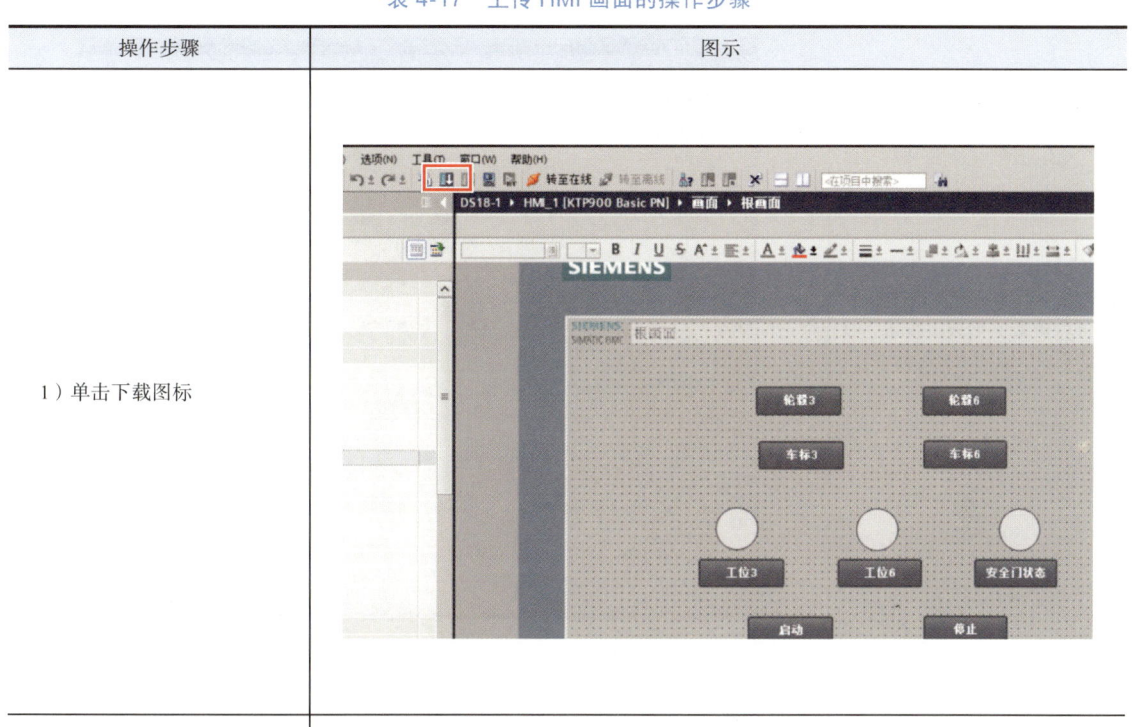
2）在弹出的对话框中单击"开始搜索"按钮，搜索当前同一网段的控制器	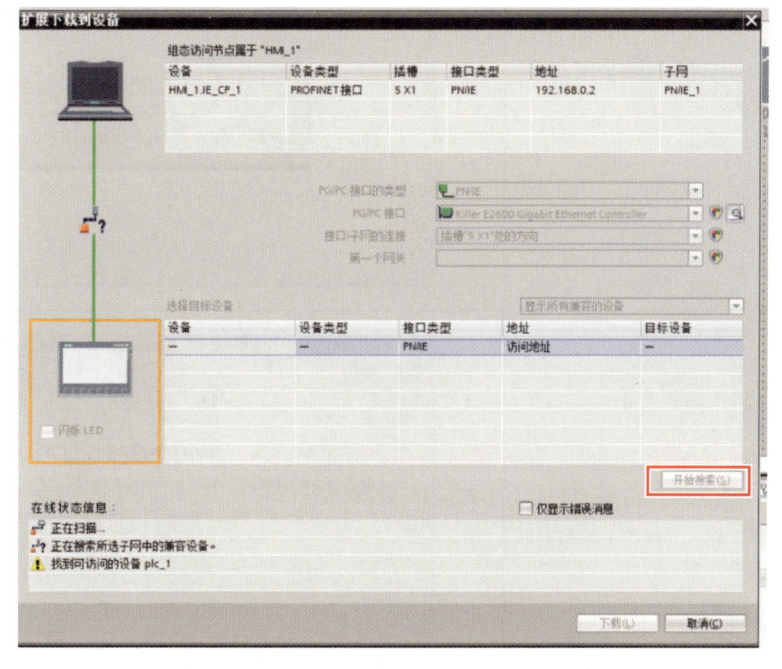

（续）

操作步骤	图示
3）选择已经搜索到的触摸屏设备，单击"下载"按钮，将当前程序下载到该控制器中	
4）下载时，系统会自动编译程序及组态	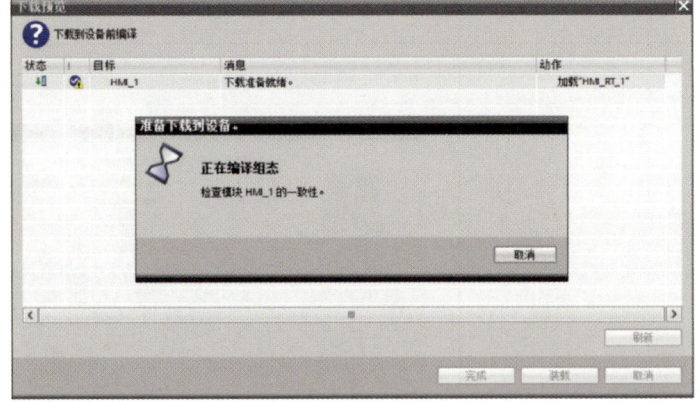
5）在弹出的"下载预览"对话框中检查并修改下载前的问题选项	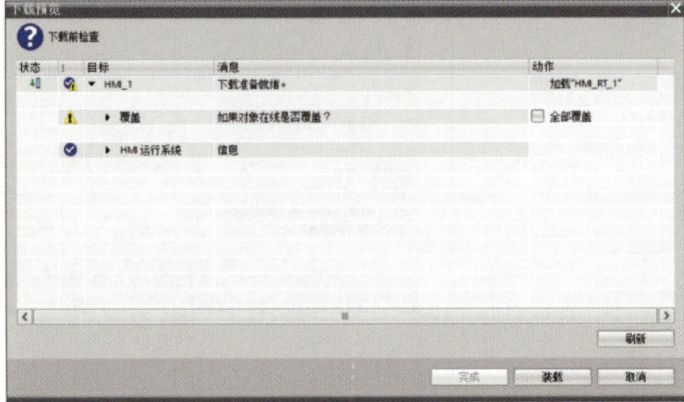

项目 4　虚拟调试综合应用

（续）

操作步骤	图示
6）单击"装载"按钮，即可等待程序及新的组态设置下载到触摸屏中	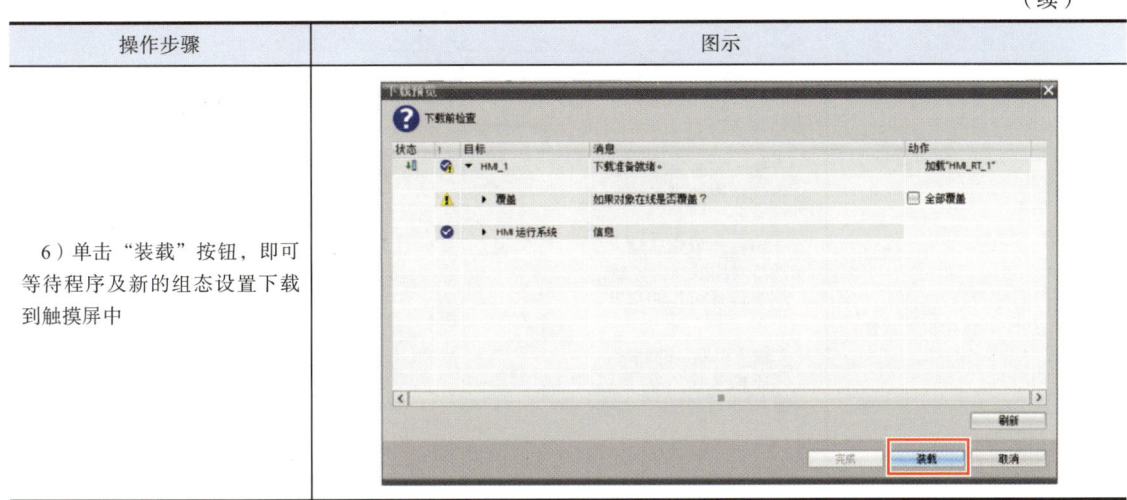

5. 集成应用平台的通信设置

（1）设置 IOServer 软件

1）添加 IOServer 设备。添加 IOServer 设备的具体操作步骤见表 4-18。

表 4-18　添加 IOServer 设备的操作步骤

操作步骤	图示
1）打开 IOServer 软件，新建一个工程文件。分别输入工程名称（同步应用名称）及文件的应用（存储）路径，并备注相关的应用信息	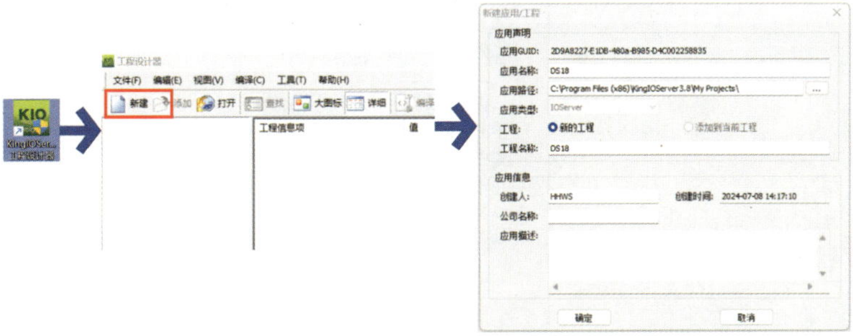
2）在管理树中右击"设备"，在弹出的菜单中选择"新建设备"	

（续）

操作步骤	图示
3）在"设备定义"界面进行参数定义	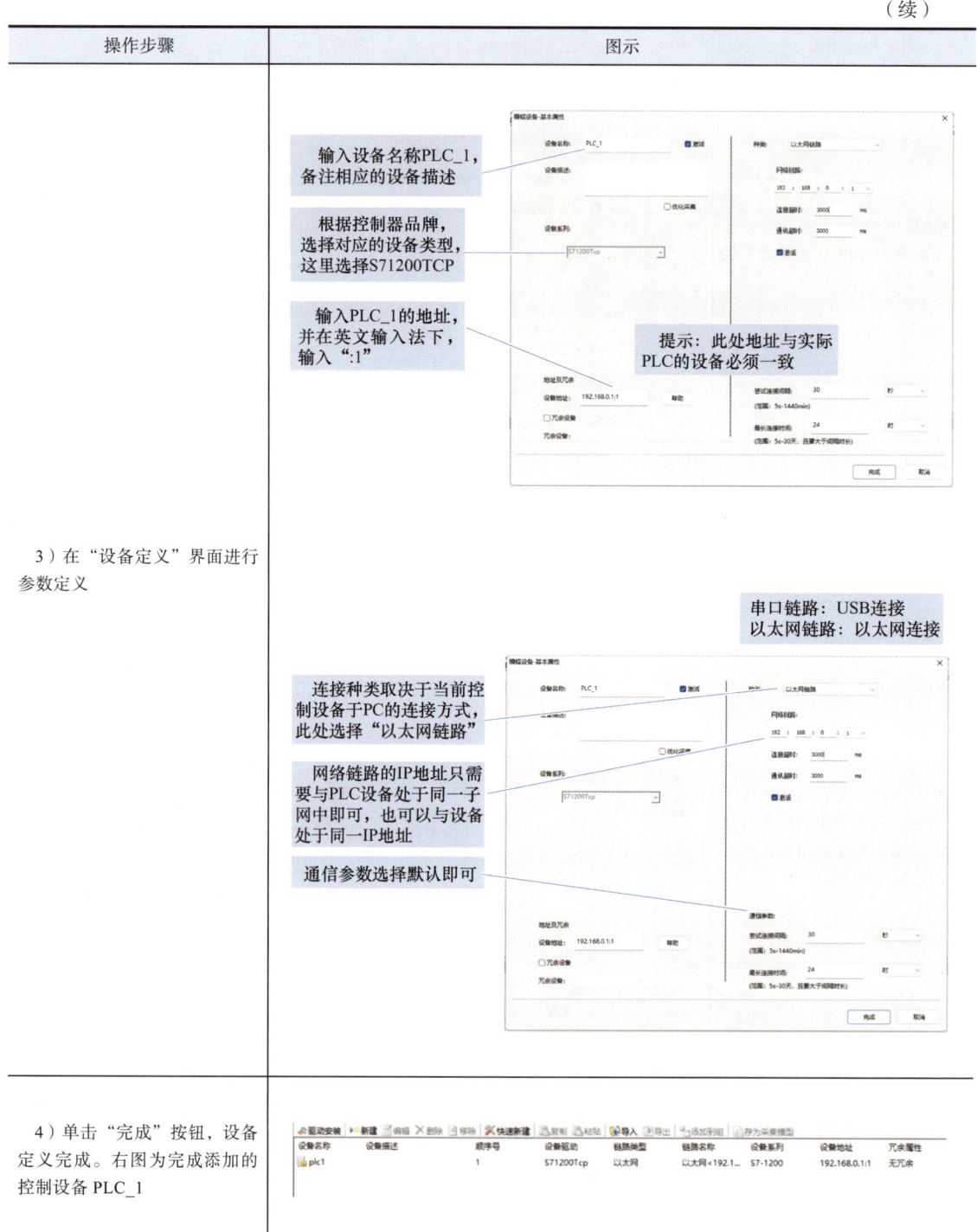
4）单击"完成"按钮，设备定义完成。右图为完成添加的控制设备PLC_1	

2）添加 IOServer 信号。为 IOServer 中新加的设备 PLC_1 添加信号，参照表 4-4，旨在实现 PQFactory 与实际控制器之间的信号关联。添加时，应严格注意信号的存储设备、位置、类型等。具体操作步骤见表 4-19。

项目 4　虚拟调试综合应用

表 4-19　添加 IOServer 信号的操作步骤

操作步骤	图示
1）在管理树中，右击"变量"，在弹出的菜单中选择"新建变量"	
2）在基本属性选项卡中输入变量名（注意：不能包含特殊字符）等基本属性，变量类型选择"IODisc"	
3）设置"采集属性"	

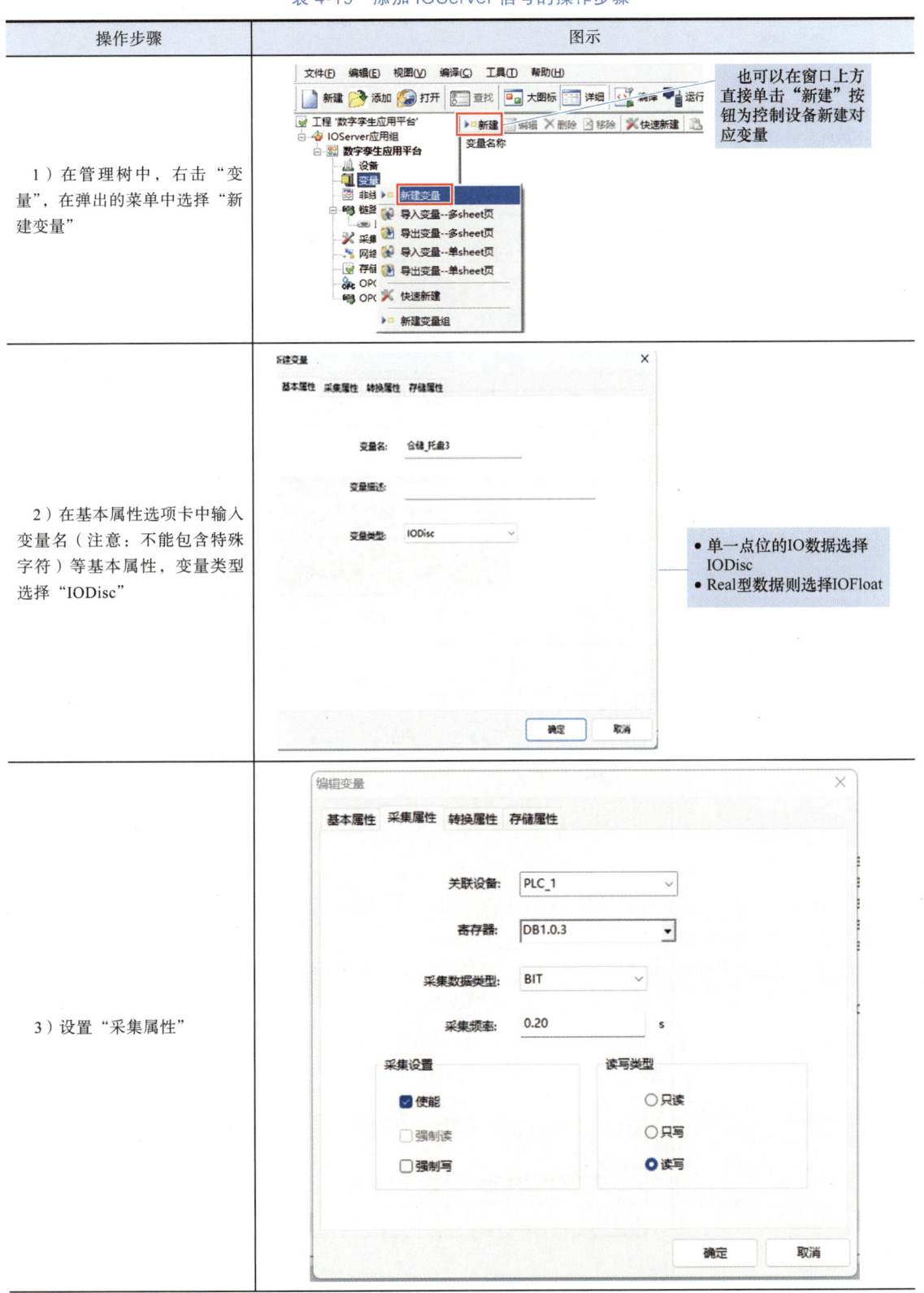

（续）

操作步骤	图示
4）单击"确定"按钮，即可成功添加该变量。其他变量可参照上述方法创建	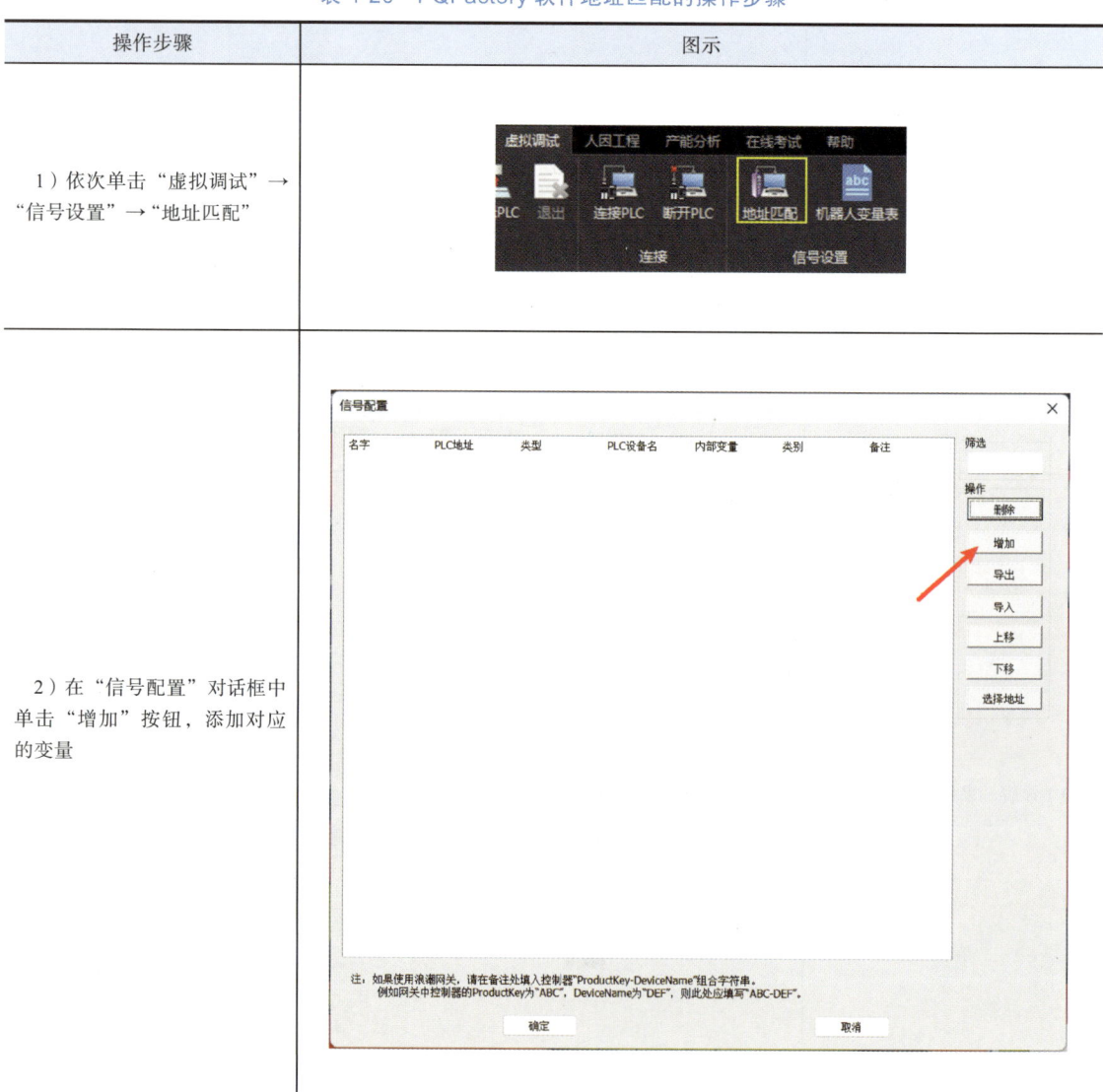

（2）PQFactory 软件地址匹配　通过地址匹配，使 PQFactory 软件中数字孪生设备（状态机、传感器及零件发生器等）的各个变量与实际控制器中的变量关联起来。具体见表 4-2 和表 4-4，具体操作步骤见表 4-20。

表 4-20　PQFactory 软件地址匹配的操作步骤

操作步骤	图示
1）依次单击"虚拟调试"→"信号设置"→"地址匹配"	
2）在"信号配置"对话框中单击"增加"按钮，添加对应的变量	

（续）

操作步骤	图示
3）依次输入变量的名字、设备名、PLC 地址、PQFactory 软件中的对应变量接口。其中，设备名是指控制器名称	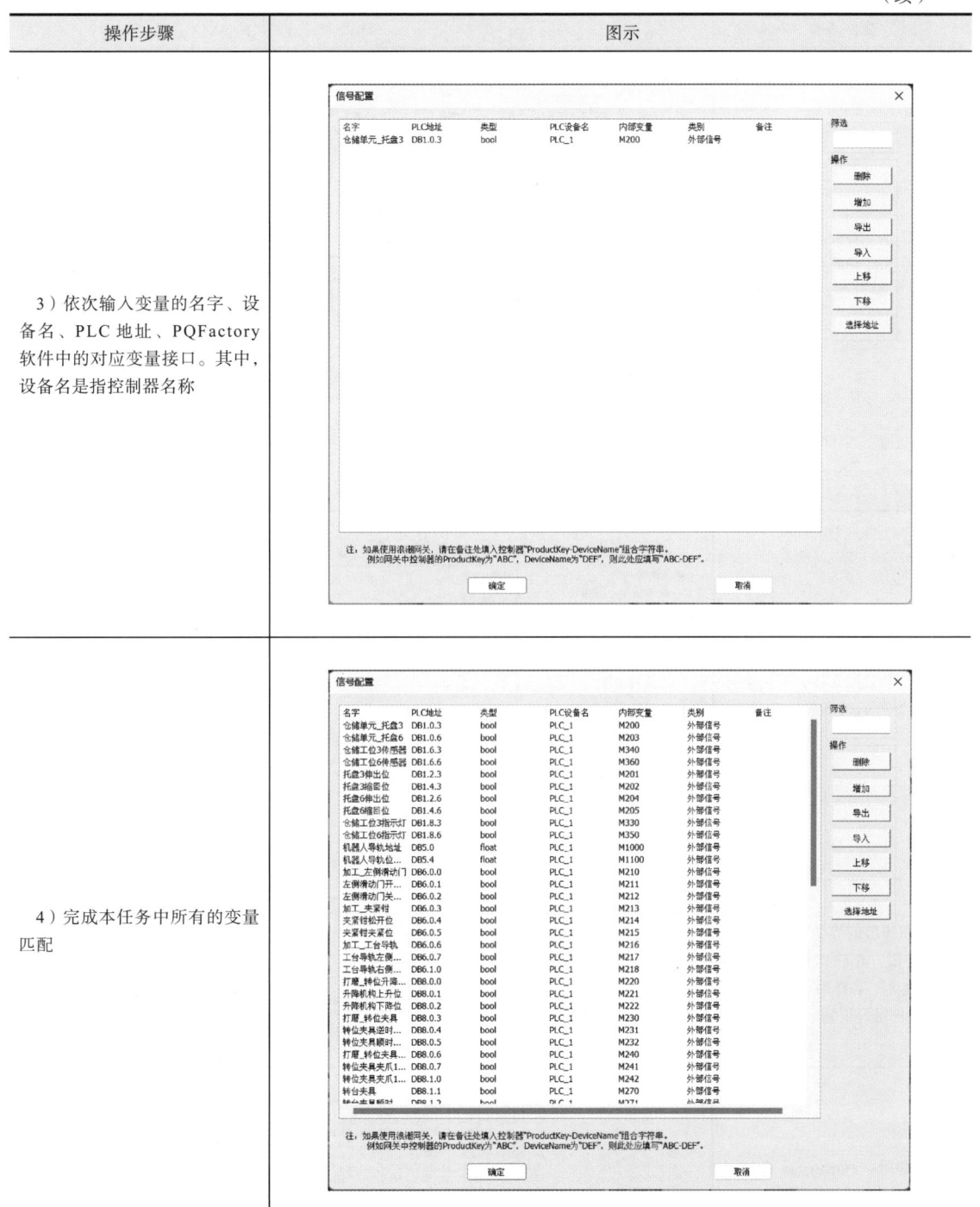
4）完成本任务中所有的变量匹配	

（3）运行 IOServer 工程、PQFactory 工程 应用平台的通信设置主要包括 IOServer 设置、PQFactory 软件设置。这里打开 IOServer 工程、PQFactory 工程文件，具体如下。

1）运行 IOServer 工程。运行 IOServer 工程的具体操作步骤见表 4-21。

表 4-21　运行 IOServer 工程的操作步骤

操作步骤	图示
1）双击 "IOServer 工程设计器"，单击打开图标，选择已经编辑好的配置工程文件，单击 "打开" 按钮	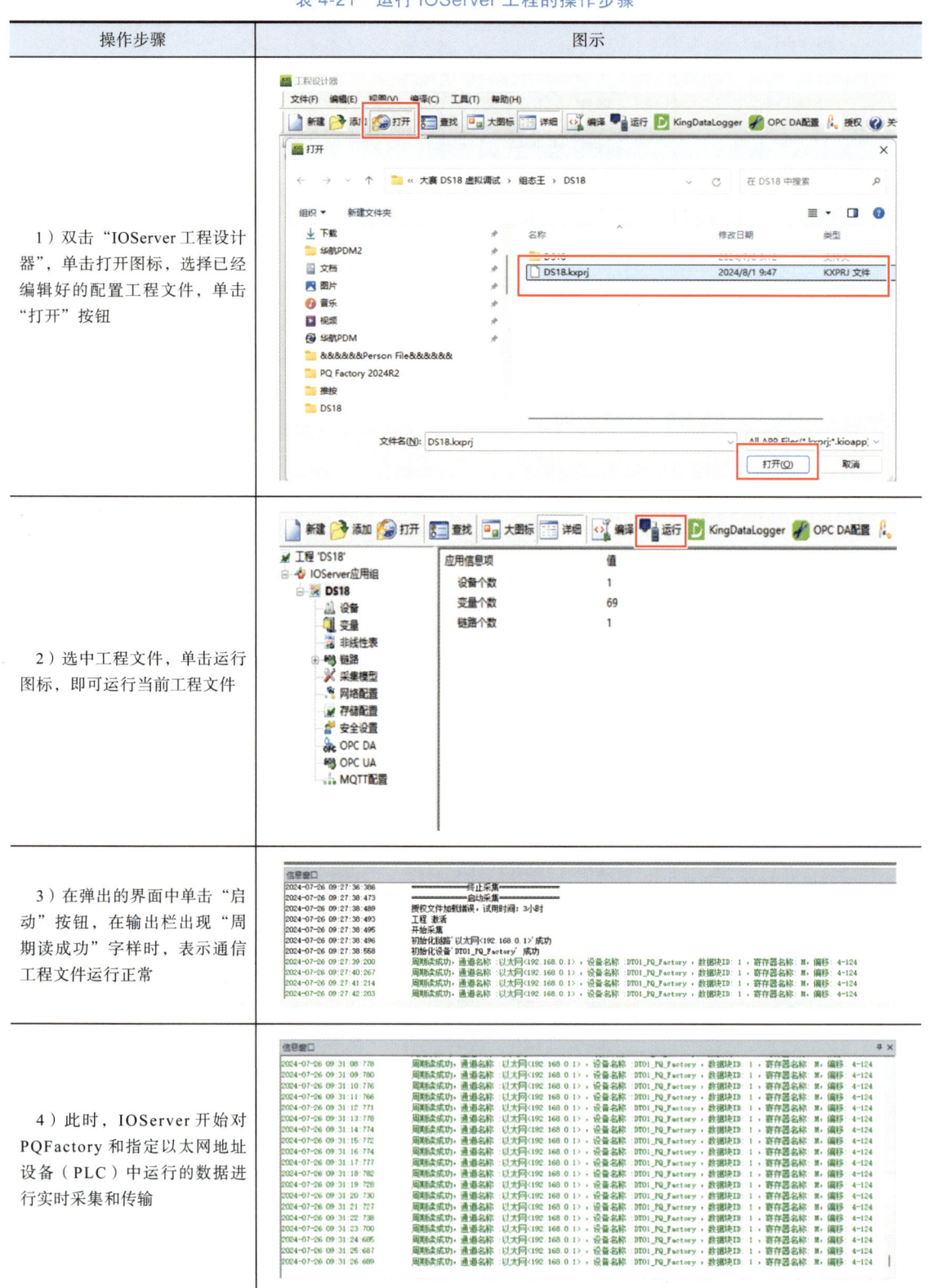
2）选中工程文件，单击运行图标，即可运行当前工程文件	
3）在弹出的界面中单击 "启动" 按钮，在输出栏出现 "周期读成功" 字样时，表示通信工程文件运行正常	
4）此时，IOServer 开始对 PQFactory 和指定以太网地址设备（PLC）中运行的数据进行实时采集和传输	

2）运行 PQFactory 软件。运行 PQFactory 软件的具体操作步骤见表 4-22。

表 4-22　运行 PQFactory 软件的操作步骤

操作步骤	图示
1）双击 PQFactory 软件图标，打开虚拟调试对应的工程文件	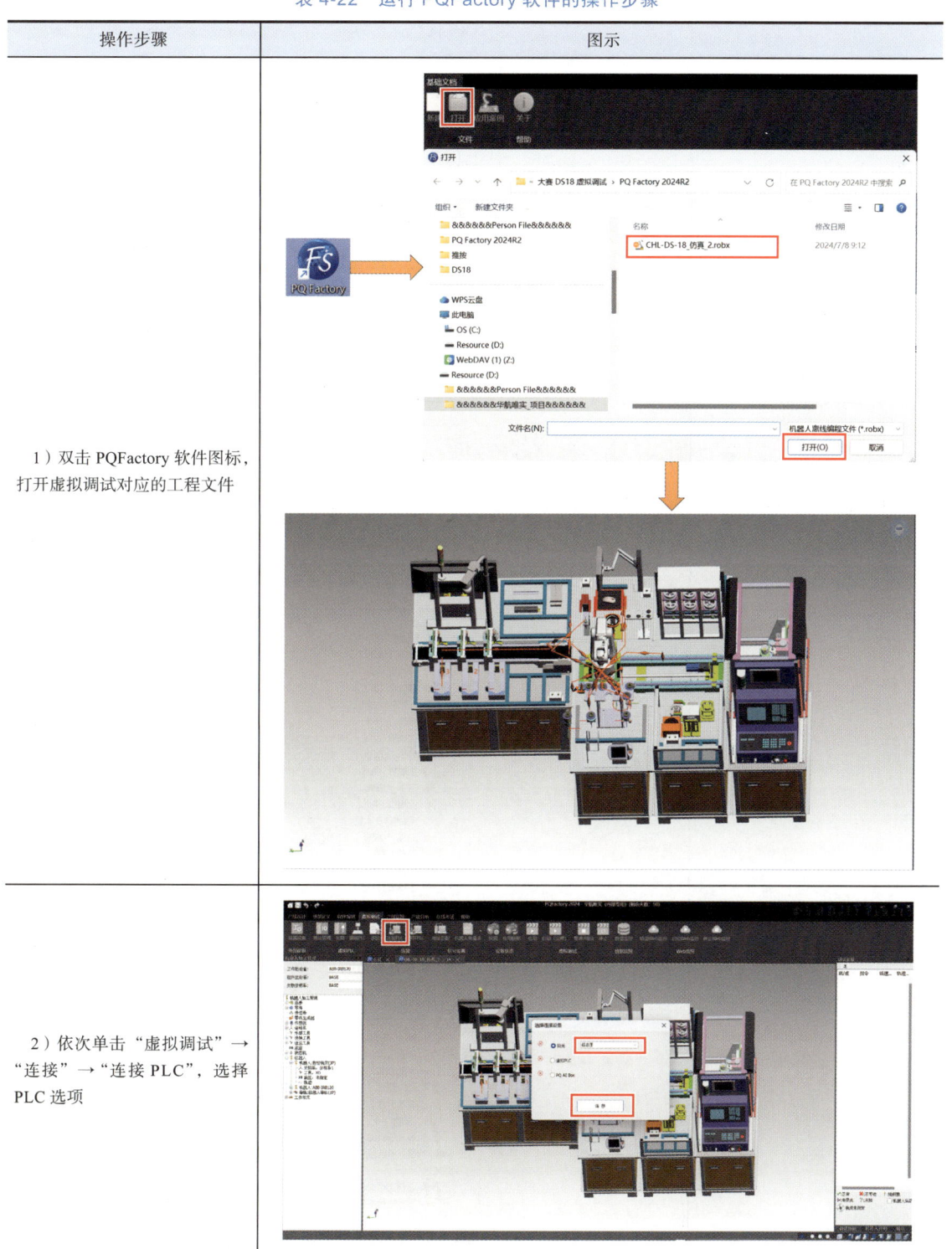
2）依次单击"虚拟调试"→"连接"→"连接 PLC"，选择 PLC 选项	

（续）

操作步骤	图示
3）确认即将连接的 IOServer 的 IP 地址和端口号，设备连接成功	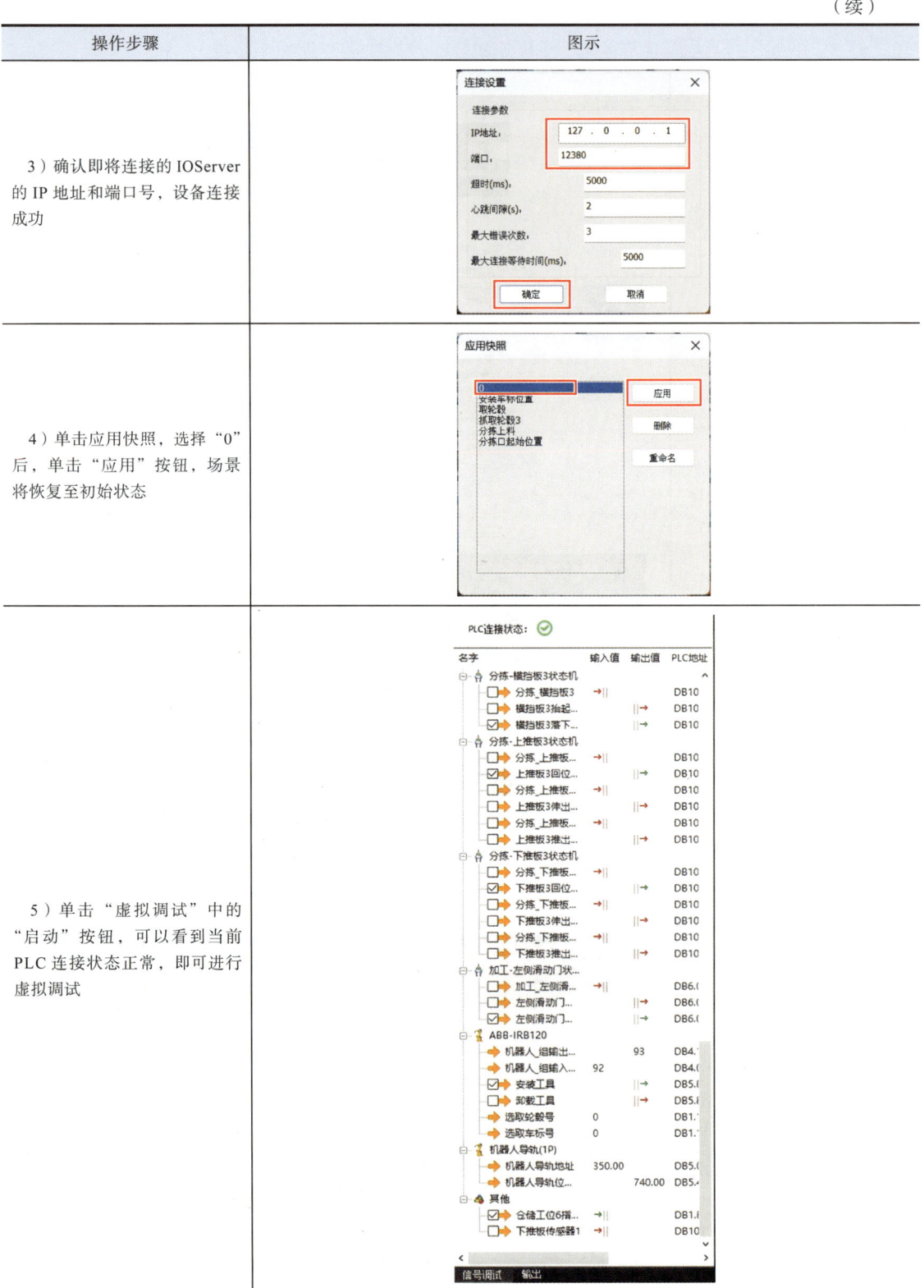
4）单击应用快照，选择"0"后，单击"应用"按钮，场景将恢复至初始状态	
5）单击"虚拟调试"中的"启动"按钮，可以看到当前 PLC 连接状态正常，即可进行虚拟调试	

6. 集成应用平台的虚拟调试

在完成通信设置后即可开始实施虚拟调试，具体操作步骤见表 4-23。

表 4-23 集成应用平台虚拟调试的操作步骤

操作步骤	图示
1）按下实训箱 HMI 界面的"启动"按钮，虚拟场景开始运行	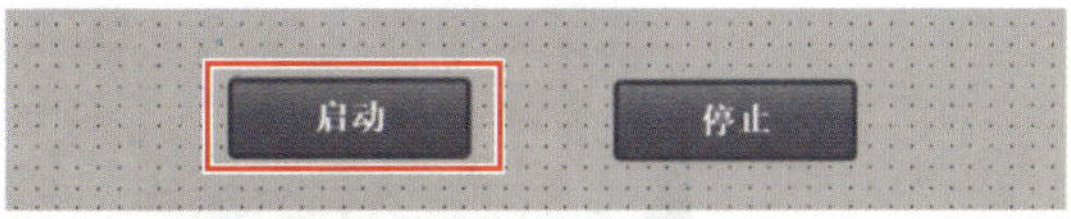 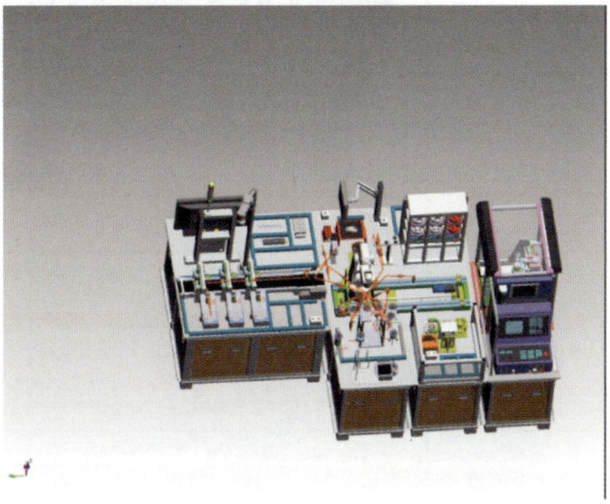 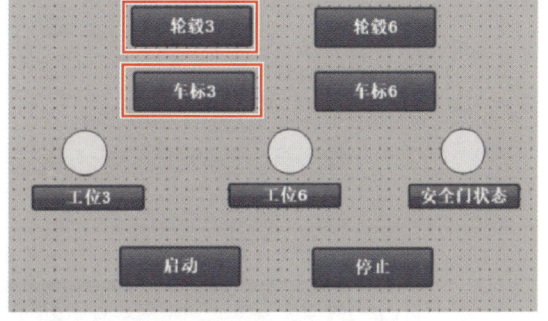
2）单击触摸屏按钮，选择"轮毂 3""车标 3"然后开始按照工艺运行	

（续）

操作步骤	图示
2）单击触摸屏按钮，选择"轮毂3""车标3"然后开始按照工艺运行	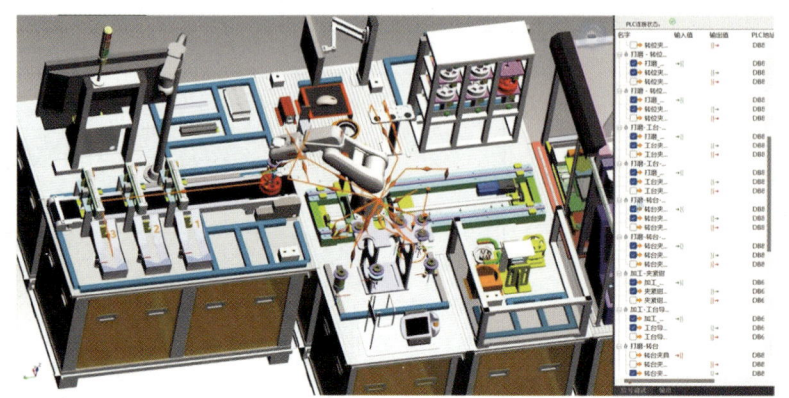
3）在运行过程中，也可以查看PLC主要运行参数的状态，根据数字设备动作判断编程是否有误	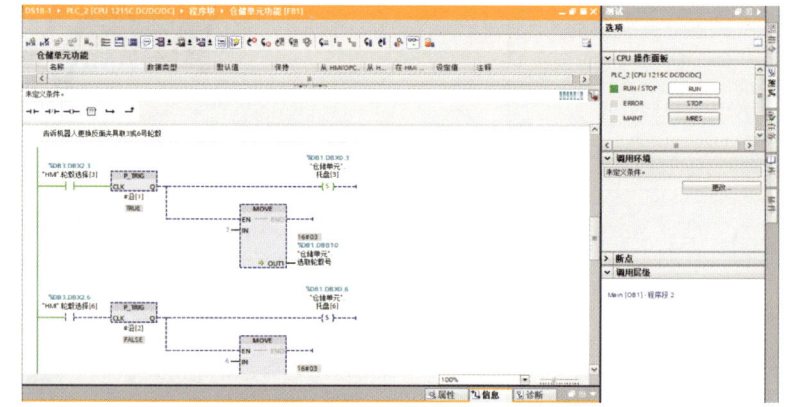
4）运行完成后，如图所示	

任务评价

评价项目	配分	序号	评分标准	自评	教师评价
知识掌握	30	①	了解各个单元的工作原理（15分）		
		②	了解各单元如何与PLC交互（15分）		
技能掌握	60	③	能完成各个功能单元的虚拟调试（30分）		
		④	能在PQFactory软件中使用工业机器人离线编程完成生产工艺（30分）		
职业素养	10	⑤	积极参与团队任务，分工明确，团队协作高效（3分）		
		⑥	责任心强，勇于承担责任，不推卸问题和责任，对执行结果负责（5分）		
		⑦	任务完成后主动按照6S要求对现场进行管理（2分）		
合计					

参考文献

[1] 柯志胜，赵巍，王太勇，等.面向数字孪生的智能虚拟生产线与调试系统设计[J].工具技术，2022，56（9）：86-91.

[2] 刘钒，向叙昭.智能制造与湖北制造业智能化转型指向[J].社会科学动态，2021（7）：103-110.

[3] 陶飞，刘蔚然，刘检华，等.数字孪生及其应用探索[J].计算机集成制造系统，2018，24（1）：1-18.

[4] 张霖，陆涵.从建模仿真看数字孪生[J].系统仿真学报，2021，33（5）：995-1007.

[5] 杨林瑶，陈思远，王晓，等.数字孪生与平行系统：发展现状、对比及展望[J].自动化学报，2019，45（11）：2001-2031.

[6] 朱霄燕，刘亚威.数字孪生在军用航空领域的应用案例分析[J].国际航空，2022（7）：60-64.

[7] 董雷霆，周轩，赵福斌，等.飞机结构数字孪生关键建模仿真技术[J].航空学报，2021，43（3）：107-135.

[8] 杨得润.融合虚拟与现实成就未来"智"造工厂——以"数字化双胞胎"为基础的西门子数字化企业解决方案引领"工业4.0"潮流[J].电气时代，2016（8）：30-33.

[9] 李方生，赵世佳.中、德智能网联汽车的战略选择及主要特征[J].科技导报，2020（12）：6-14.

[10] 杨帆，吴涛，廖瑞金，等.数字孪生在电力装备领域中的应用与实现方法[J].高电压技术，2021，47（5）：1505-1521.

[11] 赵国强，黄永华，韩其飞，等.面向发动机部件定制加工的矩阵式智能产线设计[J].机床与液压，2023，51（18）：162-167.